王安轶　著

中国工程师群体研究

1949~1986

History of

Chinese Engineering Profession (1949~1986)

中国科学技术大学出版社

内 容 简 介

　　本书主要关注中华人民共和国成立以来中国工程师的发展、特点及其与国家和社会之间的关系，探讨在发展过程中国家需求、科技发展本身与工程师职业的互动关系，从而以史为鉴，看当今工程师发展产生的优势和问题的历史因素。本书通过案例研究为当下的工程师职业建制化提供有益借鉴，对于推进现代工程教育、有效对工程师进行管理、建立全面高效的工程师质量规制体系和工程师伦理具有重要的实践意义。

图书在版编目(CIP)数据

中国工程师群体研究：1949~1986/王安轶著.—合肥：中国科学技术大学出版社，2020.12
　　ISBN 978-7-312-05109-8

Ⅰ.中…　Ⅱ.王…　Ⅲ.工程师—研究—中国—1949~1986　Ⅳ.T-29

中国版本图书馆CIP数据核字(2020)第245377号

中国工程师群体研究（1949~1986）
ZHONGGUO GONGCHENGSHI QUNTI YANJIU（1949-1986）

出版	中国科学技术大学出版社 安徽省合肥市金寨路96号，230026 http://press.ustc.edu.cn https://zgkxjsdxcbs.tmall.com
印刷	合肥市宏基印刷有限公司
发行	中国科学技术大学出版社
经销	全国新华书店
开本	710 mm×1000 mm　1/16
印张	21
字数	294千
版次	2020年12月第1版
印次	2020年12月第1次印刷
定价	58.00元

谨以此书献给

所有给予我关心、鼓励和帮助的

良师益友及家人们！

前 言

中国工程师群体的形成可追溯到19世纪末20世纪初，始于洋务运动的推动，在近代中国民族危机和阶级矛盾下，在"师夷长技以制夷"的目标下，随着西方技术向中国的输入应运而生。近代以来，中国工程师职业群体经历了逐步建制化的过程，在中国工程师学会和各个专门学会的促进下逐渐完善，形成了以欧美工科教育背景为主的工程师群体，对近代中国工程事业的发展起到了巨大的推动作用。但是由于当时社会的不稳定，工程建设并没有从工业的系统化发展的角度有计划地布局和推进，中国工程师群体的潜力并没有充分显露，甚至有的工程师一直处于失业的边缘。

中华人民共和国成立后，中国工程师群体得到了前所未有的发展。在苏联的工业援助和国家经济规划的推动下,工程师群体被最大化地培养和利用起来。1956年,周恩来在《关于知识分子问题的报告》中就提出国家建设所需的五类知识分子的重要性,其中就包括工程技术人才一类,并将其纳入"国家干部"的管理序列之中。一方面,工程师培养、任用的体制开始逐渐完善;另一方面,工程师作为国家技术和工程发展的主体,见证了国家工业化的过程,并通过国家的支持和自身的努力取得了众多举世瞩目的工程成就。但是,这一路走来也遇到了国家发展和职业化自身发展中的一些矛盾,比如工程教育中的精专问题、工程师职业被动性问题、工程师的社会地位问题以及工程师从政问题等等。

本书从群体研究的角度出发,对中华人民共和国成立以来,工业化进程中的工程师群体的形成、发展和调整的过程进行研究,深入探讨中国工程师的职业化进程;对中国工程师在不同阶段的教育与培训、职业与职称、任用与成就等方面,对工程师群体在工业化的奠基期所起的作用、所处的地位以及工程师群体与工业化之间的关系进行初步的探讨,对中华人民共和国成立以来至工程师职业改革以前这段历史做全面系统的研究。

全书主要分为导论和上、下两篇。

"导论"主要探讨了工程师群体的内涵及特征,概述了世界工程师群体的发展以及中国工程师群体的形成及其在世界工程技术发展中的位置,介绍了本书的主要研究思路、内容以及本书的研究意义、方法和主要材料。

上篇聚焦工业化进程中的中国工程师,按工程师群体的职业化和专业能力的特点分为4章内容:

第一章"社会变革时期的中国工程师状况(1949~1951)",本章研究的阶段正处于社会主义的过渡时期,如何建设社会主义国家的方向还没有形成,国家在承接旧中国的工业的同时,也对工程师人才进行全国性的调查。本章具体分析了中华人民共和国成立初期国家的工程情况、工程师的状况和来源等。

第二章"学习苏联:中国工程师职业体系的初步形成(1952~1961)",本章研究的时期是向苏联学习优先发展重工业的建设期,苏联的援助和"一五"计划的建设使国家对工程师的需求倍增。在边建设边培养的过程中,中国工程师群体的职业化逐步形成。本章主要从苏联技术转移的角度,阐述中国工程师在技术、能力、执业等方面所延续的苏联工程师从培养到任用的特点。

第三章"自我探索:技术革命中的中国工程师群体(1962~1976)",本章研究的时期是国家自力更生时期,苏联撤走援助后,国家走上了自力更生、独立探索的道路。体现在工程师群体特征上就是,这一时期在工程师的培养和日程工作上都有了国家从技术革新和技术革命的需求中自我探索的改革措施。培养的工程师专业细化、工程教育中理论和实践的比重失衡;国家工程发展集中在重大工程项目的建设和开发上,而民用生产较为落后。本章结合该时段中国的经济发展计划和社会问题,探讨在自我探索中工程师所遇到的问题。

第四章"改革浪潮:中国工程师对其职业的再认识(1977~1986)",本章研究的是中国工程师群体承上启下的一个时期,在国家恢复以经济建设为中心的目标后,对中国工程师的发展也做出相应调整。但是前期积累了一些问题,造成了在工业化、经济发展和技术进步之中的各类问题。中国工程师在这一时期总结历史经验,发现自身问题,同时结合世界工程发展的趋势调整自己的职业框架和职业诉求。

下篇则聚焦工程师的职业框架,从教育和培训、工程职业、工程师的组织和工程师群体的计量分析几个方面来分析新中国早期工程师的特点。

第五章"中国工程师的教育与培训",主要探讨苏联工程师培养模式向中国移植的过程以及在此模式下国家根据需求改革和调整,最终形成自我特色的中国工程师培养模式的历程。本章从工程师培养本身的特点出发,探讨在这一探索过程中,国家产业发展中对人才培养的需求所制定的计划、目标及其效果。

第六章"中国工程师的职业生涯",从工程师从业的角度,对工程师在不同行业中的职业角色和特征、科研院所中工程师的职业状况、工程师职业生涯和流动性以及长期以来职称和职务的关系问题进行研究。

第七章"中国工程师组织",从工程师的大众组织、专家组织以及工程师对专门组织的诉求三个方面,探讨中国工程师群体意识的形成,以及在工程学术交流和研究、推动工程技术的应用和进步等方面的贡献。

第八章"中国工程师的基本情况分析",利用工程师名录,对工程师的基本状况、学历、专业、职业等方面做统计分析。用实证的方法,整体分析工程师群体。

　　本书的上、下两篇从工业化和职业化的角度对工程师群体做了总体和宏观上的研究,结合一些案例的分析,采用实证的方法,对中华人民共和国成立以来,工程师群体职业框架奠定时期所经历的问题、挫折和变革做梳理和探讨。通过研究不难发现,这一时期所形成的工程师职业的特点成了现在工程教育、职业质量规制等方面改革的重点。但由于历史原因,工程师职业框架的形成有其历史的特殊性和必然性,本书则尝试阐释和还原这段历史进程。

王安轶

2020年5月

CONTENTS

目　　录

前言　/ i

导论　/ 1

　　第一节　中国工程师群体的来源和本质　/ 5

　　第二节　关于中国工程师群体研究的

　　　　　　缘起、目的及意义　/ 9

　　第三节　工程师史的主要研究线索　/ 27

　　第四节　关于本书的研究现状　/ 32

上 篇
工业化进程中的中国工程师群体

第一章
社会变革时期的中国工程师状况
（1949~1951） / 55
第一节 民国时期工程师群体的
初步发展 / 55
第二节 新中国伊始的
人才难题 / 61

CONTENTS

第二章

学习苏联：中国工程师职业体系的
　初步形成（1952~1961） / 68

　　第一节　国家工业化体系的初步建立
　　　　　　与其对工程师的需求 / 68

　　第二节　工业建设与研究的布局
　　　　　　和人才需求 / 76

　　第三节　院系调整下工程师的教育
　　　　　　与培训 / 85

　　第四节　工程师的职称与任用状况 / 90

第三章

自我探索:技术革命中的中国工程师群体

（1962~1976）　/ 100

　　第一节　"一五"计划后的工业计划　/ 101

　　第二节　"教育大革命"中工程师培养计划的

　　　　　　转变　/ 105

　　第三节　工程师的任免情况　/ 118

　　第四节　"两弹一星"工程中的工程师

　　　　　　群体　/ 123

第四章

改革浪潮:中国工程师对其职业的再认识

（1977~1986）　/ 129

　　第一节　科学技术的春天　/ 132

　　第二节　工程师执业框架的

　　　　　　初步形成　/ 136

　　第三节　工程师的任用体系　/ 148

　　第四节　宝钢工程师的技术引进

　　　　　　与模仿创新　/ 149

CONTENTS

下　篇

中国工程师群体的职业框架

第五章

中国工程师的教育与培训　/157

　　第一节　单一层次与多层次培养：

　　　　　　中国工科学校的调整　/159

　　第二节　通才与专才：中国工科人才

　　　　　　培养方式的困境　/169

　　第三节　理论与实践：在工科教育中的

　　　　　　地位问题　/190

第六章

中国工程师的职业生涯 / 196

第一节 产业与工程师 / 196

第二节 工程师的职业生涯

和职业流动性 / 224

第三节 工程师的职称与职务 / 230

第七章

中国工程师组织 / 235

第一节 职业化的大众科技团体：

中国科学技术协会 / 239

第二节 科技专家的组织：中国

科学院 / 248

第三节 追求工程师的权益：国家工程院的

呼吁与筹备 / 254

第八章
中国工程师的基本情况分析 / 260
　　第一节　《中国工程师名人大全》编写的
　　　　　　背景 / 262
　　第二节　《中国工程师名人大全》的
　　　　　　编撰体例 / 263
　　第三节　依据《中国工程师名人大全》的
　　　　　　资料统计 / 267
　　第四节　中国工程师群体分析 / 269

结论 / 279
　　第一节　中国工程师群体的代际分析 / 279
　　第二节　中国工程师的群体特征 / 285
　　第三节　寻求对中国工程师群体更好的
　　　　　　理解 / 294

参考文献 / 296

后记 / 312

导　论

工程师是一种具有悠久历史的传统职业,德国著名技术史学家科尼希教授称其为"一个延续六千年的职业"(Kaiser,König,2006)。在各个历史时期,那些负责高难度工程项目实施和组织管理的人就扮演着工程师的角色。

从职业化的角度来说,工程师又是一个新兴职业。随着工业革命的兴起、工业化的展开,工程师这个职业才从社会职业的角度真正意义上诞生,群体意识逐渐凸显。大约18世纪50～60年代,英国德文郡和康沃尔郡海岸附近的艾迪斯顿(Eddystone)灯塔的设计者约翰·斯密顿(John Smeaton,1724～1792)是最早称自己为土木工程师(Civil Engineer)的人。他认为,工程师这个职业的从业人员应当具备特殊的工程专业知识,从而既区别于手工业者,又不同于企业家。因此,1771年他在英国成立了世界上第一个土木工程师社团,希望通过这样的社团把工程师群体聚集起来,壮大群体,使工程师职业能够成为一个被社会认可的新型职业。

18世纪英国工业革命造就了其作为第一个工业国家的地位,但其自身却并未对工程师和工程职业教育投入太多的关注。从一定程度上来说,英国工程师行业是由工厂和基层发展而来的,其职业化的过程并未得到上层的太多帮助,而英国著名的工程师,看上去同没有受过教育的实干家相差无几(Kaiser,König,2006)。因此,英国工程师行业向来以重视面向实践的培训和经验及怀疑学校的理论教学著称。欧洲大陆看到了英国工业化所带来的巨大利益,19世纪拿破仑战争结束后,欧洲大陆各国政府试图在工业化的进程中赶上英国。为此,他们寄希望于现有的和新建的国家工程师学校,在那里工程专业的老师们开始系统地传授英国工业革命的奥秘。从长远看,这一策略非常成功,到19世纪70年代,欧洲大陆国家与美国的工程师已经和英国工程师平起平坐,甚至在很多领域开始超越英国工程师了。1870年后,英国经济的停滞和相对没落或许与英国所实行的非系统的通过实践进行的工程师培训和对学校以理论为主的工程师规范教育的反感有一定关系,关于工程教育和经济落后的争论没有停止过。但是有一点是值得肯定的,即受英国工业革命影响纷纷开始工业革命的欧洲大陆各国,在学习英国培养工程师后得到了收获,工程教育的制度化使得欧洲大陆各国,尤其是法国和德国,培养了大批的工程师和工程技术专家。大部分工程师也从实干家过渡到了具有大学学历的工程师。从而在第二次工业革命中,新型的具有专业科学知识的工程师在技术进步过程中产生了巨大作用。这也使得在20世纪初期欧洲大陆以及美国的经济逐渐赶超英国。随着技术革命的进一步展开,工程师的数量和种类也越来越多,和科学的联系更加密切。除了传统的土木工程师、机械工程师和电气工程师,20世纪兴起的电子工程师、信息工程师、网络工程师及生物工程师等职业逐渐进入人们的视野,而随着种类细化,其专业化程度也越来越高。从两次产业革命来看,工程师都起到了不可替代的作用。第一次的转变中,工程师既是科学知识的掌握者,也是技术知识的实践者。通过他们,科学知识开始创造物质财富。在现代技术革命中,工程师不仅将科学知识转化为技术,同时在实用技术中,将技术的各种知识进行总结归纳,反馈给那些科学知识的研究者。随着科学研究的深入和技术复杂性的增大,工程的规模也在不断扩大,在这一阶段中,工程师和科学家一样,承担着重要的角色。航空动力工程的先驱冯·卡门(Von Karman)说过:科学家认识世界,而工程师改造世界。然而,工程师的角色却又不是一成不变的,正如《工程师史——一个延续了六千年的职业》(以下简称《工程师史》)的编者在引言中所说:"工程技术是人类社会愿望和创造的结果,其中参与者包括:科研人员研究世界的物质和精神原理,以拓展工程技术的可能性;管理者决定投资并把握企业的方向;工程师设计技术系统,为生产做好准备;工人将技术方案付诸实践;销售人员开拓市场;消费者通过购买行为判定技术产品的优劣;施政者则为技术发展制定框架。工程师在这个过程中扮演着多重角色。他们有时是科研人员,有时是管理者,是销售人员,也是施政者。虽然工程技术不是单单由他们负责,但他们处于不可或缺的中心地位。"(Kaiser, König, 2006)矿业工程师出身的美国前总统赫伯特·胡佛(Herbert Hoover)这样形容工程师:"这是一种伟大的职业。它的魅力在于,凭借科学的助力,目睹虚构的想象跃然成为纸上的蓝图,然后变成实实在在的石料、金属或能源,给人们带来工作和住所,从而提升生活的水准,增进生活的舒适度。促进这一过程的实现,正是工程师们的很大特权。"(欧阳莹之,2017)亨利·加士利·普鲁特(Henry Gosllee Prowt)在1906年就认识到了,他在美国康奈尔土木工程学会的会议发言中指出:"工程师,而不是其他人,将指引人类前进。一项从未召唤人类去面对的责任落在工程师的肩上。"

在现代化和全球化的进程中,在建设现代社会的过程中,工程师都发挥了毋庸置疑的关键性作用,从而工程师也为自己赢得了一定的社会声望和社会地位。马克斯·韦伯(Max Weber)认为:"作为一种职业,专业人员所拥有的重要而稀缺的知识使得他们能够为自己攫取权力,建立职业壁垒,并获得自主性和较高的阶级地位。在工程师职业群体和组织形成后,工程师对自身的社会地位、工资以及在公司或企业中的权益提出了更高的要求。"工程师的诉求也成为工程师组织的主要任务之一。

但是,也应该看到,工程师的地位一直不高。工程师以解决现实世界的问题,创造性地、科学地、有效地处理事物为豪。然而,实用性与有效性并非受到普遍的重视,"效用的理念长期以来一直带有庸俗的印记"。直到20世纪初,除了几个顶尖的工程师外,工程师和应用科学从业人员的组成中始终有很高比例的社会下层人员。布坎(R. A. Buchanan)曾在其书《工程师:英国工程师史(1750~1914)》(《The Engineers: A History of the Engineering Profession in Britain, 1750~1914》)中探讨过那些试图获取绅士地位的英国工程师所做出的巨大努力。实际上,从阶层上看,其他国家对工程师的态度也是如此,欧洲大陆的工程师也遇到同样的问题,如德国工程师认为自己受到了多重不公正的对待,在企业和军事部门的工程师只能做下属等。这种情况造成在20世纪上半叶,欧洲工程师对技术管理,也就是使工程师成为独立社会力量的技术专家至上思想,在工程师群体内部受到认可,但也仅限于工程师的小圈子之中。

从上述国家工程师对提高自我价值的努力中看,不难发现,工程师在认识自身的职业性质和职业定位时曾经发生过"眼光迷离""游移不定"的现象,而在工人、资本家、科学家和政治家这些职业或阶层身上却没有出现过类似的现象(李伯聪,2006)。哲学家们也发现了这种由于工作特质造成的工程师的多重身份,在工程共同体的关系中处于"吊诡性"的关系和地位,这种职业的多重性和不确定性使得其他人在认识工程师的真正位置和社会作用问题时都容易陷入某种困境,也就是"工程师社会作用的困境"(李伯聪,2006)。

因此,从短短200多年世界工程师群体的发展史来看,工程师群体面临着一个重要的问题,那就是工程师对社会有着毋庸置疑的巨大贡献,但工程师作为职业群体对社会的诉求却没有得到重视和满足,其本来应有的社会地位和社会声望并未达到工程师群体的预期。由于各种不同原因的作用,目前各个国家在对待企业家、科学家和工程师的问题上出现了明显的不平衡现象。在工程师群体的理论研究方面,其所能产生的重大社会作用被严重忽视和低估了,成果被简单地纳入了科技的领域;而在社会声望和社会影响方面,工程师职业的工作性质和意义未能被社会充分了解和理解,工程师的社会声望同样被严重地忽视和低估了(李伯聪,2006)。

第一节　中国工程师群体的来源和本质

中国工程师群体在发展过程中也遇到了相似的境遇。符合工程师职业特征的工作在中国古已有之,是与社会发展息息相关的职业之一。中国是工程大国,与从事工程活动相关的职业有着几千年的历史,上古时期的共工氏,以及后来的"共工"官职都是工程技术人员在中国最原始的职业。随后,主管工程的官职"东官、司空、司成",国家工部亦设"大匠、工部尚书"等职务,工部下有各局,其负责人称"大使"。这些职位都从事着与工程相关的工作,可以说是广义上的工程师。

然而,真正意义上的中国工程师职业形成于19世纪,诞生在国家危机和社会转型的过程之中。从技术史的角度看,历史的参与者既然不可能去选择其社会条件,那么一个地区或国家也就不可能先完全改变社会条件再进行技术移植。因此这就需要这样一种参与者,他们既掌握技术又能通过其活动使技术在现有的社会条件下得以生根(方一兵,潜伟,2008)。中国工程师在中国工业化发展的进程中担任着重要角色。

工程师职业在中国已有一百多年的历史,回顾中国工程师从无到有的这一百多年,有一半时间都是在战火中艰难发展的,国家工业化程度低,工程活动受到诸多限制。抗日战争期间,浙江大学工学院学生因院长在社会上没有名气,要求撤换院长。竺可桢校长在他的日记中感慨万千地写道:"所谓知名人士无非在各大报、杂志上作文之人,至于真正做事业者则国人知之甚少。即如永利、久大为我国最大之实业,但有几人能知永、久两公司中之工程师侯德榜、傅尔分、孙学悟。"(郭世杰,2004)

直到1949年中华人民共和国成立后,由于国家大力发展工业,尤其是大力发展重工业的政策推动,国家建设对工程师的需求大大增加,工程师的职业化和建制化才得到了同步发展,其社会地位凸显。通过改革、调整和借鉴,目前中国已经拥有一个世界上数量最多的工程师群体,成为推动国民经济发展的主要力量;在中华人民共和国成立半个多世纪以来,中国逐渐拥有了一支在数量上十分庞大的工程师队伍。中国人力资源和社会保障事业发展统计公报显示,至2019年,中国高技能人才已经达到3234.4万人,是1952年16.4万工程技术人员的近200倍。[①]

同时,也应该看到,中国工程师在发展中也遇到了一些特殊的问题,包括由于国际环境和国家政策的影响,中国工程师经历了学苏仿美的过程。这样的过程造成了工程知识和方法传承的不连续性。而在计划经济体制下,中国工程师缺乏从业的自由,由于国家发展计划所限,专业技术知识过于狭窄,造成工程师和技术人员的职业分工并不清晰;中国工程师虽然在数量上位居世界前列,但是由于中国工程师执业资格制度的缺失,合格工程师人数却不占多数等等。

---

① 2019年的统计数字来自2019年人力资源和社会保障事业发展统计公报,1952年的统计数字来自1959年9月国家统计局编写的《伟大的十年——中华人民共和国经济与文化建设成就的统计》。

2014年6月3日，习近平总书记出席了在人民大会堂举办的2014年国际工程科技大会，发表了题为《让工程科技造福人类、创造未来》的主旨演讲，他指出工程科技是改变世界的重要力量，发展科学技术是人类应对全球挑战、实现可持续发展的战略选择。习总书记强调，中国的发展必须充分发挥科学技术第一生产力的作用，4200多万人的工程科技人才队伍是中国发展的宝贵资源。我们要把创新驱动发展战略作为国家重大战略，着力推动工程科技创新，实施可持续发展战略，通过建设一个和平发展、蓬勃发展的中国，造福中国和世界人民，造福子孙后代。由此可见工程师职业对社会发展之重要作用。

从现实看，我国目前正在进行的工程建设无论数量、类型、规模等方面在世界上都是首屈一指的，而且在"再工业化""工业4.0"等全球工业转型的大趋势下，国家对工程师的需求，工程师职业的完善都是亟待解决的问题。

虽然这个群体为中国经济建设和社会发展作出了非常重要的贡献，被称为"造福人类、开拓创新"的践行者，是现代社会新生产力的重要创造者，在推动工业化和国民经济的发展中占据着重要的地位。他们的重要性得到了全社会的普遍认可，但是他们的职业认知度却很低。一些传统文化历史积淀下来的观念影响着人们对科学、技术和工程的认识。在公众的认知上，"科技"二字在一定程度上被误用，"科学"和"技术"本为两个词，有着明显的区别，但"技"却常常被认为是科学的应用，而工程则是技术的应用。人们也往往把尊重人才主要看作重视科学家，敬佩杰出的发明家，工程师则可能不很被看重，通常是名不见经传。即使是高级人才，教授的名声也常大于高级工程师，工程院院士的威望也略逊于科学院院士。在教育观念上，不少人自觉地认为，一流人才应学理，二流人才可学文，三流人才去学工(陈昌曙，2004)。这就是说，中国还严重存在着工程师的社会作用不被了解和理解、社会声望偏低的现象，工程师未能成为对青少年有强大吸引力的职业。"与20世纪五六十年代相比,许多大学毕业生不愿意去制造生产一线,高校甚至在每年的迎新季不再有'底气'挂出'欢迎你,未来的工程师'这样的条幅。"

这些问题有其历史根源,但国内学界对工程的历史与工程哲学研究却刚刚起步,对中国工程师这一职业群体的系统研究也尚未引起足够的重视。

在国内已经有很多学者从提高工程师个人知识能力、素质,改革工程师管理,变革工程教育等方面做了讨论,但是并未对中国的工程师的职业化特点进行系统的分析,更没有从技术史的角度来谈新中国工业化发展的背景下工程师职业角色的发展。中国工程师是工业化的主要参与者,研究工程师的职业角色,考察工程师职业角色变迁,一方面可以深化以人为主体的技术史研究,另一方面可以从工程师的职业视角探究新中国工业发展的特点和趋势。

本书的研究中心是中国工程师发展变化起伏变化最大的四十年,在这四十年中,中国工程师一方面在国家工业建设的需求下,以任务带学科的方式寻求自身群体的发展和壮大,另一方面结合世界工程技术发展的趋势,由从苏联的技术援助到向欧美国家、日本的技术引进,不断融合新技术和工程思想发展自身。这个阶段被视为前发展阶段,为改革开放后工业的发展奠定了基础,同时工程和工程教育等方面弊端的逐渐凸显也促使改革开放后工程师培养改革。通过梳理中国工程师从中华人民共和国成立以来到改革开放后群体逐渐壮大的过程,一窥国家的工业化进程,同时亦可通过工程师群体发展和探索的曲折进程为当下的工程师职业建制化提供有益借鉴。笔者希望通过对中国工程师职业的探讨为制定工程政策,反思工程伦理问题,做好工程师群体的人事管理,促进工程人才的交流,使社会对工程师职业有所理解,建立良好的工程师形象提供历史的依据。研究工程师群体的历史,有利于目前工程教育改革的推进、工程师地位的提高和公众对此行业的深入了解。正如李伯聪教授在《关于工程师的几个问题》中总结的那样:"工程师的社会作用和地位的问题绝不是工程师一己的私利或小团体的私利的问题,它是一个事关产业兴衰和工程师队伍能否有力吸引优秀青少年的大事,我们应该深入研究和正确阐明工程师的社会作用和地位问题,应该在社会上大力宣传工程创新是创新活动主战场的观念,应该使工程师像企业家和科学家一样在社会中获得应有的声望,我们应该从理论研究、政策导向、各级教学和舆论宣传等多个方面来扭转当前实际存在的某种程度的轻视工程师的现象。"(李伯聪,2006)笔者希望结合技术、文化和社会等层面,展现中国工程师在中华人民共和国成立后发展的历史,通过职业和群体的组成,包括工程师教育、职业状况、职业团体及工程师与社会等方面,展现从中华人民共和国成立到20世纪80年代中国工程师发展的状况。希望通过本书,能从技术史的角度,给解决中国工程师在发展中出现的问题提供一些历史的线索。

第二节　关于中国工程师群体研究的缘起、目的及意义

一、关于中国工程师群体研究的缘起

公元前380年柏拉图已经在其著作中把工程师作为规划其"理想国"中的

一个重要的职务构成。公元1世纪拉丁文文书中便有了与工程师相关的词,希腊人把那些专门制造攻击坚固阵地兵器的具有敏锐思维的专家称作"incignerius"(另写作 ingeniator、engignor)。中世纪晚期,这个词以"ingegnere"或者"ingenieur"等形式迅速融入罗曼语系。但是,在具体语境中,并不是所有表示解决工程技术问题的人员的语境都用这个词,比如"ingeniosus artifex"和"magister machinae"也分别用来表示出色的工匠和制造攻城兵器的专业人员(Kaiser, König, 2006)。"工程"的派生词"工程师"意为创造者。"engineer"作为名词是指工程师,如果该单词的词性为动词,其含义是建造与设计等。《中国百科大辞典》阐释了"engineering"一词的来源,即从单词 engine、engineer 发展而来。18世纪,在 engineer 这个词的基础上衍生出了 engineering,具体含义是工程师、机械师的工作活动。显然工程的概念与工程师的工作存在紧密联系,从词源的发展过程来看,也能确定对于工程活动而言工程师是主体。

工程,在汉语中并不属于外来词,"工程"在此词素构成上包括"工""程","工程"是这两个词素的复合体。"工程",在古代汉语里,通常指规模较大的工事活动,特别是在土木建筑方面。在汉语中,这是"工程"一词初期出现时的意义,这也是"工程"一词最为普遍的用法。考察经典文献中的记载,"工程"一词的出现不晚于唐代(陈悦,孙烈,2013)。史籍中有这样的记录,北齐建设的三台的"材瓦工程"(《北史·列传第六十九"儒林上"》),是一项"发丁匠三十万人"——共征用了大约三十万夫役和工匠的大型土木工程。工事具有很高的难度,需要消耗很大的人力,考量评定具有一定的难度,这大约是"工程"一词产生的原因。其所指全面涵盖了"工"兼具匠人身份、木工工具、工事等多种含义,"程"具有量度参照规范法式、考量、进度等方面含义。可以得知,"工程"一词的主要含义与应用已经非常明确。此外,在古汉语中,"工程"偶尔指具体的某项劳作,或者指功课的日程。因此,对"工程"的翻译不是简单地对西文 engineering的直译,而是使用者在汉语中挑选出的一个含义相近的词汇。天津北洋西学学堂于1895年创设成立,确立"工程"为该校的一大重要专业之一,被称之为"工程学"。"工程学"被纳入中国正规教育一事表明,工程不再只是被视为某种活动,而是成为具有"知识体"属性的一门学问(孔寒冰,2011)。

在现代社会,关于"工程"的具体定义,学者们关注的本质属性存在很大差异。在众多的工具书中,如《现代汉语词典》《不列颠百科全书》,有关工程这一概念应怎样定义,学术界一般将其理解为"学科""专门技术""建设项目""生产过程"等。我国很多专业领域的学科名称会后缀一个"学"字。而"工程"这一概念,在去除表达特定学科的意思后,可以理解为"特定活动过程和结果"。采用这一思路,本书把狭义上的工程定义如下:工程是以科学为基础,以技术和经验为支持,通过生产创造活动,从而获得特定目的和成果的系列活动。狭义上的工程主要指社会生产领域的实体工程,也可以称为自然工程(王前,2003)。与之对应的是思想领域或意识形态领域,理论领域的工程不在此处做过多论述。工程师主要定义为从事社会生产领域工程项目工作的专业人员。

中国历史上没有跟现代社会生产领域"工程师"这一称谓对等的概念。尽管《周礼·考工记》里面有对先秦时期各类工匠的记载,不过此类人员从性质上更多属于技术人员,而不具有系统设计能力,其在一定程度上可以拥有不逊色于工程师的特定工作专业化水平,但在工程设计的主动性和创造性上却比较匮乏。不过这一职业也可以作为现代工程师的一个历史起源,"工师""工程司"和"工程师"等称谓在我国古代文献中曾经处于并存状态,这也表现出我国近代工程师的若干来源,分别包括:工匠转型、西方工程师引入、留洋归来的工程师。晚清时期,我国正处在一个中西方文化激烈冲突的时期,而这一时期我国大量的工程项目建设活动投入运行,而传统工匠这些新兴工程领域跟西方工程师所表现出的明显差异,使得社会文化对工程和工程师的认知发生了显著改变。在"师夷长技以自强"的过程中,中国的工程师群体逐步壮大,并从这时起开始有了明确的自我意识和社会意识(陈悦,孙烈,2013)。

实际上,"工程师"一词是在类似于中国传统称谓的基础上产生的,并且能够与西文具有对应关系。所以,作为本书研究对象的中国工程师,其基本含义同西文中"工程师"一词一致。那么,"工程师是什么人"的问题关系本书最直接的研究对象。

迄今为止,工程师这一概念在具体使用上仍相对模糊,并没有一个明确的、为大家所共同认可的确切界定。麻省理工大学校长康普顿(K. T. Compton,1887~1954)从工程师所从事的活动和方法上给予其定义:"工程师是运用数理化与生物等科学以及经济学之知识,再加之以从观察、实验研究、发明所得结果,然后利用大自然的材料与个人能力来造福社会的人才。"(何放勋,2008)《现代汉语词典》将工程师定义为:"技术干部的职务名称之一。能够独立完成某一专门技术任务的设计、施工工作的专门人员。"《工程师史》一书提供了另外一个解释:为了将现代工程师产生之前那些无法用工程师命名,却同样承担着设计、生产、规划、管理、研制等具体工作的技术专家群体包括在内,凯泽(Walter Kaiser)等人对工程师做了相对广义的理解。他们指出:"现在在德国,'工程师'指的是工业大学或应用技术大学的毕业生,也就是说'engineer'首先是从学历层面来定义的。……从历史角度来看,以学历的标准定义工程师恐怕很难令人满意,应以职业标准去定义。……'工程师'是指那些在各个历史时期负责高难度工作的实施和组织管理的人。"(Kaiser,König,2006)

分析上述几个颇具代表性的工程师的定义,可以看出工程师的定义包含三个要素。王沛民曾尝试从工程师的职业特点来给工程师提出三个递归方式的定义:第一,工程师是人才;第二,工程师是掌握了某些技术性的专业技能的人才;第三,工程师是从事某种工程获得的专业技术人才。

如果说上述定义是比较完备的,我们就可以由此出发以工程师群体为研究对象分析其发展的过程和内容。基于该定义,我们必须分析的内容包括:工程师教育、工程师职业及工程师与社会。

本书重点研究的是中国工程师,选取中国工程师为研究对象,主要是基于以下考虑:

第一,工程师职业在中国发展已有一百多年的历史,前半个世纪中国工程师处于萌芽和探索的阶段,直到中华人民共和国成立后,中国共产党在提出重工业为基础的经济建设条件下中国工程师才获得展现才能的机会。中国工程师与其他国家工程师一样,具有工程专业的职业特点,同时,由于中国工程师所处的政治环境和意识形态的变化,时代又赋予了中国工程师职业特殊的发展轨迹。从20世纪50年代受苏联的影响,中国工程师开始仿照苏联模式发展,到60年代独立自主的口号下面对世界环境的全面封锁,中国工程师独立探索发展的出路;70年代意识形态冲突的直接爆发,导致工程师以及工程教育的低潮;再到70年代末中国逐渐打开国门开始向西方国家和日本引进技术和项目,中国工程师再次重新定位和发展。在不到50年的时间内,中国工程师的职业教育、职业状况、社会状况及政治地位都经历了数次的变革。在中国曲折发展的工业化过程中,工程师充当了一个必不可少但在中国工业发展史上又默默无闻的角色。为什么会产生这样的矛盾? 这也是笔者试图在本书的研究中解决的问题之一。

第二,近些年,中国工程哲学、工程教育以及工程师质量规制的课题在国内广受关注,在分析国内现状的时候,学者们倾向于做比较分析,一般选取的比较对象包括法国、德国、英国、美国工程师,在分析其不同点中,对教育、社会背景、工业化程度、职业状况、职业质量规制等进行对比。值得注意的是,这几个国家都是发达国家,工业化程度高,已经发展完善了自己的工业体系和工程师职业构架。然而中国工程师代表了在20世纪后作为后发性工业化国家工程师的发展状况,与上述几个工业化程度较高、工业体系完善的工业化国家相比有很多,如世界环境、本国政治、科学技术进程上的差异,作为后发性工业化国家在发展本国工业的过程中有着自身的特点,这种特点也是值得去深入考察和研究的。

对中国工程师发展的研究,选取何时作为研究的切入点,依据研究目的的不同,可以有不同的时间起点。如果研究目的是回答为什么中国工程师产生得很晚,为什么中国工程师的产生并不源自中国工匠的转型,而是受到外在侵略以自强为目的被迫展开的话,其研究时间大概在晚清到20世纪初。而研究目的是回答中国工程师群体与标准或典型的工业化国家工程师有什么差异,中国工程师的群体意识如何逐渐产生这些问题的话,大多把研究的起点定在中华人民共和国成立之时,必要时做一些历史回顾的研究,但总的来说还是为研究后来发展情况服务。

这样研究立论的基础包括工程师的发展需要一个处于工业化进程中的国家或者社会,而工业化的进程是以民族国家的出现和成熟为条件的,后发性工业化国家的工业化推动需要一个强有力的政府的存在作为条件。毛泽东曾指出:“没有独立、自由、民主和统一,不可能建设真正大规模的工业。没有工业,便没有巩固的国防,便没有人民的福利,便没有国家的富强。”(毛泽东,1960)如果没有一个能整合内部各阶层利益的政府,工业化就不可能全面地、有效地启动,那么更没有一个完整、独立的工程师群体阶层的存在,该区域的工程师群体就不具有代表性。基于这一点对照中国的考察,只有中华人民共和国成立后,才使中国成为真正意义上的民主国家;在近现代史上,只有中华人民共和国成立之后国家才具备全面整合各个阶层利益,全面动员国家各种资源搞经济建设的能力。只有满足这些条件,中国才能全面开始工业化进程,工程师群体由于工业化的需要才能逐渐壮大,并且根据工业化和本民族的社会状况形成与之相适应的发展模式和特点,其研究成果才有普遍性和典型性,其研究成果对未来才具有启迪性。因此,中华人民共和国的成立是本书研究的时间起点。

本书讨论的工程师发展的时间段为20世纪50年代到80年代中后期的40年。这个时间范围的选择主要是出于对工程师形成的时间差来考虑的。根据对中国现代工程师群体状况的统计分析,结果发现"第一批能够通晓西方科学知识的中国人成才的时间应当起始于20世纪的二三十年代"。考虑到从基础科学研究到工程技术应用研究的推进一般需要一代人的时间,以中国工程技术专家的平均学成年龄为25岁计(注意这里所说的是工程技术专家而并非一般工程师),则中国的第一批工程技术专家应该出现在1945~1965年间。这样说并不排除个别的工程技术先驱者会在更早的年龄出现。从中国工程院院士中选取样本,480位工程技术专家中,1920~1940年出生的工程技术专家共有395位,占总人数的82.3%。这就说明从向西方学习现代科学理论开始,再推进到工程技术的实际应用,其间确实存在一个时间差(方黑虎,徐飞,2003)。基于这样的理论,那么工程师的发展对历史事件的反应和政策的调整都有一个周期。在所研究的这40年的历史之中,中国工程师的发展可以分为4个阶段:第一阶段是1949~1951年,这个阶段主要是延续民国时期工程师的培养体系并做逐步改变,国家对工程师群体的数量和质量都提出了具体的要求,并对工程师群体有了初步的了解。第二阶段是1952~1961年,这十年是国家发展最迅速的十年,其基本特征是社会主义计划经济体制的形成和中国近现代产业与工程体系的进一步升级发展。由于政治和国际形势等因素,中国由学习欧美国家而转向学习苏联,工程教育模式也发生了变化,如50年代的学院调整。这个阶段中,苏联援建的"156项重点工程"的建成标志着宏观工程体系的

进一步全面升级。在1949年前已经走上职业岗位的工程师遇到了政治和职业
状况上的重大变革,以单位和职称为评价标准的工程师制度初步形成。第三
阶段是1962~1976年,这段时间国家处于自我探索的阶段,中国工程师的发展
也随着国家政策的变化而开始了自力更生的发展之路。在此阶段,中国工程
师经历了生存状况最糟和社会待遇最低的时期,"大跃进"的滞后影响和"文
革"的政治运动造成国家工业化进程缓慢,而"四三方案"又明显带有"反'文化
大革命'时期潮流"的色彩(李伯聪,2013)。其方案中26项引进项目的建设是
继"156项重点工程"后的又一次大规模技术引进。这个时期明显的成就包括
"两弹一星"工程,反映了中国特色的任务指导科学的科技模式下工程的发展。
"文革"期间工程教育遭到严重破坏,大量的工程学科学生毕业后响应党的号
召上山下乡,另外很多高等院校的关闭和推荐录取制度造成工程技术人员的
严重断层。第四阶段是计划经济向市场经济过渡阶段,这个阶段国家又回到
经济建设为主的轨道上来,"科学技术是第一生产力"的论断被提到前所未有
的高度。高度专业化的工程教育的缺点日益显现,工程教育又走向改革的道
路。许多计划经济体制的弊端被逐渐改革,包括工程共同体的构成、工程教育
模式、工程师的自由执业等。中国工程师机会和挑战并存,在现代工程的门类
结构和水平上,一方面继续进行机械化和电气化的补课,另一方面则在信息化
方面奋起直追。中国工程师在中华人民共和国成立后的发展经过了全面学苏
的社会主义工程师形成期、探索自身发展途径改革苏联模式的探索期、市场经
济转型后的改革期三个过程。因此,本书将研究时间段聚焦在1949~1986年
之间,分为1949~1951年、1952~1961年、1962~1976年、1977~1986年四个阶
段,第二、第三阶段的影响是本书的重点,第四阶段主要介绍第二、第三阶段所
造成的滞后影响。由于历史的感悟需要拉开一定的距离,这也是为什么本书
并不介绍20世纪90年代后中国工程师状况的原因。

国家在政府官方的统计资料中,一般不把工程师单独作为主体进行统计,而是把工程师放在其他的一些代表科技人才的术语之中。例如,工程院校的培养目标是"工程师",但是在职业岗位上,毕业生并非被认可为"工程师"职称的工程人才,而在工程职业评聘体系中,需要满足工程教育、工程实践和工程岗位三个要素才能有资格评聘工程师职称。但是由于工程职业的特殊性,许多没有受过工程教育但熟练的技术工人也被纳入工程师行列。在中国早期正式的政府人力资源报告中使用了广义的"工程技术人员"这一词语,这个词语明显包含工程师和技术员两个职称序列,但并未有特别区分。同样,科学家和工程师两个职业之间在早期也没有明显的区别。另外,还有一些称谓是在特殊时代背景下带有时代性的职业称谓,包括科技知识分子、科技工作者、科技人才等等。厘清研究范围内研究对象各个称谓之间的内涵和外延对准确把握研究对象的范畴有着重要意义。因此,有必要在本书的导论中对这些特定的术语做分类和总结。

(1) 科技知识分子:在中国60～70年代用得最多的一个词。法国社会学家埃德加·莫林(Edgar Morin)认为知识分子有三个层次的内涵:从事文化方面的职业,在社会政治方面起一定作用,对追求普遍原则有一定自觉(童世骏,2006)。Richard Hofstadter、Christopher Lasch等人认为:知识分子必须是追求思想生活的人。因此,知识分子必须具备双重属性:超然性和介入性,即知识分子必须与整个社会保持一定的隔离状态,社会分工中应有一块只属于知识分子的独立营地,但又必须关切和参与社会的公共事务,能够在超越个人功利的宏观立场上制定并支配舆论,成为社会良心(Hofstadter,2011)。一般来说,知识分子都期望所从事的事业既能发挥个人智慧,满足自我兴趣与价值定位,同时也能造福于全社会,达到主客观的统一。知识分子可划分为三种类型:一是幕僚知识分子,即统治集团的管家;二是技术知识分子,即技术专家;三是人文知识分子。在中国,知识分子是工人阶级的一部分,"是工人阶级中掌握先进科学知识和技术工具的智力部队"。在这里,知识分子不再单纯是某种学历的代名词,而是具有一定内涵的职业称谓。在知识分子内部,也包含着不同的阶层和利益群体。高光等认为,中国知识分子内部可"根据其不同的社会职能和地位,基本上区分为三个组成部分":一是参与物质生产过程的知识分子,主要指分布在工业、农业和流通部门的工程技术人员和农业技术人员,一般称为科技知识分子;二是从事文化教育、科研和卫生等专业工作的知识分子,包括自然科学和社会科学的研究人员,各级各类学校的教师、文学艺术工作者、医疗卫生人员,以及其他专门业务人员;三是从事社会管理服务的知识分子,主要包括经过专业训练,从事比较复杂的脑力劳动的国家行政部门、社会公共事务管理部门的企事业单位的管理人员(贾春增,1996)。从这样的分类看,由于工程师职业的特点,其从业范围广泛,在这样的分类下,工程师主要是从事第一类的人员以及第二类和第三类其中的一部分人员。总的来说,在一般的中文文本中提到中华人民共和国成立以后的知识分子,应当包含工程师群体。但是,与工程师群体的职业概念相比,知识分子更偏向阶级性和强调政治意义。

(2)科技工作者:这一名词的使用,一方面反映了职业平等的理念,科学技术工作是现代社会的一项重要工作,科技工作者与文艺工作者有明确的界定。规定在自然科学领域内掌握相关专业的系统知识,从事科学技术的研究开发和传播推广应用,以及专门从事科技工作管理等方面的人员,按行业分类,主要包括工程技术人员、卫生技术人员、农业技术人员、科学研究人员及教学人员等五类专业技术人员。科技工作者是中国科学技术协会的主要成员,科技协会的作用是建立科学技术方面的统一战线,因此科技工作者是分散在各行各业的从事科学技术工作的知识分子(韩晋芳,2012)。

（3）科技人才：科技人才是中国特有的概念，目前还没有被定量化。主要有三个概念与之相关，包括科技人力资源、科技活动人员和R&D研究人员。科技人才的概念在不同层次上分别与科技人力资源、科技活动人员、R&D研究人员等统计指标密切相关。因此，利用这种相关性，可以对科技人才进行人才政策研究或统计分析。科技人才主要出现在对专业人员的统计工作中，如国家统计局对从事科学技术专业的人力资源的统一表述。科技人才的概念可以满足国家科技人才问题分析、政策研究、战略制定和实施的需要，在统计上可以与国际标准的科技人力资源相统一。

由于多方面因素，"工程师"一词并不多见于20世纪下半叶的国家官方文本中，取而代之的更多是知识分子、科技工作者及科技人才。因此，笔者期望把工程师群体从这些带有时代意义的职业术语中抽离出来，分析其特点和发展模式。

二、关于中国工程师群体研究的目的及意义

在工程哲学领域零星的对工程师群体的研究中，李伯聪教授给工程师研究的方向提供了线索。他在《工程社会学导论：工程共同体研究》中《关于工程师的几个问题》一文探讨了工程师群体的职业特征和职业困境，认为工程主体是比科学和技术主体更为复杂的一个共同体，包含工人、工程师、投资人和管理者，而工程师的职业地位往往交织在四个主体之间，造成工程师的职业定位的"模糊"，从而导致工程师社会定位的不确定性（李伯聪，2006）。这一理论解释了工程师群体长期以来在社会影响力上表现不足的原因，提出了亟待深入研究工程师群体的必要性。

　　从中国工程师史的研究来看,中华人民共和国成立后工程师职业被笼统地归纳在科学技术干部的行列中,被单独作为一个职业群体的考察研究在20世纪几乎没有展开。几篇国外的著作和报告代表了20世纪对中国工程师研究的状况:60年代,华裔学者郑竹园展开了对中国科技人才状况的研究,作者用中国的科技人力资源(scientific and engineering manpower)一词指代中国科学和工程人才,从政治经济学的角度分析了中国在第一、第二个五年计划(以下简称"'一五'计划、'二五'计划")以及《1956~1967年科学技术发展远景规划纲要(修正草案)》(以下简称"十二年规划")中制定了国家对科技劳动力的需求以及中国通过高等教育培养人才的数量规模和质量(Zheng,1967)。美国学者理查德·P.萨特迈尔(Richard P. Suttmeier)所著《科研与革命:中国科技政策与社会变革》(以下简称《科研与革命》)中,从如何对待科研人员的角度亦对中国的科技人才的状况和发展做了分析。该书下篇认为人才问题或许是阻碍中国科技发展的主要问题。在他看来,虽然在70年代前,中国靠群众运动和非正规教育的工人农民取得了应对人才问题的成功,但是70年代后,面对工程技术的飞速发展,这样的手段无法充分取代高等教育,那么在此之后人才问题,尤其是工程技术类人才的缺乏就显得尤为严重(Suttmeier,1974)。以中国工程师为主要研究对象的著作是吴启迪主编的《中国工程师史》,该书按时序以人物为主线,对中国各个时期的重大工程实践和工程科技创新背后的工程师进行系统梳理,按照行业和时间两条线索,为工程师史的研究提供新思路(吴启迪,2017)。

　　中国工程师史作为工程史中以人和群体为研究对象的分支,在研究内容和研究方法上仍处于探索阶段,在工程师群体发展史的研究中并没有形成体系,从历史的角度系统梳理作为职业群体的工程师发展,如中国工程师职业的教育与培训的问题、中国工程师在不同政治和经济政策下的工作状况,中国工程师在经济与技术条件都极端落后的情况下是如何克服困难取得重大工程成果的,以及中国工程师与社会等方面的研究还有待进一步深入。

对于中华人民共和国成立以来工程师发展史的阶段分期,根据不同的内在逻辑,可以有以下两种可能性。

1. 从技术转移角度的分期

中国工程师在中华人民共和国建立后的发展经过了工程师职业的过渡期、全面学苏的社会主义工程师形成期、探索自身发展途径改革苏联模式的探索期、恢复经济建设为中心向西方学习的改革期四个阶段。这样的分期方式是基于对国家科技政策与工业化发展及工程师自身职业的发展两个方面的综合考虑。从技术转移的角度来看,工程师的发展经历了由欧美模式下的工程师技术框架到全面学习苏联技术模式,紧接着结合苏联模式自我探索调整和改革苏联模式,伴随着西方技术转移的工程师发展模式的调整。工程师群体的发展需要一个处于工业化进程中的稳定的社会环境;同时,中国工程师群体在工业化发展需求的基础上逐渐实现自身队伍的壮大,并且根据中国工业化进程和本民族的社会状况形成与之相适应的发展模式和特点。

第一阶段(1949~1951)正处于社会主义的过渡时期,如何建设社会主义国家的方向还没有形成,国家在交接旧中国的工业的同时,也对工程师人才进行了全国性的调查。

第二阶段(1952~1961)是社会主义建设初期中国工程师群体的调整期。这个时期由于国家建设对工程建设的重视,民国时期初具规模的工程师群体被任用起来,成为各行业技术骨干。随着苏联援建的"156项重点工程"的展开和苏联专家的帮助,国家大规模的工业建设对工程人才的需求迅速增加,工程师的自主培养计划被提上日程。经过50年代的院系调整,民国初步建立起来的工程教育模式发生了变化,工科被放到高等教育中重点发展的位置,工科学生人数迅速增加,专业细化,重点培养能够迅速满足各行业技术需求的工程人才。而在1949年前已经走上职业岗位的工程师一方面成为各行业的骨干力量,另一方面职业状况也发生了重大变革,以单位和职称为评价标准的工程师制度初步形成。

第三阶段(1962~1976)是中国工程师在苏联工业基础上自我探索时期。由于中苏关系的破裂,国家开始了自力更生的发展探索和尝试。由于技术援助的中断,中国工程师开始尝试挑起重任,在技术革命和技术革新运动的口号下探索中国技术独立的途径。但是,"大跃进"的滞后影响和"文革"的政治运动造成国家工业化进程缓慢,此前所做的十年规划等项目由于"文革"的影响,很多项目都没有如期开展起来。国家对科技发展和知识分子不正确的判断也导致了工程师职业框架受到破坏。工程教育遭到严重破坏,很多高等院校的关闭和推荐录取制度造成工程技术人员的严重断层,而大量的工程学科学生毕业后响应党的号召上山下乡,未能直接从事与专业相关的工作,造成了人才的浪费。但一些在50年代就展开研究的工程项目,由于技术的延续性,在这个阶段陆续开花结果,由此可见工程虽受社会和政策的影响较大,技术仍是推动工程发展的内在动力。

第四阶段(1977~1986)是中国工程师职业框架的逐步形成期。国家实行改革开放,计划经济开始向市场经济过渡,这个阶段国家又回到经济建设为主的轨道上,"科学技术是第一生产力"的论断被提到前所未有的高度。高度专业化的工程教育的缺点逐渐体现,工程教育又走向改革的道路。许多计划经济体制的弊端被逐渐调整,包括工程共同体的构成、工程教育模式、工程师的自由执业等。中国工程师机会和挑战并存,在现代工程的门类结构和水平上,一方面继续进行机械化和电气化的补课,另一方面则在信息化方面奋起直追。由于教育体制和评价体制的逐步完善,工程师群体的平均素质不断提高。

2. 根据工程师的代际关系分期

从工程师培养角度来看,从接受工程教育开始到能够从事工程技术的实际应用,其间存在一个时间差(方黑虎,徐飞,2003)。基于这一现象,工程师的成长对历史事件的反应和政策的调整都有一个周期,代际分期的优势在于通过将学用关系和工程知识的结构与技术能力作为划分依据,可以以工程师自身为主体考察工程师群体发展规律,如与经济社会的关系,通过对代际间工程师群体总体特点和知识体系的比较,亦可以反思教育背景、科技体制等对工程师培养的影响。根据对中国工程师群体的社会结构图谱的分析,中华人民共和国成立后的工程师群体可大致分为四代。

第一代早期的工程师,他们出生于清末戊戌变法之后,青少年学生被派往日本或去欧、美求学,包括最早的留美幼童计划、庚款资助、稽勋留美生等等。这一代工程师以修习冶金、矿业和铁路为主,这也符合20世纪初世界工程发展的主流节奏。1949年后,这部分工程师是社会主义建设的中坚力量,在国家搞建设的50年代,他们发挥了中流砥柱的作用。

第二代工程师大多是20世纪20年代后出生且在1949年以前大学毕业的。这一代工程师成长于战争年代,真正活跃在工程领域是在50~60年代。由于中国高等教育事业的发展,他们当中留学国外的不多,绝大多数毕业于国内各大学。得益于政府对教育的重视,这一代工程师受到了第一代工程师的悉心培养,在人数上大大超过了第一代。

第三代工程师主要来自两个方面:一是高等工程院校,他们大多在1952年开始院系调整后上大学,由于国家大规模建设的需要,工程教育被大大加强,工科学生规模迅速膨胀;二是工厂由技术工人提拔上来的工程师,这部分工程师由于生产实践经验丰富,也迅速地成长起来。就群体来说,这一代工程师经历了各种社会变革,因此真正出成果是在80~90年代。这一代工程师的历史责任感在于尽快将第四代工程师推向工程前沿,尽快弥补第三、第四代工程师之间的断代现象。不同的是,这一代工程师中,女性工程师的人数较前两代要多得多。

第四代工程师出生在1949年后,毕业于"文革"以后重新兴起的高等工程院校。从人数上来说,肯定超过前三代的总和。从学历上看,第四代工程师当中具有硕士、博士学位的人数也比前三代的硕士、博士人数的总和还要多出许多倍。第四代工程师年龄差别较大,他们接受大学教育大多是在相对开放的80年代以后,掌握的知识面较宽,随着电子工程、信息工程、网络工程和生物工程等新兴工程的出现与发展,相应的新兴工程师也不断产生,如电子工程师、信息工程师、网络工程师与生物工程师。在一些新兴科技领域,工程师知识的综合性和复杂性更强。在计算机等新兴领域中,中国工程师的能力和优势已经在国际上崭露头角。

虽时间跨度不大,但四代工程师在能力和知识结构等方面有较大差异,这与工程和工程师的深刻社会性有关,这也证明了工程师在不同社会环境影响下,所承担的工程、自身的能力及职业标准都不尽相同。代际间接受的工程教育差别太大,造成了代际间技术知识延续过程中的不连续性及工程师在技术知识和科学精神延续过程中的障碍。

三、工程师群体的分类和研究层次问题

除了历史分期问题的讨论,出于工程师自身特点的考虑,对工程师群体的分类问题的讨论也是工程师群体研究中的一个要点。

1. 工程师群体的分类

工程师群体研究的困境在于其社会作用的多样性及其在工程共同体里所承担角色的多样性。工程师是从事工程活动的专门人才,而工程领域是个动态的范畴,是随着工程科学技术和工业生产的展开不断发展的,因此工程师可以按照工程门类和工程师种类来做分类。而不同国家根据自身工程师社会中的职业作用的特点,对工程师职业群体也有着不同的分类方式。一般来说,美国将工程师分为四种类型:工程科学家、革新发明家、现场工程师、技术规划和管理工程师。德国工程师协会一般把工程师分为理论工程师、联络工程师、实施工程师三种类型。就中国而言,从培养目标来看,中华人民共和国成立后国家对工程师的需求主要是在工业生产的现场领域,而由于在1977年前研究生制度的缺失,在工科高等教育培养目标上,以"生产组织工程师"为主,而"开发研究工程师"则主要是在职业岗位上进行培养和进修。另一种在行业中普遍认同的分类方式是普通工程师和工程科学家,普通工程师即各个行业内部解决特定实际问题的工程师,而工程技术专家如工程院院士被誉为工程大师或工程科学家。普通工程师的职业往往被低估,但在群体研究中,普通工程师代表了群体的绝大多数,因此更不容忽视。工程师群体的分类方式繁多,内部也逐步分层,这更增加了工程师群体研究的复杂性,在研究中无法一概而论。

2. 工程师群体研究方法和层次问题

工程活动有微观、中观和宏观三个层次,工程师作为工程活动的主体来说,对工程师群体的研究也可以分成三个层次,即宏观层面上的国家层面的工程项目中的工程师群体及国际工程师合作,如苏联援助项目"156项重点工程"

中的中国工程师和苏联工程师的合作与技术交流；中国特定行业或产业内部工程师群体，如石油工业中大庆油田工程师群体、三门峡水利工程师群体、三线建设工程师群体等；微观工程师人物或工程大师，如茅以升、孟少农等。分期问题和研究层次的问题恰好从纵向和横向构成了工程师史的发展进程，从复杂的历史背景中分析不同时期工程师群体的职业选择和历史使命。对工程师群体的研究，可以关注以下几个问题：

（1）工程师群体在工程项目实施中的作用问题；

（2）工程共同体中工程师群体间的协作问题；

（3）工程专家与一般工程师的关系问题；

（4）工程师与工程技术人员的关系问题。

值得注意的是，在对工程师群体的研究中，引入群体志分析法是群体研究的特性所决定的，工程师群体研究离不开对群体中个体的年龄层次、学历、毕业院校、专业、从事行业情况、分布情况、增长情况等数据的统计，通过对预先设定的研究内容制定分析类目，要进行定量的统计描述，从而得出结论。这一方法的应用对中国工程师群体研究尤为重要，在科技人力资源一词尚未引入中国人事管理理念之前，对工程师的统计一直是缺失或受到质疑的，比如，在1959年中华人民共和国成立十周年的成就报告《伟大的十年》中，134个数据报告中仅仅只有两项与科研、工程技术人员相关，且介绍极其简略；而在1958年"大跃进"期间，几乎所有的数据都缺乏可靠性。因此，与直观的统计数据相比，内容分析法更能够对潜在的问题做出量化的判断，从而弥补官方年鉴统计的不足。

这也为分析工程师的数量带来了一些难度，在解决这样类似的问题上，一些学者采用调研和取样的方式，比如因为统计资料的缺失，郑竹园在分析中国科学家和工程师状况时，通过查找突出科学家和工程师的资料，取近1200个样本做群体特征分析;而萨特迈尔在《科研与革命》一书中,为了对中国科技人力资源的潜力做判断时,设计了增长模型做假设性分析等等。

第三节　工程师史的主要研究线索

从工程师成长机制及其规律来看,工程师的成长主要有三大核心要素,即专业、资格和工程思维。三大核心要素也对应着工程师成长的三个阶段,专业对应于工程师培养第一阶段的工程教育学校的工科教育和培训阶段,资格是在长期工程实践工作后所取得的工程师职称,而工程思维则是在长期的工程活动中形成的对工程的理解和方法的掌握,也就是对应工程师的职业生涯阶段。张光斗先生曾在研究工程师问题的评论中提到"工程技术专家的本质(问题)包括工程技术水平、创新和工作能力,专业规格和层次,是否符合国家经济建设的需要,存在的问题,改进的策略等"。这段话也提到了在工程师群体研究中的核心问题,即工程师能力的问题。凯泽教授也在其《工程师史》一书中反复强调了工程师职业的框架条件,包括工程师的培养、工程师的职业资格和工程师的工程思想。由此可见,这三个要素构成了研究工程师问题的内在线索。因此,从工程师的成长机制及其规律来看,三条线索可以作为研究工程师史的内在逻辑。

一、工程师培养的内在机制

在中国工程师发展的研究中,高等工程教育是一个重要议题。高等工程教育旨在培养工程科技人才,工程师的知识结构、职业素养、不同时期对工程教育的不同尝试,代表了工程师培养目标、社会需求和技术发展的不断转变。回顾高等工程教育的历史可以发现,高等学校在培养工程师方面一直在不断改革和尝试,工程师教育也主要围绕几大问题展开,这些问题包括培养目标的问题、工程教育结构和层次的问题、理论和实践的问题。

1949~1965年,工程教育获得快速发展,其特点是学习苏联经验培养高度专门化的现场工程师。1949年以后,为了适应工业发展要求,我国按照苏联模式发展工程教育,这对当时还缺乏高等教育经验的中国共产党来说是极大的帮助,它以最直接的方法在最短的时间里培养出引进苏联技术所需要的各类生产型工程师。1952年开始,国家为了培养工业建设的专门人才,以发展工业专门学院为重点进行院系调整,随后根据国民经济建设需要调整学校布局与专业设置,我国高等工程教育以单科性工科学院为主。1958年国家提出"教育与生产劳动相结合"的方针,强调了生产实践在工程教育中的地位。60年代,我国高等学校的工科类学生,除了实验教学外,还有企业生产认知实习、金工实习、企业生产实习等环节。提出学习苏联的办学经验,对教学内容、教学方法等进行"理论联系实际"的重大改革,学生深入工厂"真刀真枪"做毕业设计。然而60年代后,中国并没有随着世界科学技术发展改进工程教育,反而片面强调要与工业分工对口,致使专业越分越细,教学内容过窄,培养目标也降低为培养一般技术人员。工科大学的培养模式越来越与专科学校类似,工科大学和专科学院不能在层次上区分彼此。80年代开始我国工程教育又从注重实践转向了理科化的工程教育模式,虽然工科大学很快恢复,教学计划也有改进,但50年代苏联高等工程教育的影响仍依稀可见,同时又削弱了实践环节和产生了不够重视理论联系实际的倾向。这种高度专门化的工程教育的缺陷逐渐在改革的浪潮中暴露出来。另一方面,通过研究生制度的确立和专科院校的调整,工程师培养的结构层次逐渐明朗,有了从技术人员到工程师及培养工程科学家为目的的工程博士的差异化培养模式。

工程教育是工程师形成的第一步,它直接影响着工程师的知识结构和能力,而工程教育的培养模式受国家工业发展的影响,工程教育所面向的是社会需求。因此,对工程师培养模式和工程教育史的研究有利于从教育和知识获得的角度把握工程师群体特点。

二、工程师职业资格的鉴定和认证

工程师的职业鉴定和评价体系是工程师制度的核心。但长久以来中国工程师没有统一的工程师资格标准,工程师资格由所属单位按自定的标准评审,致使工程师的水平参差不齐,影响了工程师的整体形象和地位。

50年代,国家借鉴苏联对技术人员的管理模式,将工程师与职业技术人员列入"国家干部"之中以企业为单位管理,这也意味着工程师职业的"国有化",国家掌握着工程师执业的所有领域,工程技术员的职务包含总工程师、副总工程师、工程师、技术员、助理技术员,工资与职务挂钩,由单位对其工程师实行职务和工资管理。工程师是一种职务(岗位),属于国家干部。实际上,这是一种将"资格、职务、工资"三位一体的管理方式,这也意味着工作岗位的终身制属性,这样的管理方式使工程师群体免去了失业的风险,在单位中的资历和工作年限成了工程师考核的主要标准,个人专业技能的提高虽然在理论上非常重要,但是在与物质和职位挂钩方面并不作为主要衡量标准,竞争意识的缺失使工程师知识的更新和素质的提高变得不那么重要,影响了工程师的整体能力。60年代初,由于经济困难,只使用工程师"职称",不与待遇挂钩。1978年展开了一场全国自然科学技术人员的普查,将50年代实行的技术职务任命制演变为技术职称评定制。1986年专业技术职务聘任制度开始试行,对专业技术职务实行根据实际工作需要设置的有明确职责、任职条件和任期,并需要具备专门的业务知识和技术水平才能担任的工作岗位制度。这不同于一次获得后终身拥有技术称号,虽在实施上经历了长期调整的过程,但是国家对职务和职称分离的调整,是配合市场经济体制的一次工程职业岗位制度改革的尝试。90年代开始,为了进一步配合企业的人才需求和规范人力资源市场管理,行业各部委和行业学会也在人事部的授权下陆续通过发执照对工程技术人员实行注册登记管理,开始了相关执业工程师注册制度的实践探索。

对工程师专业技术资格管理体系发展的深入研究可以从工程师质量规制的角度对工程师群体的整体能力、行业规范等方面提供研究的政策依据。

三、工程师的工程思想研究

工程观是工程师在长期的实践过程中所积累的对工程的反思、工程方法、工程决策和人才培养等方面的工程思想和观念。与对科学家的科学观的研究类似,工程思想也是科学思想的一个分支,是工程师对工程的基本概念、观点和基本理论的总结和反思,亦是关于工程和技术的一般理论思想,包括工程观、工程方法、工程教育、工程传播和应用等。工程师在长期的工程项目实施中对工程方法和工程师培养有着自己的总结，如茅以升的工程思想最主要体现在工程人才的培养方面，早在1926年以《工程教育之研究》一文初步提出"习而学"的工程教育思想，认为工程人才的培养应把理论与实践相结合。随后在其工程活动中，其教育思想经不断完善，50年代发表了一系列关于其工程教育思想的文章，包括《习而学的工程教育》《习而学的工程教育制度》《工程教育的方针与方法》《工程教育中的学习问题》《实行先习而后学的教育制度》等，形成了以完整的"习而学"重视实践能力的人才培养目标为核心的工程教育思想（茅以升，1995）。同时，在工程师能力培养方面，1984年他组织编撰的《现代工程师手册》系统地介绍了现代工程技术中的共用技术和通用知识，其中对科学与技术、科技与社会、工程与工程师等的论述体现了茅以升的大工程观。

工程师的工程观体现了工程师在工程活动中对工程的反思，有着内在演化的过程。对工程师工程观发展的考察是从思想史的角度考察工程师自身对工程知识、教育与社会等方面的反思，同时工程观的演化也是研究工程多样性、延续性、创新机制、工程异化等问题的一个独特视角。

一部当代中国工程师群体形成与发展的历史，不仅是工程技术历史的投射，也是中国在新时期寻求现代化之路的缩影。中国工程师在培养科技人才和扩展技术知识方面，都取得了非常大的成就。中华人民共和国成立后，建立了完备的工程学科体系和工程教育体制，不过在技术知识的转化过程中，中国的工程师却经受了各种各样的困难。其中既有体制内部固有的阻碍创新的原因，也有波折的政治因素。尽管如此，中国工程师的群体一直在不断扩大，并不断吸收和改进，这一过程也映射着中国工业化进程中的曲折探索过程，对工程师群体发展的历史性回顾不但能够为工程史研究提供主体视角，也能为工程社会学和工程哲学的研究提供现实和历史依据。

第四节　关于本书的研究现状

继科学哲学和技术哲学后,以工程为研究对象的工程哲学在21世纪得到广泛关注,学者们开始从工程教育、工程设计、工程方法论和工程伦理的角度研究工程哲学,并形成与工程学科相关的研究体系。按王续琨教授在工程学科和工程史学科分类研究中的分析,工程师史属于工程学学科下,工程史方向中的一个研究课题。因此,在众多工程史研究、工程哲学研究中涵盖了一些工程师史的内容。本部分首先概述学界对中国工程哲学及中国工程师群体研究的已有成果,其次重点介绍本书所利用的主要文献。

一、对中国工程哲学和工程哲学学科体系的研究

19世纪末被看作工程哲学的"酝酿期"。1961年,《工程社会史》一书出版时,有人评论说,这本书涉足了一个令人震惊的"被一般历史学家"忽视了的领域(杜澄,李伯聪,2006)。法国学者佩兰说,在法国,除了极个别的情况外,那些声称专门研究科学技术史的研究中心把95％的精力花在了科学上,花在技术上的只有5％(杜澄,李伯聪,2006)。2003年,美国麻省理工学院工程与技术研究 Louis Bucciarelli 教授在欧洲出版了《工程哲学》(《Engineering Philosophy》)一书,引起哲学界对工程哲学这一新兴领域的广泛关注。在这部著作中,作者阐述了哲学家应该如何思考工程的思想和实践,侧重于从工程或工程

师本身来谈论工程方法的问题,也就是说他认为工程中存在哲学思维。但该书还没有从工程学科建设的角度来说明应该建立与科学哲学和技术哲学相并列的工程哲学的必要性问题。21世纪开始,工程哲学在中国得到重视,研究力量的投入出现明显加强的趋势,研究进展出现明显加速的趋势。2002年,大连理工大学人文学院刘则渊教授出版了一套《工程·技术·哲学》的研究年鉴,其中涉及了一些工程哲学的内容,比如关于新视野下的工程与技术、工程技术伦理等,该年鉴主要仍是技术哲学领域内的研究。但是不难发现,编者已经有意识地把工程哲学这一陌生的领域借由与技术哲学的关系带入人们的视野之中。2002年,陈昌曙教授发表了《重视工程、工程技术与工程家》一文,明确肯定工程是一个不能混同于技术的对象,该文在列举了工程的十个特点后,总结说:"工程既与技术密切相关,又与技术有不小的区别,工程有它的相对独立性和特殊性,对工程问题需要做专门的探讨。"同年,中国科学院大学人文学院李伯聪教授致力于研究工程哲学20多年,在其《工程哲学引论——我造故我在》一书中,对该学科中的核心概念——工程进行了界定,即对人类改造物质自然界的完整的全部的实践活动和过程的总称,并论述了科学、技术和工程之间的相互联系和相互转化的辩证关系,提出了旨在拓展以往关于科学、技术关系之二元论的关于科学技术工程的三元论,从而为工程哲学的创立奠定了基础(杜澄,李伯聪,2004)。随后,李伯聪教授又先后在《自然辩证法通讯》中发表了《工程共同体研究》系列,包括工程共同体中的工人、关于工程师的几个问题等。这一系列的文章旨在把工程的主体逐一进行研究,李伯聪教授认为与科学和技术相比,工程的主体更为复杂,包括工人、工程师、投资人和管理者。在《关于工程师的几个问题》一文中,作者主要探讨了"工程师"词源的演进、工程师的职业特征、工程知识、工程师的职业困境及工程师的职业责任问题,最后他提到了工程师的声望和社会地位,他认为,工程师职业仍然处在被忽视的地位,存在着社会声望偏低的问题,这些情况在中国更加明显,他呼吁应该重视工程师职业,对于中国来说应该注意工程大师的问题,发挥工程泰斗和工程大师的超常创新能力、卓越典范作用和领导潮流能力,这样才能使工程师群体的声音不被忽视。2007年7月,中国工程院组织的"工程哲学研究"课题组在殷瑞钰的号召下出版了《工程哲学》一书。这本书的作者众多,他们从自己的角度探讨了工程哲学理论方法,努力使全书成为一个系统的研究体系。他们尝试从更宽和更深的哲学视角来分析和研究中国工程,初步勾勒出中国工程哲学研究的思路和理论框架。作为国内外第一本通过工程专家和哲学专家共同研究、反复对话而撰写的工程哲学著作,它不但具有学术方面的意义,而且成为显示工程界和哲学界结成"联盟"的重要性的一个标志(李伯聪,王大洲,2014)。值得注意的是,这本书加入了案例研究,以中华人民共和国成立以来的重大工程事件做哲学案例分析,案例的加入使得研究手段更加多样化,具体的案例研究更符合工程哲学的特点,更适合于解决实际问题。随后,《工程演化论》《工程社会学导论》《工程创新》等著作不断面世,这些领域的学者不断丰富着整个工程哲学体系,各位学者都从不同的角度提出工程哲学应研究的问题,并初步谈了各自的看法,但工程哲学体系并未形成。中国科学院研究生院工程与社会研究中心从2004年开始连续出版《工程研究——跨学科视野中的工程》,着力推出"工程研究"这一新概念,提出从哲学、历史学、社会学等多学科角度对"工程现象"予以研究。这也许能够有助于把"工程研究"确立为一个跨学科、多学科的研究领域,从而丰富了工程哲学研究的内容。殷瑞钰院士概括了工程哲学的六个方面:(1) 工程的定义、范畴、层次、尺度问题;(2) 工程活动在社会活动中的位置和工程发展规律的问题;(3) 关于工程理念、决策和实施问题的理论分析和哲学研究;(4) 工程伦理、工程美学问题的研究;(5) 重大工程案例分析和工程史研究;(6) 工程教育和公众理解方面的问题(殷瑞钰,

2008)。至此,工程史研究和重大工程案例分析及工程教育等方面被纳入工程哲学研究的领域。

二、对工程史的考察

工程史首先包含在技术史的研究之中。技术史的肇始一般认为是1722年德国哥廷根大学约翰·贝克曼创立了工艺学,其中包含现在的工程学和工程技术史两方面的内容。在整个19世纪,技术史的著作几乎都是由德国人完成的,包括卡尔·波普尔的《技术史》、卡尔·卡尔马什的《技术史》、奥斯卡·霍普的发明发现史等。进入20世纪后,技术史研究在世界范围内很快开展起来。德国1909年创立《当代技术与工业史文集》,1965年复刊后改名《技术史》。20世纪50年代开始,由英国帝国化学工业公司资助的辛格(C. Singer)等人主编的《技术史》出版,这是迄今篇幅最大的技术史通史著作。法国M. Daumas编写的四卷本《技术通史》于1962年出版。随后,1958年美国技术史学会成立,每年都在北美或欧洲举办学术会议。1967年美国学者M. Kranzberg和C. W. Pursell出版了两卷本的《西方文明中的技术》,被许多大学作为教科书。1968年国际技术史委员会(ICOHTEC)成立,为沟通东西方技术史研究起到了积极的作用。21世纪开始,技术史的研究方向发生了一些变化,与技术相关的工程问题被提出。《工程与技术史:艺术方法》是美国佐治亚大学的地质学与人类学教授加里森(Garrison,1998)所著的一本关于工程史研究力作。整体上看,该书不同于一些著名的技术史或科学技术史著作,它更多关注了工程而较少关注科学技术;也不同于各类工程学科的专门史(如冶铁史、桥梁史、铁路史等)著作,而更偏向于通史。它不仅是一部关于工程的编年史著作,而且是一部关于工程的观念史和社会史著作(杜澄,李伯聪,2009)。在加里森看来,它更像是一本艺术与方法的演化史著作。"工程是一种在产生某一创造性的作品或产品过程中把具体需要与特殊设计进行独特结合的最古老的应用艺术之一。"(蔡乾和,2008)正是如此,加里森认为"把工程既作为一门艺术又作为一种方法冠之以书名是合适的"。从其研究特色看,该书是以工程而不是以技术为研究对象,在内容上工程学与文化人类学相交融,方法上考古学的实证与史论相结合,在工程如何发展问题上蕴涵着演化思想(蔡乾和,2008)。基于对《工程与技术史:艺术方法》的研究,可以比较清晰地看到工程史上存在着工程的多样性,不同门类工程和同一门类工程内部之间存在着延续性与创新性。李伯聪教授在中国近现代工程史研究的若干问题中,把科学史、技术史和工程史放在一起具体分析了工程史的研究对象问题,提出"在工程活动中,工程决策是关键环节和内容,技术决策是工程决策的重要成分和因素,但是工程决策的本质往往不是单纯的技术决策。许多重大的工程决策往往具有很强的政治性"。

还有许多工程界各行业工程史的著作,如《A Social History of Engineering》(Armytage,1961)通过以工程与社会的发展简史的形式论述了技术或工程的发展特别是英国工程和技术的发展,揭示了这些技术的发展是如何影响社会生活并在某一阶段又如何受社会生活影响等等。《A History of Engineering in Classical and Medieval Times》从土木工程、机械工程等方面梳理了古代工程的发展。《History of Engineering in Time》系统地介绍了工程史和工程演化中各个工程要素以及工程系统之间的关联问题。可以看出,对于国外技术史和工程史的研究历史并不长,是随着工程科技的发展从20世纪开始由工程哲学的问题而逐渐展开的,并为工程哲学的发展提供了历史依据。

我国从20世纪50年代开始进行科学技术史学科建制化的时候,采用了将科学史和技术史合流的模式。这主要是受到1932年苏联科学院科学技术史研究所的影响,其最早将科学史和技术史联系起来,并代表了一种意识形态的新取向。在1956年国家制定"十二年科学规划"时,专门在《中国自然科学与技术史研究工作十二年远景规划草案》中提出了机构设置和人员调集的方案。1957年,自然科学史研究室成立后,由该室起草的《1958~1967年自然科学史研究发展纲要(草案)》中"技术史"却不在发展纲要内。按照规划,中科院组建了中国自然科学史研究室,下设学科史组,招收研究生(中国科学院办公厅,1956);中医研究院、建筑科学院、水利科学院、农业科学院和几所高等院校也成立了学科研究机构。而工程技术史则主要由刘仙洲等在清华大学组织中国工程技术史委员会,着力于整理技术史料(张柏春,李成智,2006)。

21世纪开始,当工程哲学成为学界热门讨论的话题之一后,工程史在中国独立于技术史外诞生了。在中国,工程史更多作为在工程哲学研究中必不可少的领域,中国工程院殷瑞钰院士也曾多次提到,工程史研究是工程哲学的"基础性"工作之一,工程史应该成为"开展工程哲学研究的切入点"(蔡乾和,2008)。李伯聪教授也曾模仿康德提出"没有工程史的工程哲学是空洞的,没有工程哲学的工程史是盲目的"(杜澄,李伯聪,2008)。其认为工程史对于工程哲学也有着类似的重要地位和作用。

从学科名称生成的层次来看,工程史学科可以作为介于工程学与历史学之间的边缘子学科,这就意味着工程史是工程学的边缘分支学科,理应归属于工程学科。然而,鉴于科学学、科学哲学和科学史三者之间的关系,把在中国刚刚兴起的工程史、工程学和逐步成熟发展起来的工程哲学看作以工程为研究对象的"同姓"学科,这种分法学界更为认可。然而中国国内尚未有专门意义上的中国工程史著作。不过,值得一提的是,2010年11月28日在中国科学院召开的首届工程史学术研讨会,掀开了国内工程史研究的序幕。到目前为止,中国工程史的研究更多的关注点在于专门工程史或技术(产业)进化方面的内容。比如《钢铁工业工程演化的哲学思考》一文,作者王德伟分析了钢铁工业在工程演化中的哲学问题。基于国内外钢铁产量的增长情况的分析,把中国钢铁工业发展的案例研究纳入世界冶金工艺流程变化当中。通过对多个钢铁企业技术引进案例的分析,揭示了钢铁工业在工程及技术演化模式下的特点,并对工程演化与工程合理性之间的内在关系进行了哲学思考,把工程案例引向哲学。王宏波的《工程哲学与社会工程》一书也对工程与社会中的哲学问题进行了深入而细致的分析和探讨。这一研究的主要贡献是提出了社会工程学的研究对象和研究内容以及可能的研究方法,特别是尝试了社会工程学的方法论,包括社会分析方法、社会模式的设计方法、社会选择理论等,为工程史的研究提供了一种与社会学相结合的研究方法。2013年李伯聪发表的《中国近现代工程史研究的若干问题》使得中国工程史研究更具有方向性,也把工程史的研究向具体化的方向推进。文章分析了中国近现代工程史的发展是从古代工程形态和体系向近现代工程形态和体系转型与发展的历史,并探讨了包括中国近现代工程史的历史分期和依据工程史的研究与典型工程案例研究等内容在内的工程哲学这一崭新研究领域的话题,目前正被包括中国在内的工程和技术专家们重视起来。

三、对工程师史的考察

20世纪下半期,工程师相关的主题被讨论和研究,正如1974年John B. Rae在就任美国技术史学会主席的致辞中呼吁的那样,工程师在历史上是被忽视的群体,并且建议纠正这个缺陷(Reynolds,1991)。这种状况显然是亟待改变的。

从已有的研究来看,学界已对工程师的地位和作用,工程师的知识、能力、伦理问题等方向观察多时,有许多有价值的成果逐步出现。20世纪80年代以来,中国正在逐步走向工业化、市场化和现代化。在这样的过程中,工程师的职业声望问题也是学界强调的重点问题之一。有学者指出,虽然工程师作为工程的主体发挥着重要的作用,可是对工程师问题的哲学研究、历史研究和社会学研究却极其薄弱。尽管工程哲学研究是21世纪初开始的事情,但是当今是一个工程时代,"工程化回归"的特征日益明显,对工程哲学和工程师群体的研究也必然成为一种趋势。

迄今为止,国内外与工程师群体相关的研究大体上可以分为几个方面:

1. 有关工程师职业化的研究

有关工程师的研究,最早可以追溯到19世纪对工程师职业内涵的探讨。随着工程师掌握技术力量的增强,在20世纪上半叶开始工程师群体的职业地位问题得到了国外学界的关注。如 T.Veblen《工程师与价格体制》从经济学角度分析了技术统治论,认为工程师的转行是由于创造价值和收益的不平等造成的,与社会对工程师职业的认可度偏低相关;J. D. Kemper在《工程师和他们的职业》中探讨工程知识区别于科学知识的独特性,寻求工程师的平等地位;J. C. Levy讨论了工程师是否是专门职业等(Levy, 1987)。从《工程与技术史》的关系出发,为工程研究提供了一种演化论的视角,将工程师史与工程师职业化的问题联系在一起(Garrison, 1998)。此外,还有学者通过讨论工程师的社会责任(Buchanan, 1989),工程教育(Reynolds, 1991)和职业发展(Toit, Roodt, 2009),以及工程师的职业伦理(Collins et al., 1989)等,对工程师的职业化发展进行了探讨。《工程师的反抗》(《The Revolt of the Engineers》)强调了工程师的专业精神、社会责任和职业道德。它解释了一些工程师如何试图表达对技术的社会影响的关注,并且制定了能够阐明行业对公众基本义务的道德准则(Layton,1986)。《工程师群体》的前言中作者提出质疑:工程师群体真的是一个职业吗(Levy,1987)?《新型工程师》讨论了工程师职业的道德标准问题(Beder,1998)。法国社会学家米歇尔·克罗齐埃探讨了工程师的心理特征(Crozier,2009);《英国工程师群体的历史》(1750~1914)讨论了从第一次工业革命以来,英国工程师的发展、繁荣以及责任(Buchanan,1989)。《发展中国家的工程师:南非专业和工程专业人员的教育》讨论了南非工程师的教育问题以及发展困境。《工程师与社会》(Collins et al., 1989)、《美国工程师》(Reynolds,1991)、《工程师史》(Kaiser, König,2006)等也都从不同角度探讨了不同国家工程师的职业特点和发展方向。德国技术史专家柯尼希教授强调了历史语境对工程师职业研究的重要性,认为工程师职业是随着技术和工程的发展而不断分化的,因此必须将工程师职业化的问题置于特定的历史时期和技术背景下进行讨论,为工程师史的研究提供了方法上的参考。

2. 对工程哲学的主体与中国工程师的研究

随着工程哲学在中国的兴起,对工程活动中的主体之一——工程师的研究也逐步由哲学范畴展开。陈昌曙指出了目前工程居于科学之下的问题,强调工程专家的重要性;黄中庸在《论工程师职业》一书中,从技术哲学的角度讨论了工程师职业的演化(黄中庸,2004);李伯聪在谈工程师的职业特征上用"眼光迷离"形容了其职业困境,呼吁学界从多学科角度重视对工程师群体的研究(李伯聪,2006);殷瑞钰等人从演化论的视角分析中国工程史,并把问题引向中国近代工程的开端,探讨工程与社会转型的关系(殷瑞钰 等,2011)。

3. 中国近代工程师与工程技术史的相关研究

中国工程师职业群体诞生于近代。有关近代工程师的历史研究散见于以下几个方面：

（1）技术史研究。庞广仪研究了民国时期粤汉铁路的历史；王守泰、张柏春对民国时期的机电技术，渠长根在《民国杭州航空史》中对中国航空工程学会航空工程师群体的研究等，都对近代不同行业技术领域中的工程师群体的贡献做了探讨。

（2）对留学生群体的研究。早期工程师主要来自海外留学归国人员。闫小燕对中国近代留学地质学家群体的研究，陶德臣对民国政府时期军事留德生的研究，赵可对留学生群体与民国政府的兵器工业，苏鼎对中国近代留学生与永利化学工业公司的发展的研究等，探讨了工程师的教育背景和工程师对新工程技术知识传播等。

（3）对工程师职业团体的研究。1983年茅以升在《工程师学会简史》中将工程师协会的研究纳入工程与工程师研究的视野。钟少华发表的《中国工程师学会》一文，可谓是在工程师学会研究中的先行者。在深入挖掘档案材料的基础上，中国工程师学会的研究（房正，2011；史璐霞，2014），近代化进程中的中国工程师学会研究（邹乐华，2014），中华化学工业会研究（1922～1949）（金淑兰，2017）等都对工程师学会做了不同角度的研究，阐述了工程师学会在中国现代化进程中的重要贡献，为工程师群体的研究者提供了重要的史料。

（4）对近代工程师教育以及近代工程师代表人物的研究。前者代表性的当属《中国近代高等工程教育研究》（史贵全，2004），该文从办学、思想和科研三方面系统梳理了近代高等工程教育的发展，为工程师群体的研究提供了工程教育方面的研究基础。而在工程师代表研究方面的主要成果有关于铁路工程师詹天佑(王成廉,1997)、化工工程师侯德榜(叶青,2006),土木工程师凌鸿勋等。

此外,吴承洛、茅以升、张光斗、吴启迪等在《三十年之中国工程》《中国工程教育》《中国工程师史》等专著和文章中,从不同视角讨论了工程师的职业脉络,普遍关注了近代工程师在近代社会转型中的重大贡献。

四、对中国相关科学技术职业群体的考察

中华人民共和国成立后,工程师职业被笼统地归纳在科学技术干部的行列中,被单独作为一个职业群体的考察研究在20世纪几乎没有展开。郑竹园在《Scientific and Engineering Manpower in Communist China(1949~1963)》一书中对中华人民共和国成立后的科技政策及科技人力资源的情况做了详细的分析,该书总结了1949~1963年的大量数据资料,并分析了我国科学技术人才的教育和培训状况、职业状况,政治状况及社会地位等。但大部分著作更偏向于研究政治制度、经济政策、科技政策下工程师和技术员的职业状况,这样的著作包括:《Research and Revolution Science Policy and Societal Change in China》(Suttmeier,1974),《Technology and Science in the People's Republic of China: An Introduction》(Sigurdson,1980),《Rise of the Red Engineers: The Cultural Revolution and the Origins of China's New Class》(Andreas,2009),《中国科学技术纪事:1949~1989》(郭建荣,1990),《中国特色工业化》(叶连松等,2005),《知识分子经济政策研究:困境与出路》(周方良,1989),《中国知识分子的选择与探索》(裴毅然,2004),《中国知识分子与中国社会变革》(贾春增,1996);关于中国工程技术人员教育和培训方面的研究包括:《通才教育论》

（杨东平，1989），《中国高等技术教育的"苏化"：以北京地区为中心：1949～1961》（韩晋芳，2015）；社会需求与课程设置方面的研究包括：《社会需求与课程设置：基于工科院校的考察》（吴俊清，2010），《现代工程师素质与能力》（《工程师论坛》编辑部，1988）；关于中国工程技术人员职业状况的研究包括：《当代中国的人事管理》，《中国现代工程技术专家群体状况研究》（方黑虎，徐飞，2003）；关于中国工程技术人员的科技思想研究包括：《当代中国技术观研究》（姜振寰，2008），《中国当代科学思潮：1949～1991》（严搏非，1993）；关于重大工程项目的研究包括：《两弹一星工程与大科学》（刘戟锋，2004），《20世纪我国重大工程技术成就》（常平，2002）；关于工程师团体的研究包括：《中国科学技术团体》（何志平，1990），《中国土木工程学会史》（中国土木工程学会，2008），《Chinese Intellectuals and Science：A History of Chinese Academy of Sciences》等等。综上所述，虽然历史社会学、工程哲学和科技史等领域已经从不同侧面开始了对中国工程师的研究，但这些工作还停留在零散的介绍与史料的梳理层面，有关中国工程师史的研究，特别是其在近代的形成与演化的历史过程及其深层动因的系统研究，尚未见诸文字，如近代中国工程师在追求建制化过程中做了哪些探索？中国工程师对近代社会转型有无重大影响？这些问题还尚待研究，还可以在史料的基础上做更深入的挖掘。

五、关于中国工程师群体研究的方法

本书的研究方法既包括文献综述，也包括实证研究。文献综述法涉及科学方法、事实统计和现有的案例调查，以证实理论观点。研究方法与思路如下：

1. 历史分析法

长期以来,在技术史和工程史的研究中,作为人的因素的工程师的材料比较零散,本书通过收集整理中国工程师职业发展相关的历史档案文献、材料、描述以分析和解释中国工程师职业的演变,为中国工程师职业群体的分析提供依据。

除依据前人已有研究成果外,本书研究可以依据的主要文献包括:档案文献、报纸杂志、名人传记、回忆录及一些统计资料等等。现将这些文献分别介绍如下:

档案资料是本书资料的主要来源。其包括现在分散在各档案馆中的许多未加整理的原始档案,还有各部门依据档案材料所做的文献选编或者汇编。

相比档案材料在获得上的难度而言,前人所做的各种档案资料的整理、汇编为研究的深入提供了更便利的条件。涉及工程师相关的档案汇编材料很多,如:中央文献出版社《建国以来重要文献选编》、人民出版社《中国科学技术纪事 1949～1989》、国家统计局《中国科技统计年鉴》、中国社会科学出版社"当代中国系列"、中华人民共和国教育部计划财务司编《中国教育成绩统计资料1949～1983》《中国科学院资料汇编 1949～1954》《中国与苏联关系文献汇编1949～1951》《中华人民共和国经济大事记 1949～1984》《中国教育年鉴 1949～1981》《中国第三次人口普查手工汇总资料汇编》《中国农业机械化大事记1949～2009》《教育文献法令汇编1963》、国家统计局统计资料等。

报纸和杂志是更加具有时效性的文献。《人民日报》和《光明日报》提供了从1948年至今的关于工程师各个方面信息的大量报道以及相关数据。《红旗》从1958年创刊到1987年的29年间,作为宣传党的主要思想和经济科技政策的喉舌,发表了大量有关工程师和科技人员的文章。《Chinese Science Bulletin》中文版于1950年创刊,致力于展现对自然科学和应用研究的最新研究动态及学科发展趋势等,该杂志对国内科技动态的把握较为及时,对本书的撰写提供了参考。《China Quarterly》创办于1960年,由伦敦大学亚非学院主办,杂志内容包括近现代中国大陆和台湾的人类学、商业、文学、艺术、经济、地理、历史、法律、政治等。该杂志主要致力于推动西方对中国各个领域的学术研究,是西方学者发表与中国近现代史和中华人民共和国史相关的学术研究的重要刊物,为本书从多角度研究中国工程师史提供依据。

在纸质传媒的时代,各高校和企业都创办了校报、厂刊。如《新清华》,记录了清华大学从50年代教育改革开始就是红色工程师的摇篮的起源等。另外,在高校的图书馆和国家图书馆中,也还可以找到部分院校的专家报告选集。

对于人物传记来说,回忆录和个人传记呈现给我们的是鲜活立体的历史。就回忆录来说,呈现了若干重大决策与事件的回顾,针对中华人民共和国成立后重大历史决策和科技政策制定的回顾。个人传记也是本研究的重点收集对象。一些对中国科技进程有影响力的科学家和工程师的传记文集陆续被整理出版。比如,《中国科学技术专家传略:工程技术编》(中国科学技术协会,1996),以近现代中国杰出科学技术专家为主线,记述中国近现代科学技术发展的史实,传略按学科领域分理工农医,其中工程技术编所介绍的工程专家生平和杰出成就为本书的撰写提供了翔实可靠的史料;另外,还有一些个人传记如《一代水工汪胡桢》等等。虽带有作者的个人情感色彩,但是也从另一个方面记录了工程师在自我实现过程中的挫折和成就,以及在重大工程项目的实施中工程师是如何结合自身经验和现实需求形成工程决策的。这些史料也对本书研究中国工程师有重大意义。

另外,一些校史、厂史、院史资料,也是研究工程师教育和培训、工程师职业的重要资源。20世纪90年代以来,各高校均开始编校史,比如作为本书研究对象的清华大学、华北电力大学等都纷纷出版校史,如《清华大学志》《华北电力大学校史1958~2008》等。还有一些研究院所也翔实地记录了具体工程事件的历史,包括《两弹一星工程与大科学》(刘戟锋,2004),全国政协文史和学习委员会编写的《宝钢建设纪实》,中国重型机械有限公司编写的丛书"中国重大技术装备史话"等等。

2. 数据分析法

在群体研究中,通过对工程师群体的教育背景、专业、学历、所从事的行业分布、职业状况、生活状况等进行实证分析,可以透视工程师群体的内在结构及其社会来源与分布,代际关系以及群体价值取向、理念等。群体研究的方法要求有强大的数据支撑和数据分析,因此,在中国工程师群体的研究中,笔者收集整理了工程师群体相关的统计数据如中国统计年鉴统计数据、各行业部委统计数据等,通过分析数据为考察中国工程师的发展特点提供事实的依据,从实证的角度出发讨论中国工程师群体的职业状况。

由于某些时间段统计数据缺乏,如1958年整个统计系统因为"大跃进"的原因而遭到虚化,无法得出有关科学和技术人员的任何精确估计。迄今为止,还没有关于中国工程师的年龄段和就业情况的综合统计数据。为了填补现有材料的空白并为交叉检查提供基础,进行了一种相当特殊的调查。在这项调查中,中国工程院院士、水利工程师张光斗主编的《中国工程师名人大全》被作为样本,其中收录了1.5万多个条目,每个条目介绍一位工程师,凡在中华人民共和国成立以来到1988年底该书截稿前在工程技术界有一定知名度或取得重大科技成果者基本都收录于该书,同时也收录了少量从事与工程技术有关的基础理论研究或者工程技术管理方面的人物。内容包括姓名、性别、民族、出生年月、最高学历和专业、主要职务及主要社会职务、主要工作经历及所获荣誉称号、主要业绩及著述、通信地址、电话号码等。该书按工程师所从事的专业分类，共分27大类、115小类，是中华人民共和国成立以来对各专业著名工程师介绍最为详尽的一本人事档案。以该书的工程师群体为样本，我们可以对中华人民共和国成立以来工程师的受教育程度、留学状况、学成年龄等基本信息做数据分析。另一方面，本书研究所基于的数据还来自国家公布的全民所有制单位自然科学技术人员统计资料，主要包含1952年、1960年、1978年、1980~1988年的主要数据，1978年专业技术人员普查的数据，《人民日报》公布的相关数据等。这次调查的大部分数据都是从分散的资料中整理而成的，研究中发现，各书中的统计资料都不可避免地有矛盾之处。虽然在统计过程中已经尽量减少不一致性，但所得出的统计数据仍有很大的误差。然而这些统计资料还是为本研究涉及的领域提供了一些线索，并为进一步研究奠定了基础。

正是由于工程师群体的概念在中国语境中是模糊的，因此在中国对工程师群体的历史学研究是在继科技哲学后，在以工程为研究对象的工程哲学的推动下，才受到了学界的关注并逐步进入人们的视野的。21世纪以后，学界开始从工程教育、工程社会学、工程伦理等各角度展开研究，构建工程学相关研究体系。李伯聪教授的工程共同体理论认为：工程的主体包含工人、工程师、投资人和管理者，工程师作为工程共同体中最难把握其职业特性的工程主要参与者在工程哲学的研究中无可回避。按刘则渊、王续琨在工程学科和工程史学科分类研究中所分析，工程师史属于工程学学科下工程史方向中的一个研究课题。因此，在众多工程史研究和工程哲学研究中与工程师史的研究内容亦有交叉。

3. 案例研究法

个案的研究可以为工程师群体研究提供更为直观和具体的依据。在中国工程师史的研究中,笔者尝试用微观、中观和宏观相结合的方法,把微观(工程师个人经历)研究、中观(行业和产业内部工程案例)研究和宏观(国家科技及工业政策)研究结合起来,特别关注从微观研究工程师职业群体的历史状况和发展进程。笔者在每个阶段均选取了颇具时代性的典型工程案例,以期体现在阶段性社会背景下和具体的工程项目开展中工程师的活动及特征。

六、关于本书的研究框架

本书导论部分主要探讨工程师群体研究的主要问题,如工程师群体的概念、范畴、研究方法、研究意义等。其中,笔者从中国工业化与工程师群体的关系的角度提出问题,尝试在中国工程师群体发展的研究中设定三个新的议题:其一,关于中国工程师职业化,在中国寻求工业化发展的进程中,中国工程师是如何配合国家科技发展规划且同时探索适应国情的职业化发展的。其二,关于中国工程师的专业化,中国的工程是如何展开的,在大工程中,工程师是如何解决由于技术能力的缺陷而造成的工程的困境的。其三,关于工程师职业框架,职业框架中包括关于工程师培养、工程师职业资格的评判及工程师自我意识的产生,在中国工程师发展史中,探索的经验和教训对中国眼前和将来的影响有哪些。笔者希望通过对工程师史的研究,尝试分析这些问题。

上篇主要以工业化与工程师为主线,梳理1949~1986年间,面对国家需求和自身发展,中国工程师群体的发展历程。由于工程的社会属性,中国工程师的发展与社会的变革及国家科技政策的变化有着相当大的联系。在这部分中,笔者把工程师的发展分为四个阶段,分别讲述在不同阶段工程师职业的发展及工程师群体是如何推动国家工业化发展的。第一阶段是1949~1951年,这一时期是中国工程师职业化的过渡阶段,国家对全国工程技术人才做了整体的调查,并发现工业人才数量少、质量差、专业不对口等迫切需要解决的问题,并尝试寻找解决办法。第二个阶段是1952~1961年,这个阶段是社会主义建设初期中国工程师群体的初步职业化时期。这个时期由于国家建设对工程建设的重视,民国时期初具规模的工程师群体被任用起来,成为各行业技术骨干。随着苏联专家的援助和"156项重点工程"的展开,工业化建设对工程人才需求的迅速增长,工程师的培养被提上日程,工程教育模式也发生了变化。经过50年代的学院调整,工科被放到一个重点发展的位置上,工科学生人数急剧增加,专业越发细化,重点培养能够迅速适应行业需求的人才。在1949年前已经走上职业岗位的工程师遇到了政治和职业状况上的重大变革,以单位和职称为评价标准的工程师制度初步形成。第三阶段是1962~1976年,此时职业化被打破,是新型工程师职业框架的失败尝试期。"文革"十年期间,中国工程师经历了生存状况和社会待遇最低的十年,"大跃进"的滞后影响和"文革"的政治运动造成国家工业化进程缓慢,此前所做的十年规划等项目由于"文革"的影响,很多都没有如期开展起来。"文革"期间工程教育遭到严重破坏,很多高等院校的关闭和推荐录取制度造成工程技术人员的严重断层,而大量的工程学科学生毕业后响应党的号召上山下乡,未能直接从事与专业相关的工作,造成了人才的浪费。另一方面,国家层面的工程项目的成果在这个时期开始展现,在毛泽东指示"要大力协同做好这件工作"的号召下,中国的国防科技特别是"两弹一星"获得成功,这也体现了国家规划科技的模式。第四阶段是

1977~1986年,这个阶段是工程师职业框架的恢复和改革期。国家开始实行改革开放,计划经济开始向市场经济过渡,在这个阶段国家逐步回到经济建设为主的轨道上,科学技术是第一生产力的论断被提到前所未有的高度。高度专业化的工程教育的缺点日益显现,工程教育又走向改革的道路。尊重知识尊重人才的新政策的实施和新的工程门类的兴起使中国工程师机会和挑战并存,在现代工程的门类结构和水平上,一方面继续进行机械化和电气化的补课,另一方面则在信息化方面奋起直追。而计划经济体制的弊端被逐渐尝试改革,包括工程共同体的构成、工程教育模式、工程师的自由执业等。

　　下篇则以工程师职业化、工程师的成长路径为主线,从工程师的教育与培养、工程师的职业生涯、工程师组织三个方面通过案例分析中国工程师群体成长各要素的特点。第五章从工程师培养的主要途径出发,从教育目标、通识教育和专才教育的关系及理论和实践的权重等方面探讨中国工程教育的特点和国家需求对工科人才培养的重要影响,以及由于工程学科本身的特点与国家计划的矛盾造成的工程师培养中出现的问题。第六章按照工程师的职业框架,重点探讨工程师的择业和职业状况。在计划经济的环境下,中国工程师作为国家公职人员,在自主择业和流动上受到限制,岗位稳定性造成了竞争力下降等问题,以及职位和职称评定体制下工程师的职业晋升和任用。这一章试图从产业的角度,分析就职于三大产业中的工程师职业状况。第七章主要介绍中国工程师组织,从工程师组织的传统,到中华人民共和国成立后工程师组织的重新规划,从大众的科技组织中国科协到精英组织中科院的工程师组织的职能,阐明工程师的贡献及其对工业组织的影响。第八章在《中国工程师名人大全》的基础上,对中国工程师群体做了质和量的统计,由此对中国工程师群体做出特征分析。结论部分对中国工程师群体做了代际上的探讨,最终得出了一些关于中国工程师特点的结论。

从目标来看,工程师是以解决现实问题,创造性、科学性、有效地处理事务为追求,处在社会之中的工程师。因此,在结论中,笔者试图从工程师与社会的视角,从代际更替、中国文化中的工匠传统、中国工程师的政治抱负及工程师形象等方面,总结中国工程师的特点。笔者希望结合技术、文化和社会等层面,展现从1949年中华人民共和国成立到20世纪80年代中国工程师发展与国家工业化的进程。希望能通过本书,从技术史的角度,为中国工程师在发展中出现的问题提供一些历史的线索。

上 篇

工业化进程中的中国工程师群体

第一章
社会变革时期的中国工程师状况(1949~1951)

第一节 民国时期工程师群体的初步发展

中国是一个有着悠久历史的国家,曾经拥有过技术文明的繁荣。但是,中国历史上,并没有现代意义的"工程师职业",同样也没有对这一群人的自我意识和社会意识界定。这些解决实际工程问题的技术专家在古代中国是有具体的职业名称或是官名记载的,比如,管理国家都城营建法式的营造师,管理河道及水上工程的河道监理,管理冶铁基地内炼铁与制造兵器的工匠等。直到1840年之后,国家主权受到威胁,清政府才发现中西方技术差距之大。在严峻的国际局势与国内此起彼伏的农民起义的压力下,清王朝为挽救围困局面,开始了"自强运动",以军事工业为核心的近代工业化开始起步,"机船路矿"成为中华民族实现工业化的百年梦想。

中国工程师诞生于这样一个民族危机和社会危机并存的年代,近代社会赋予了他们双重社会角色:一方面,他们是新兴的专业化职业群体;另一方面,他们也是西方技术向中国转移的载体,肩负着西学东渐的责任。在各类科学技术救国理念的启蒙和召唤下,越来越多的有识之士开始探索"实业救国"的可行性,政府和国家开始兴办工程教育、派遣留学生出国学习工程实科,中国工程师群体在这样的背景下诞生。与西方工程师的发展不同的是,中国是一个后发现代化国家,国内缺乏内在的科技发展的驱动力,中国工程师的形成同时也是一个向西方的科技学习和西方的技术向中国转移的过程。从技术史的角度看,历史的参与者既然不可能去选择其社会条件,那么一个地区或国家也就不可能先完全改变社会条件再进行技术移植。因此就需要这样一种参与者,他们既掌握技术又能通过其活动使技术在现有的社会条件下得以生根(方一兵,潜伟,2008)。中国工程师扮演了这样的一个角色。工程师作为一个独立的群体的形成经历了如下三个阶段:

1. 传统知识分子的转型:西方工程学书籍的译介

鸦片战争以后,传统科学技术领域出现翻译西方科学书籍的传统科学工作者,李善兰、徐寿、华蘅芳、张福僖等是这一批人的代表。他们通过译介的方式,把国外先进的工程技术和工程方法介绍到了中国,如《汽机必以》《铁路纪要》《海塘辑要》《机工教范》等,这些书目的引介成为了中国工程的启蒙。另外,他们也参与了一些工程的设计和研制工作。比如,华蘅芳在1866年后进入江南制造局,负责该局在高昌庙的新厂建设,并与徐寿合作建成了中国第一艘以蒸汽机为动力的兵船"恬吉"号,随后又陆续参与建造了多艘兵船,为开创中国近代舰艇工业做出了贡献。他们在实际上参与了中国最早的工程制造工作,可谓是中国近代工程师群体的萌芽。但是,虽然他们翻译了很多西方科学技术方面的书籍,有的还创建了教授科学技术知识的书院,还有的直接参与了早期工业设备的设计。但是,他们对工程知识的了解仅仅停留在理论层面,他们是现代工程技术知识在中国传播的早期探索者。他们所做的大多还是工程学的译介工作,还不能称为真正意义上的工程师,也还不属于真正意义上的工程师角色。

2. 军事工程师：洋务运动时期围绕军事工程技术的人才培养

在"师夷长技以制夷"为目标的洋务运动期间，政府意识到技术的利用需要大量的专业人才。因此，政府通过兴办洋务学堂、派遣学生出国留学等方式尝试培养自己的工程技术人才。1904年1月13日，清政府公布了由张之洞、荣庆、张百熙主持重新拟定的一系列在全国范围内施行的学制系统文件，统称《奏定学堂章程》，也是"癸卯学制"的雏形。学制中包含了"以西学论其知识，练其艺能，务期他日成才，各适实用"的思想，第一次把工科大学的开设纳入其中，培养工程技术人才。学制规定，工科大学设土木工学、机器工学、造船学、造兵器学、电气工学、建筑学、应用化学、火药学、采矿及冶金学9门。另一方面，政府通过派遣留学生的方式，培养工程技术人才，徐建寅、詹天佑等人均是早期工程师群体的代表人物。通过新式学堂和海外学校的培养，他们在知识结构上已有很大变化。他们所学专业以现代科技知识为基础，学成后从事工程技术领域的工作。这个群体的人数不断增长，特别是在铁路、矿冶、机械和电气等领域形成了一定的学术圈，广东中华工程师会、中华工学会等代表工程师群体的学会陆续在各地建立。此时的工程师有"工师""工程司""工程师"等多种称谓，逐渐开始有了明确的工程师职业定位和社会角色。但工程师队伍的形成过程并非一蹴而就，仍需要一个漫长的培养和实践的过程。

3. 中国工程师群体的形成：民国时期工程学科的全面发展

20世纪20~30年代，中国的工程事业逐步发展起来了。中国工程师社会角色逐步真正形成，并得到了社会的广泛认可，这主要得益于以下几个方面：

一是国民党领袖孙中山曾于1919年制定《实业计划》，其被称为"国家经济之大政策"。他为国家工业经济的发展做了一系列完整的设想:包括他认为需要有便利的交通为基础加强对外交流,因此,对外需要在中国沿海分别修建北方大港、东方大港和南方大港;同时,全国开始修建铁路,以五大铁路系统,把全国内地、边疆与沿海港口联系起来。对内需要疏通内河航道、全面开掘煤铁矿产,建设轻重工业,实现农业机械化,大规模移民、垦荒等等。《实业计划》发表后,科技界大受鼓舞。但是具体如何实施却长年少人问津,一方面当时的政府缺乏实施的经济实力和具体实施的各方面科技人才;另一方面由于计划中的各项目标,多未能实地考证,缺乏具体可行的计划与统筹的安排。"故而一拖十年,几乎将先行者的心血变成空话。"(钟卓安,1993)直到1925年民国政府建立后,这一设想被重新提出。南京政府设立实业部,颁布了保护工商业的法令政策,鼓励兴办实业,1928年8月在国民党二届五中全会上,工商部长孔祥熙提出兴办国营工业的方案,并把关系国计民生的机械、钢铁、水电、化工、纺织、制盐、造纸等工业列入政府投资创办的范围。1929年3月在南京召开的国民党第三次全国代表大会上又通过了《确定训政时期物质建设之实施程序及经费案》,把交通开发、钢铁和基本工业列入国家重要的物质建设范围,并规定把国家和地方财政收入超过1928年的部分全部用于物质建设。工商部和国家的一系列举措,实质上就是希望通过工业的发展,带动国家经济建设。而要发展实业,工程师便是急需的人才。

二是工程教育取得了一些成果。一方面是工程学科师资上的积累,清末前往欧美国家、日本等学习工程技术的留学生陆续学成归国,同时,在早期清政府创办的军事学堂和实业学堂所培养的本土工程技术人员也逐步成长起来。比如首批官办留美幼童詹天佑在1909年前后,带领其土木工程师团队,攻克了京张铁路施工过程中的多个技术难题,提前完成了京张铁路的修筑任务。一时间詹天佑名声大噪,随之中国工程师的地位和威望大大提高,其技术和能力也逐渐得到了国内外业界的认可。在"实业救国"的号召下,越来越多的适龄青年开始选择工程学科,国内工程技术人员逐渐增多。从20世纪20年代起,早期留洋的工科留学生完成学业后回国,给高等学校注入了大量师资力量,使中国高等工程教育进入了一段快速发展时期。另一方面,民国政府在高等教育方面开始推行"注重实科"的政策,也推动了高等工程教育的发展。1927年5月,国民党中央政治会议第九十次会议决定,设立中央研究院筹备处,以蔡元培、李煜瀛、张人杰等人为筹备委员,全面负责中央研究院成立的筹备工作。当年7月4日,南京政府公布《中华民国大学院组织法规》,定大学院为全国最高的教育机关,管理全国学术及教育行政事宜;大学院下设中央研究院。1929年,南京政府决定建立北平研究院,促进了中国的科学事业发展。中央研究院和北平研究院的成立,带动了各地研究机构的建设。根据1924年第五次教育统计的资料,全国大学、专门院校共计84所。在校19822名大学及专门学院的学生中,攻读工程学科的占11%(周予同,1934)。至1935年1月,全国各部门设立的学术研究团体和机构有142个,包含了工程研究方面的多个研究所,如地质部地质调查所、全国经济委员会卫生实验处、黄海化学工业研究所等都极负盛名。到1936年各类工科院校发展到36所,在校学生有6987人(陈立夫,1940),而"全国各种工程人才,总计当在五千以上"(庄前鼎,1936)。

三是各地工程师协会相继成立。辛亥革命以后,中国工程师逐渐增多,"感于前清号称中兴时期,所倡道之工程事业,类多不能立足,其原因虽种种,而专门人才,不能互相研讨学术群策群力,亦为最大缺点"。因此,1912年间在铁路工程师詹天佑的号召下,广东、上海先后成立了三个性质相近的工程师联合会。后三会合并为"中华工程师会"。1917年12月"中国工程学会"(The Chinese Engineering Society)在美国成立。中华工程师会和中国工程学会经历了一段分别发展的时期,最终于1931年合二为一,合并之后的中国工程师学会成为国内唯一的综合性工程学术团体,成为当时工程界的领袖。学会的成立以及各地分会的发展,更好地团结工程师群体、发展工程事业,为政府提供工程、教育等领域的专业咨询。1931年两个协会合并,共有会员2169人,随着新中国工程师学会的发展,从1931年起人数逐年递增,到1949年,中国工程师学会的人数已经达到16717人(如表1.1所示)。

表1.1　中国工程师学会会员人数统计表(1931~1949)

年份	个人会员人数	团体会员人数	年份	个人会员人数	团体会员人数
1931	2169	—	1941	4263	43
1932	2435	—	1942	5194	49
1933	2600	—	1943	6731	71
1934	2734	—	1944	9424	126
1935	2982	—	1945	9482	126
1936	3069	—	1946	11079	129
1937	2994	17	1947	12730	129
1939	3290	26	1948	15028	129
1940	3290	26	1949	16717	129

资料来源:房正. 中国工程师学会研究:1912~1950[D]. 上海:复旦大学,2001:65.

从20世纪20年代到中华人民共和国成立以前,中国的工程事业有了一定的发展,工程师在工程技术水平、数量以及创新和工作能力上远远达不到国际水平。尽管如此,民国时期工程师群体初步形成和发展为新中国的国家建设提供了不可或缺的技术力量。

第二节　新中国伊始的人才难题

一、中华人民共和国成立之初的工业状况

1949年10月1日,在经历抗日战争和解放战争后,中国共产党领导的中华人民共和国成立。这个重大的历史事件首先是个政治转折点,代表了新民主主义革命的胜利。1948年除夕,吴祖光激动写下:"一个新的中国将要出现!这是任何人都没有见过但是都梦想过的中国!⋯⋯你只要想一想那一天吧:物尽其力,人尽其才,老有所终,壮有所用,幼有所长。中国是一个富强有为不再在人前低头的中国。"中华人民共和国的成立对于全国人民来说是无比振奋的,它标志着一个新时期的到来,人们希望中华人民共和国的成立能够使国家不再有战争的纷扰,人们都能够学有所用,为中国的富强而努力。

然而,摆在中国人民面前的社会状况并没有想象中那么令人振奋。从社会经济结构上来看,中国近代工业化经过了近百年的发展仍然非常落后,中国仍然是落后的农业国。

为了能更好地对国家经济情况做全面的了解,从1949年9月筹备到1950年9月完成,用了整整1年的时间,全国进行了第一次工业普查。其间,国家对全国2858个公营企业,359个公私合营企业,109个中苏合营企业,共计3326个厂矿企业的情况进行了详细的了解。

从整体而言,在动荡的环境下,中国近代工业化艰难起步。中华人民共和国成立前夕,国家工业整体仅占工农总产值的15.5%,而重工业仅仅为4.5%。钢铁、生铁等重要工业产品的数量不仅远远落后于美国,即使与印度相比也差距很大(如表1.2所示)。

表1.2　1949年重要工业产品中国、美国、印度对比

产品	产量单位	中国		美国		印度	
		产量	基数	产量	倍数	产量	倍数
原煤	亿吨	0.32	1	4.36	13.63	0.32	1
原油	万吨	12	1	24892	2074.33	25	2.08
发电量	亿千瓦·时	43	1	3451	80.26	49	1.14
钢	吨	15.8	1	7074	447.72	137	8.67
铁	万吨	25	1	4982	199.28	64	6.56
水泥	万吨	66	1	3594	54.45	186	2.82

资料来源:国家经济贸易委员会.中国工业五十年:新中国工业通鉴:第1部,国民经济恢复时期的工业[M].北京:中国经济出版社,2000:9.

另外,国家的轻工业和重工业比例不平衡、相互牵制的状况也导致工业发展陷入恶性循环。1950年6月,中财委确定了以工业部门为主分区进行整理的工作原则。7月6日,中财委召开普查资料整理会议,会议讨论了朱鹤龄同志关于普查资料整理的原则报告。报告对负责重工业的钢铁冶炼、煤矿工业、电力工业、石油工业、机械工业、化学工业、水泥工业、平板玻璃、棉纺织工业、毛纺织工业、丝织工业、造纸工业、橡胶工业、盐、糖以及其他工业产品生产的17项工业部门进行调查。调查结果表明,虽然经过民国时期几十年的发展,国家初步形成了一定的工业体系。但是,产能、生产技术、技术人员等各方面均落后,工业格局以小型轻工业为主。比如根据1947年经济部在主要城市调查的1078

个工厂中,总共雇用了682899个工人,平均每家工厂只有48个工人(陈真,姚洛,1961)。工厂的设备和组织都十分简陋,工具简单,全套设备不多见。工人以学徒为主,厂长往往是身兼数职,即使经理也身兼技师或者也参加生产。报刊中曾这样描述当时的机器状况:"工具则国产者非常(微)少,工作母机子机虽均有出产,但均属小型,能由一厂供给者则绝无仅有,必须七拼八凑始有可能,好多稍具规模的厂,确是很有趣的一部分动力设备,有的部分是德国货,有的部分则又是美国的,或者英国的、比国的,所以使用起来多有困难,零件的配备便是一件不容易的工作。"[①]由此可见,中华人民共和国成立之初的工业水平离实现国家的工业化还有很漫长的道路。

通过此次工业普查,国家了解了1949年中华人民共和国成立的第一年全国公营及公私合营工矿企业的基本情况(如表1.3所示),为中央人民政府制定1950年工业生产计划和恢复时期的经济建设提供了非常重要的资料依据。

表1.3　1949年中国的工农业结构及比重

	农业	工业		
		总量	轻工业	重工业
产品总值	245	45	32	13
百分比	84.5	15.5	11	4.5

资料来源:马洪,孙尚清.中国经济结构问题研究:上[M].北京:人民出版社,1981:103.

再看国际环境,中华人民共和国刚成立之际正处于冷战时代,世界形成了社会主义和资本主义两大阵营的对立。一方面,在意识形态上的差异,使以美国为首的西方国家对中华人民共和国抱有敌视态度,而中华人民共和国的成

---

① 1944年10月12日《商务日报》。

立得到了以苏联为首的社会主义国家的支持和承认。在这样的情况下,中华
人民共和国领导人从当时的国际形势和国内状况出发,确定了向社会主义国
家"一边倒"的外交政策,与苏联结成同盟。1950年2月,中苏签订了《中苏友好
同盟互助条约》及两个协定,其主旨是加深两国在政治、军事、经济、文化、外交
等方面的合作。苏联为中国提供产品和技术援助。同时,中国方面则向苏联
提供食品、手工业品和一些原材料。另一方面,冷战的环境使西方国家对中国
实行技术封锁,中国只能接触到以苏联为主的社会主义国家科学技术方面的
信息。因此,国际环境也决定了当时的中国在外交上只能向苏联等社会主义
国家寻求帮助。而实际上,苏联模式在当时来看确实是一个非常适合中国发
展的模式,因为苏联在20世纪20年代最初阶段取得工业化成功之前的情况与
中国50年代的状况有着很大的相似性。"使其工业和国防实力实现与苏联相似
的快速增长的前景强烈地吸引着各国的民族主义者们,怀有社会主义理想的
中国领导人当然也不例外。"(白瑞琪,1999)

二、中华人民共和国成立初期工程师的数量和职业状况

中华人民共和国成立之初,不仅在国内和国际环境中体现出发展的劣势,
而且在科技人才储备上同样面临很大的问题。1949年,由于战时极度不稳定
的社会局面导致工程活动无法展开,国民党在军事上的失利后撤走了大量研
究和工业设施,导致工程师的工作机会急剧缩减,实际上当时很多工程师为了
能糊口而不得不从事低层次的工作。工程师的数量少,技术人才在企业职工
中的比例非常低。1951年,全国见习以上技术员14.8万人,占各行业职工总数
的4.5%。而即将毕业的工科学生也不占多数。到中华人民共和国成立前,高

等院校在校学生为11.7万人,中等专业学校在校学生22.9万人。这些抱有"实业救国"之热情的在校工科学生们在校时就面临着"毕业即失业"的问题。同时,工矿企业中可以胜任总工程师的中国工程师数量不多。以最大的鞍山钢铁企业为例,1949年,鞍山钢铁内部70名工程师中有62名是因为项目未完成或者聘期未满的日本工程师,除去撤走的国外工程师,中国工程师仅占十分之一。据中国有关统计资料,作为全国钢铁工业中心的东北,在日本人被遣送回国后,其技术人员占该行业人员总数的比例已经降至0.24%(中国社会科学院,中央档案馆,1990)。各个行业都面临同样的问题,如全国从事地质调查和研究的技术人员只有200多人,而像机械设计的工程师和研究机构都是空白。

这样改行多、数量少、高级人才少以及后备生源少的局面是中华人民共和国成立初期工程师群体的主要情况。由此可见中华人民共和国成立初期,中国工程师在各个行业普遍并不具备独立完成大型工程活动的团队和能力,要实现工业化,工程技术人才的缺乏已是一大掣肘问题。

国家也意识到人才缺乏会带来的问题。因此,在中华人民共和国成立前夕,共产党已经从以下几个方面重视吸纳科技人才,此时的工程技术人才主要来源于三个方面:

一是民国政府培养的工程技术人才。他们是中华人民共和国成立初期建设的主要力量,根据毛泽东《企业管理委员会应有工程师、技师及职员参加》的指示:"须知单是经理及工人代表是不够的,必须有工程师、技师及职员参加管理委员会,这个委员会应当是厂长负责制下面的管理委员会。在任何情况下,除厂长或经理必须被重视外,还必须重视有知识有经验的工程师、技师及职员。必要时,不惜付出高薪,即使是国民党人,只要有可能,也要利用。"1949年3月,中共中央发出《关于改造旧职员问题给中共北平市委的指示》中指出,"有特殊技术的人员,原有高薪,又为我们必须任用的,则需要以高薪继续任用。

决不可向这些旧职员提出原职原薪的口号。"(金铁宽,1995)对原有任职的工程技术人才实行"包下来"政策,保证了社会的稳定,避免了人才的浪费,更重要的是为建设新中国吸收了一批重要力量。

二是学成归国的工程技术人才。50年代初形成了一股留学生归国的热潮,为中华人民共和国的建设带来了一大批科技前沿人才。1949年前,由于政局的不稳和国内战事不停的情况,很多学者和工程师选择移居国外,还有一些留学生即将毕业,面临回国或者继续留在国外的选择。1949年中华人民共和国的成立坚定了他们回国建设的决心,据教育部的初步估计,截至1950年8月30日,在国外的留学人员有5541人,其中留学美国的3500人,在日本的有1200人,在英国的有443人,还有在其他各国的。他们大部分是在1946年至1948年期间出国的,主要分布在美、日、英、法等国。归国热潮从1949年持续到1957年春,人数在3000人左右,约占中华人民共和国成立前海外知识分子总数的50%以上,在专业方面,专攻理、工、农、医学科的约占70%。大批回国留学生给国内科学技术战线带来了当时西方最新最先进的科学知识、方法、技术、信息及科学组织管理的经验,他们把包括信息技术、新能源技术、新材料技术、生物技术、空间技术和海洋技术的新技术革命的成果介绍回国。这些世界技术发展的新趋势和新方法对50年代国家选择科学发展研究方向和制定科技规划起到了关键的作用。

三是即将毕业的工科在校学生。据民国政府教育部的统计,1947年全国高等专科以上学校207所,在校学生155036人,其中工科学生比例约占总人数的17.8%。1950年6月,在毕业季前夕,中央人民政府政务院发布《政务院关于分配全国公私立高等学校本年暑假毕业生工作的通令》,对全国公私立高等学校(包括大学、独立学院及专科学校,但人民大学、革命大学、军政大学和各业务部门领导的高等学校不在其内)本年暑假毕业生17539人的分配做出了安排。为使这一批毕业学生的任用能够优先满足国家重点建设(目前是东北)的需要,然后是各地区各部门业务上的需要,防止在分配中发生混乱、偏枯等现象,应有计划地、合理地分配他们的工作。《通令》规定了本季毕业生实行统一分配的原则,在理工科毕业生的分配上优先考虑了东北地区的人才需求,从华北、华东、中南、西南地区的毕业生中选调部分毕业生支援东北工业。但是,1952年院系调整前全国高等工科院校每年仅能招收新生1.6万人,"一五"计划期间只能向国家输送4万~5万名毕业生,不足当时工业建设实际需要的25%,因此,亟待扩大高等工科院校规模,以适应国家经济建设的需要。

第二章
学习苏联：中国工程师职业体系的初步形成（1952~1961）

第一节　国家工业化体系的初步建立与其对工程师的需求

1949年《中国人民政治协商会议共同纲领》明确提出了要把开展新民主主义工业化建设，使中国"稳步地变农业国为工业国"作为发展新民主主义经济的主要任务。到1952年底，随着国民经济的顺利恢复和发展，党内对新民主主义建设的时间做出了新的认识，认为"十年到十五年内在中国有可能基本上实现社会主义的转变"。1953年中共中央正式提出过渡时期的总路线，中央认为经过三个五年计划，可以逐步实现社会主义工业化，把实现"一化、三改"作为基本实现向社会主义过渡的双重任务，并把实现国家社会主义工业化确立为过渡时期总路线的"主体"，标志着中国共产党不仅要加快向社会主义过渡的步伐，而且对中国工业化道路的设想发生了重大的变化。

同时，为了配合社会主义工业化，国家开始逐步探索科技发展之路。中华人民共和国成立之初发表的《中国人民政治协商会议共同纲领》，第43条包含了我国早年对发展科学技术的目标最正式的表述。"努力发展自然科学，以服务于工业、农业和国防的建设，奖励科学的发现和发明，普及科学知识。"（徐辰，2017）1949年前，中国的技术科学、工程技术研究和开发的能力都相当薄弱。只有中央工业试验所、中研院的工程研究所与冶金陶瓷研究所等几所规模较小的技术研究和试验机构。中国共产党对工程技术的研究在工业化中的作用早在延安时期便已有深刻认识，参考苏联经验，逐步建立了与计划经济体制相适应的技术研究和开发体制。

发展重工业、发展技术科学与工程技术可以说对应着工业化中生产和研发两个重要的环节。这二者均对工程技术人才队伍的建设提出强烈的需求。

一、学习苏联经验，优先发展重工业

由于中华人民共和国成立初期国际历史环境的影响，中国共产党确定了优先发展重工业的新的经济发展战略。我国选择"一边倒"的外交方针造成西方阵营的封锁和敌对，而在社会主义阵营之中，苏联工业化为阵营中的其他社会主义国家在夺取政权后建立国家树立了一个成功榜样。苏联采取计划经济体制，经过十几年时间就将国家由一个农业国转变成拥有强大工业体系的工业大国。苏联的经验让中国共产党认识到在一个较短的时间建立较为完整的工业体系是可能的，即要学习苏联的社会主义工业化道路快速实现工业化。早在中华人民共和国成立前夕，毛泽东在《论人民民主专政》一文中就说，我们必须学会自己不懂的东西。苏联已经建立起来一个伟大的光辉灿烂的社会主义国家，"苏联共产党就是我们的最好先生，我们必须向他们学习"。

十月革命后，苏联建立了世界上第一个无产阶级专政的苏维埃政权的社会主义国家，随后开始了社会主义发展道路的探索。1926年，联共（布）中央全会制定了实行社会主义工业化的具体纲领,苏联社会主义工业化开始起步。1928年,苏联着手实施"一五"计划。到1932年底,农业集体化的目标基本实现。1933年1月,苏联"一五"计划提前完成。苏联国家工业化和农业集体化运动也就是苏联模式逐步确立的过程。到1937年,随着"二五"计划的完成,苏联工业总产值已经仅次于美国,跃居世界第二,欧洲第一,由一个经济落后的农业国变为先进的工业国。这样的成绩让包括中国在内的其他国家惊叹于社会主义制度的优越性,中国更是把苏联模式看作先进工业国的模式,中国的工业应该按照苏联模式来建设。

社会主义改造基本完成后,中央开始发起全面学习苏联的号召。"伟大的苏联就是我国建设的榜样",这是中国共产党人的共识。此时国家已经进入大规模的计划经济建设时期,虚心向苏联学习和利用苏联的先进经验已经被看作推动国家建设工作的首要条件之一。1953年2月14日,《人民日报》发表社论《掀起学习苏联的高潮,建设我们的国家》。社论说:"为了实现我国的工业化,摆在我们面前的头等重要的事情,就是向苏联学习。"毛泽东主席的号召,对于我国正在开始的五年计划建设,具有极大的指导作用。"我们应该在全国范围内迅速展开有系统地学习苏联的运动。我们必须懂得,为了保证我们国家建设工作的胜利,一方面是苏联对我们真诚无私的援助,一方面是我们向苏联诚心诚意的学习,这两方面是缺一不可的。而后一方面比前一方面更为重要。"1952年10月,苏共召开了十九大,《苏联社会主义经济问题》成为大会的指导思想。苏共十九大肯定了斯大林社会主义建设的理论和实践,并且宣布苏联"国家工业化的总路线是正确的","国家的计划就是法律"。

国家领导人认为,可以把苏共十九大的精神作为我国大规模社会主义建设的指导。但是,要如何把一个经济落后的农业大国逐步建设成为工业国,是"一五"计划在编制过程中需要解决的核心问题。在讨论期间,有人把苏联同资本主义国家发展工业化的道路做了比较,对于先发展什么后发展什么的问题提出过不同设想。但是,经过对政治、经济、国际环境诸多方面利弊得失的反复权衡和深入讨论之后,大家认为必须从发展原材料、能源、机械制造等重工业入手(薄一波,1991)。大家最后一致认为,无论在"一五"计划时期,还是在以后一个很长的时期内,如果没有钢铁、有色金属、机械制造、能源、交通等重工业的建立和发展,要想大力发展轻工业从而使工业给农业以更大的支持,是难以实现的。

1952年,参照苏联的五年计划发展经验,中国制定了"一五"计划。随后,以周恩来为首席代表,陈云、李富春、张闻天、粟裕等为代表的中国政府代表团出访苏联,向苏联政府征求对中国"一五"计划的意见。

二、国家产品技术研发体系的形成

经过过渡时期对科技研究体系的探索,国家逐步明确了科研机构在国家建设中的主要任务。

中华人民共和国成立的同年,中科院便正式成立,其任务为"有计划地利用近代科学成就以服务于工业、农业和国防的建设,组织并指导全国的科学研究,以提高中国的科学研究水平"。1950年6月14日,郭沫若以中央人民政府政务院文化教育委员会主任的身份,发布了关于中科院基本任务的指示,明确了中国科学工作的总方针是"发挥科学的功能,使之成为思想改革的武器,培养健全的科学建设人才,使学术研究与实际需要密切配合,真正能服务于国家的工业、农业、保健和国防建设"。根据这个总方针,明确了中科院的3项基本任务:(1) 确立科学研究的方向;(2) 培养与合理分配科学人才;(3) 调整与充实科学研究机构。

1950年6月20~26日,中科院第一次院务会议在北京召开。这次会议,与会科学家有百余位,党和政府的一些领导人也出席会议并讲话,实际上这是中华人民共和国成立初科技界的一次全国性大会。冯德培在代表生物乙组的总结报告中谈到了科学研究的计划性和集体性,他说:"以往在腐败的反动的政治之下,在变乱无常的局势之中,我们科学界,几乎谁也不敢谈长期的研究计划,几乎谁也不敢做大规模的研究计划。今后就不同了,新中国的科学家,尽可放大眼光,放大气魄,重新计划我们的研究事业。以作战作譬喻,我们以往的研究努力,只是零星散漫的游击战,现在在科学院的集中领导之下,我们可以开始建立正规军队,开始准备作大规模的阵地战了。"(陈伯达,1952)6月14日,文化工作委员会向中科院下达《关于中国科学院基本任务的指示》,文件中贯穿了"有计划地发展"的思想。此时,有计划地进行科学研究的思想在学界已经被逐步接受。8月18~24日,中华全国自然科学工作者代表会议在北京举行,来自全国各地区的代表500多人参加了会议。这次会议的一个重要收获就是由分散的、孤立的"为学术而学术"的研究,团结到有统一组织领导的、结合生产为人民服务的科学工作,即走向有组织、计划性的科学工作(薄一波,1991)。

1951年3月,周恩来给中科院和政务院各部委签发了《中央人民政府政务院关于科学研究的指示》,这个指示规定:"各部门所举行的各种专业会议,凡与科学研究有关者,应邀请科学院派人参加,并将会议内容尽早通知科学院,使有时间加以研究,并在会上提出意见","各部门所领导的科学研究机构,在制定研究计划时,应与科学院取得联系,并定期将研究情况报告副本送科学院,……科学院应尽量予各部门研究机构业务上技术上的指导与协助","中国科学院应注意系统地宣传中国和外国科学研究的成果","科学院应注意有系统地调查各生产部门对科学研究的需要,并力求使自己和全国科学研究人员的工作计划适应这些需要。为了这个目的,科学院得在必要时召集全国科学研究人员会议,宣布全国科学研究工作的任务,并要求各有关部门协助"(《中国科学院》编辑委员会,1994)。这个指示实际上确定了中科院在全国的学术地位。

1952年8月,毛泽东宣布:"经过两年半的奋斗,现在国民经济已经恢复,而且已经开始有计划地建设了。"(中共中央文献研究室,2011)从9月开始,中国进入了计划经济体制的初步形成阶段。国家计委开始编制"一五"计划。与此同时,科学研究也逐渐被纳入有计划地进行的轨道上来(林浣芬,1995)。

1952年10月,中科院召开了扩大院长会议,会议作出了《中国科学院关于加强学习和介绍苏联先进科学的决议》,决定组织代表团访问苏联科学院,学习苏联科学工作的先进经验。1953年,科学院访苏代表团由钱三强领队,由武衡、于道文、曹言行等26位院内的科学家和技术专家组成,代表团参观了苏联的苏联科学院在莫斯科和列宁格勒(圣彼得堡)的研究所、一些专业部门的研究机构以及一些工厂、矿山等等。代表团归国后,武衡作了关于苏联科学计划工作的专题报告。报告提到,苏维埃科学工作具有高度的计划性。在具体的操作方面,苏联科学工作的计划首先是以国民经济的计划为基础,同时也以发展理论科学的必要性为基础,并把注意力集中在那些最有前途的、发展最快的、最革命的方面,苏联科学家把这些方面称之为科学的"生长点"。集中注意力于科学的生长点,就是说有重点地解决当前科学发展中的关键性的问题,因为没有必要将一切科学及各门科学的各个方面同等地进行研究。研究了或解决了科学发展中的关键问题,附带地也就解决一系列的其他问题,或开辟了新的科学方向(胡维佳,2006)。苏联方面的这些观点和做法,对当时的中国科技界来说,确实都是先进经验。代表团中土木工程专家曹言行重点对技术科学的研究和组织工作做了报告。他的报告指出,在苏联的生产力研究委员会和共产主义建设协助委员会的指挥下,科学家与工程师为了实现以改造自然及发展生产力,对这些水利工程上做了从勘测、设计、施工到技术改进上的诸多研究。这类有关全国能源、水利、电力的工程研究都是由专业部门的研究所承担的,研究所的科技研究工作是密切配合国家需求来设置的。

1953年,随着工作任务的不断明确,科学院对如何加强学术领导的问题有了比较明确的方向,那就是按学科分类成立学部,设学部委员,成立学部委员会以领导全国的科学事业。经过一年多反复讨论与筹备,1955年从当时的31个学科中选出了233位学部委员。6月1~10日,中科院举行了学部成立大会,会议宣告正式成立物理学数学化学部、生物学地学部、技术科学部、哲学社会科学部这四个学部。学部的成立标志着我国科学事业发展中的一个新阶段的开始。其中,技术科学部的主要任务就是解决对国民经济具有重要意义的关键性科学问题,研究基础科学理论和解决生产中的科学技术问题。

同时,国务院下设各部委所属的产业部门科研机构,如机械工业部郑州机械研究所这样成立于50年代的机械工业部直属一类研究所,以及从接管旧中国的机构开始发展的自身的科研力量。民国时期的一些和产业部门联合的研究机构如满族铁道技术研究所、黄海化学工业研究社,在中华人民共和国成立后被新政府接管,产业部门借助这些机构取得了一些技术研发成果。1957年6月,聂荣臻在科学规划委员会第四次扩大会议上指出:"我们还必须大力加强中央各产业部门的科学研究机构,使它们能够结合生产需要,解决较专门的问题,将科学的新成果应用到生产中去。"对产业部门的科研机构的重要性给予了充分的肯定。

产业部门的科研机构的研究任务是比较明确的,即密切结合生产需要,把科学新技术应用到生产中去,在有关科学技术领域内,成为该专业的研究中心。早期产品开发都是由各部委的研究所承担,开发需求纳入国家统一计划,企业没有形成相应的科研及技术开发体系,较大的科研及技术开发产品项目基本采取国家下达计划,行业主管部门组织厂际协作和产业部门科研机构攻关的方式进行。产业部门陆续建立起来的科研机构,如铁道科学研究院、钢铁研究总院等,逐步成为本部门的科研中心,其拥有的科研人员也占到全国科研人员总数的50%以上(钱斌,2010)。这些研究机构的基本功能是进行应用性研究和解决本系统提出的技术问题,密切结合生产需要,把科技新成果应用到生产中去。

1954年3月8日,中共中央在对中科院党组《关于目前科学院工作的基本情况和今后工作任务给中央的报告》的批示中,明确"国家计划委员会应负责审查科学院、生产部门及高等学校的科学研究的计划,以便解决科学研究和生产实践相结合的问题以及各方面在科学研究工作中分工与配合的问题"。这一时期,国家对科学计划提出了新的要求。那就是"所必须遵循的一个总的原则,就是从国家需要出发"。这种国家运用行政手段把科技活动完全纳入政府的统一领导和管理之下,对科技资源进行统一的安排,用"任务带学科"的方式有计划地推进科技进步的方式成为国家在50年代形成的计划型的科研管理体制。这种体制对于一些重大科研项目的实施和推进有着强大统筹和管理能力,可以集中有限的人力和资源组织力量协作攻关(如图2.1所示)。

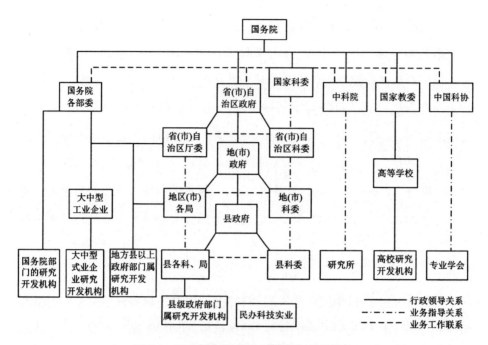

图2.1　50年代国家重大项目协作攻关模式

对工程师来说,这一套技术研发体系的建立意味着科学和技术产出必须从国家需求出发,工程师的首要任务是满足社会主义生产的需要。在国家优先发展重工业的前提下,工程师主要分布在企业和国家部门所属的研究开发机构里,进行与生产密切相关的理论与实践研究。

第二节　工业建设与研究的布局和人才需求

按照苏联模式,1952年中国工业建设的初步方案基本确定:一方面根据

"一五"计划的任务,由产业部门负责落实苏联援助项目,优先发展重工业;另一方面,以中科院为主展开国家与产业部门急需的科技研发工作。

一、"一五"计划中的工业布局

中国从1953年开始执行发展国民经济的"一五"计划。这一计划的实施,为中国实现社会主义工业化奠定了初步基础。《过渡时期的总路线》对"一五"计划的基本任务作了概述:"首先集中主要力量发展重工业,建立国家工业化和国防现代化的基础;相应地培养技术人才,发展交通运输业、轻工业、农业和扩大商业;正确地发挥个体农业、手工业和私营工商业的作用。所有这些,都是为了保证国民经济中社会主义成分的比重稳步增长,保证在发展生产的基础上逐步提高人民物质生活和文化生活的水平。"随后,《关于发展国民经济的第一个五年计划的报告》中,对"一五"计划的任务又进一步作了比较完善的表述:"集中主要力量进行以苏联帮助中国设计的156项建设单位为中心的、由限额以上的694个单位组成的工业建设,建立中国的社会主义工业化的初步基础;发展部分集体所有制的农业生产合作社,并发展手工业生产合作社。建立对于农业和手工业的社会主义改造的初步基础,基本上把资本主义工商业分别地纳入各种形式的国家资本主义的轨道,建立对于私营工商业的社会主义改造的基础。"

计划规定:在5年内,全国经济建设和文化教育建设的支出总额为766.4亿元①,其中属于基本建设的投资为427.4亿元,占总支出的55.8%。在基本建设

---

① 这里采用的货币单位是1955年3月1日后的新币,10000元旧币＝1元新币,2.355元＝1美元。

投资中,工业是重点,占58.2%,农林水利占7.6%,运输和邮电占19.2%,贸易、银行和物资储备占3%,文化、教育、卫生占7.2%,城市公用事业占3.7%。上述支出总额相当于7亿两黄金(董辅礽,1999)。用这样大量的投资进行大规模的国家建设,在中国历史上是前所未有的。

中国"一五"计划中工业建设的中心任务是改造和扩建原有企业,并建立一批新工厂。"一五"计划时期苏联帮助中国建设的156个重大建设项目,限额以上工业施工单位达到921个,大幅超过计划规定的694个。

"156项重点工程"(实际实施150项)项目体现了"一五"计划时期中国的整体的工业布局,其项目包括:军事工业企业44个,其中航空工业12个、电子工业10个、兵器工业16个、航天工业2个、船舶工业4个;民用工业企业106个,其中冶金工业20个、钢铁工业7个、有色金属工业13个;化学工业企业7个;机械加工企业24个;能源工业企业52个,其中煤炭工业和电力工业各25个、石油工业2个;轻工业和医药工业3个,主要分布在哈尔滨、齐齐哈尔、吉林(市)、长春、沈阳、抚顺、包头、西安、洛阳、太原、兰州、成都、武汉、株洲等城市。从城市布局可以看出,"156项重点工程"改变了过去70%左右的工业企业集中在沿海的布局。106个民用工业企业中,有50个设在东北,32个设在中部;44个国防企业有35个设在中、西部地区,其中21个设在川陕两省(张久春,2009)。形成了以沈阳、鞍山为中心的东北工业区,以太原为中心的山西工业区,以武汉为中心的湖北工业区,以北京、天津、唐山为中心的华北工业区,以郑州为中心的河南工业区,以西安为中心的陕西工业区,以重庆为中心的川南工业区,以兰州为中心的甘肃工业区等。

"一五"计划把中国过去没有的一些工业行业,包括飞机、汽车、发电设备、重型机器、新式机床、精密仪表、电解铝、无缝钢管、合金钢、塑料、无线电等,建立起较为完整的基础工业体系和国防工业体系的框架,奠定了我国工业化初步基础。同时,通过工业布局的调整,改变了地理上工业基地均在沿海地区的状况,带动了工业落后地区工业和经济的平衡发展(如图2.2所示)。

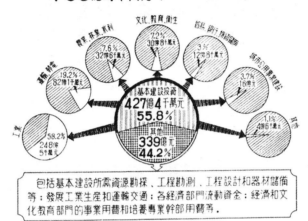

图2.2　第一个五年计划的资金分配

资料来源:辽宁人民出版社. 我国发展国民经济的第一个五年计划图解[M]. 沈阳:辽宁人民出版社, 1955: 9.

地理上工业基地的改变带来的是各个工业基地对工程技术人才的需求。在工业体系建设的基础上,国家大规模的工业化建设逐步展开,对工业人才的需求疯狂增长。

1953年,《人民日报》发表社论:"充分发挥技术人员在国家工业化建设中的作用,建设一个年产3万辆汽车的汽车制造厂,在苏联帮助设计的条件下,大约需要总工程师、工程师和技术人员600多人,助手(大、中学毕业生)800人,开工生产又需要技术人员1600多人。鞍山大型轧钢厂、无缝钢管厂、七

号炼炉三大工程,仅在基本建设中,就组织了一支数千人的技术队伍。"(如图2.3所示)

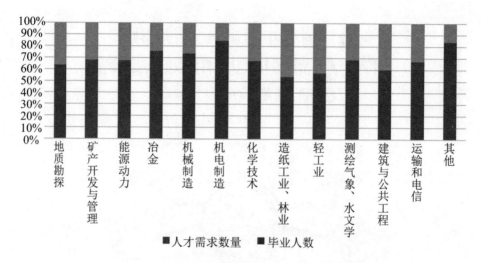

图2.3　"一五"期间所需要的工业技术干部的种类和数量

资料来源:建国以来重要文献选编:第6册[M].北京:中央文献出版社,1994:528.

二、"十二年科学规划"中的工程研究布局

1954年初,中科院着手制定它的第一个五年计划。在报送政府批准一个月后,7月24日,中科院宣布了它的五年计划,并宣布了10项重点工作。这10项重点工作,即原子能和平利用研究、配合新钢铁基地建设的研究、液体燃料问题的研究、重要工业地区地震问题的研究、配合流域规划和开发的调查研究、华南热带植物资源的调查研究、中国自然区划和经济区划研究、抗生素的研究、中国过渡时期国家建设中的各种基本理论问题的研究、中国近代现代史和近代现代思想史的研究。这10项重点研究课题基本与"一五"计划的中心任

务是分不开的,其中最重要的方向之一便是解决工业发展中的科技问题。

随着"一五"计划的展开,大规模的建设任务对科技工作提出了迫切要求。周恩来指出:"在社会主义时代,比以前任何时代都更加需要充分地提高生产技术,国家需要充分地发挥科学和利用科学知识。"知识分子会议后,国家发出了"向科学进军"的口号,并着手开始编制第一个中国科学技术发展的长期计划——"十二年规划"。国家对规划的总的方针和要求作了明确指示:"在制定这个远景计划的时候,必须按照可能和需要,把世界科学的最先进的成就尽可能迅速地介绍到中国的科学部门、国防部门、生产部门和教育部门中来,把中国科学界所最短缺而又是国家建设所最急需的门类尽可能迅速地补足起来,使12年后,中国这些门类的科学和技术水平可以接近苏联和其他世界大国。"

随后,1956年1月31日,陈毅和李富春召集国务院各部门负责人,以及参与规划工作的中国科学技术专家约1000人,对制定"十二年科学规划"的意义及方针、内容和要求,作了具体部署。会议宣布了国务院的决定:由范长江、张劲夫、刘杰、周光春、张国坚、李登瀛、薛暮桥、刘皑风、于光远和武衡组成10人小组专门负责领导和主持这项工作。在各部门工作的部分苏联专家,也参与了这一工作。1956年12月,中共中央批转了《关于科学规划工作向中央的报告》和《1956~1967年科学技术发展远景规划纲要(修正草案)》,要求各省、自治区、直辖市党委和国家机关各党组对规划纲要进行研究并提出意见。规划确定了坚持"以任务带学科"的原则。

针对中国今后10年左右经济建设事业各个方面的需要,规划提出了57项任务,这些任务是"国家的、重要的、综合的、长期的",同时,又"需要各个科学部门配合起来解决,需要有关的各个部门和科学家们把它们放在优先地位上用共同力量来完成"。规划确定的12年内的12项重点包括:

（1）原子能的和平利用。

（2）无线电电子学中的新技术（指超高频技术、半导体技术、电子计算机、电子仪器和遥远控制）。

（3）喷气技术。

（4）生产过程自动化和精密仪器。

（5）石油及其他特别缺乏的资源的勘探，矿物原料基地的探寻和确定。

（6）结合中国资源情况建立合金系统并寻求新的冶金过程。

（7）综合利用燃料，发展重有机合成。

（8）新型动力机械和大型机械。

（9）黄河、长江综合开发的重大科学技术问题。

（10）农业的化学化、机械化、电气化的重大科学问题。

（11）危害中国人民健康最大的几种主要疾病的防治和消灭。

（12）自然科学中若干重要的基本理论问题。

"十二年科学规划"制定以后，为了组织落实和实现规划制定的目标和各项任务，先后采取了一系列重要措施。而其中最重要的，是四大紧急措施的制定与实施，包括发展计算技术、半导体技术、无线电电子学、自动化技术和远距离操纵技术的紧急措施。

从"十二年科学规划"的具体任务看，与工程技术相关的技术研发工作在规划中比重较大。这形成了对高级科技人才的巨大需求。

三、"一五"期间国家对工程技术人才的需求

从上述的工业布局看，"一五"计划对人才提出了巨大的需求。那么到底

人才缺口有多大?"一五"计划期间需要多少工程师和技术人员? 据统计,1952年,我国被称为工程技术人员的工程师有16.4万人。从"一五"计划开始,工程师的需求与发展工业和国民经济有关。在"一五"计划和"二五"计划中,没有详细说明工程师数量的数据。"一五"计划中规定:各个领域的工作人员,国民经济和国家机关的工作人员在这五年期间,需要增加大约100万名来自各高等院校和中学的专业人员。中央工业、交通、农业、林业等部门需要增加技术熟练工人约100万名(如图2.4所示)。

图2.4 国民经济各部门和国家机关需要补充的各类专门人才

资料来源:我国发展国民经济的第一个五个计划图解[M].沈阳:辽宁人民出版社,1955:68.

"一五"计划期间,国家对工程技术人才的需求主要体现在以下两个方面:

(1) 对现场工程师和技术人员的需求。苏联援助的"156项重点工程"项目中,每一个新项目的建设都需要大量的工程技术人才。而工厂里的技术力量严重不足,中华人民共和国成立初期接管的工厂中,工人大多数没有受过任何教育,更不要说是专门教育出来的人才了。1952年陈云为政务院财政经济委员会起草的给华东、中南、西北财政经济委员会等并报周恩来、毛泽东的电报中也谈到了技术人员缺失的困境:"目前我国各工厂的技术人员是很少的,比之苏联工厂中技师与工人的比例低得多。苏联工厂中每100个工人就有15个左右的技师,我国工厂则每100个工人只有三五个技师,因而工厂已有的技术人员也是不够用的。"

(2)对技术研发型人才的需求。对此 Leo A. Orleans 曾介绍了如下情况:据参加过援建中国项目、1961年流亡美国的苏联化学家 Klochko 说,当时中国的科技状况与非洲各国差不多,苏联的科学家都不愿去,除非指名派往中国。这件事从侧面体现了国际社会对中国的科研水平的认可度很低,在这种极端落后的科研基础和条件下,技术开发型的工程人才的缺口是非常之大的。在技术研发领域,中科院计划在1957年将所属研究机构增加到51所,研究人员将达到4600余人,比1952年增加3400余人。为了培养大量急需的工程技术人才,不仅需要扩大高校招生数量,而且还要建立大量高等院校,并大量补充高等院校的师资。据统计,仅"一五"计划时期高等院校就需要助教和研究生(包括留学苏联的研究生)3.4万人,其中工科1.1万人。国家高度重视培训工程师和技术人员。入读工科院校的学生人数从1949~1950年的3万人增加到1957~1958年近18万人,几乎增长了5倍。工科学生的总入学率从26%提高到41%。

综上所述,为了"一五"计划的顺利开展,巨大的人才缺口如何填补成了国家亟待解决的问题。

第三节　院系调整下工程师的教育与培训

在"一五"计划期间,在巨大的需求的推动下,中国工程师的培养和任用体系都已得到了初步的建立。根据1950年高校人才培养能力的统计,全国工学院系和工科专科学校,按当时的师资和设备状况来看,如果不进行调整,1951年最多只能招收新生15000名,但在合理调整以后,略加补充就可以增收1倍新生。这样做可以使师资和设备分散凌乱、教学任务不相适应等造成的严重资源浪费的现象得以改观,可以大大地发挥现有人力物力的潜在力量。为了尽快满足"一五"计划对工程技术人才的需求,国家从多方面进行了工程师人才的教育与培训。

一、常规高等工程教育

在苏联的帮助下,中国开始调整和建设高等院校和专业学院。从1951年开始,中国高等教育学习苏联经验进行了大规模的院系调整。高校院系调整的方针是"以培养工业建设人才和师资为重点,发展各类专门学院,整顿和加强综合性大学","专门学院和专门学校又分多科性和单科性两种,它们的任务是根据国家的需要,培养各种专门的高级技术人才"。综合大学的任务,主要是培养科学研究人才和中等学校、高等学校的师资。依照苏联高等学校的模式,将工、农、师、医等系科从原有的综合大学中剥离出来,或单独设立,或重新合并,建立了相应的多种形式的专门学院或大学,以适应培养国家建设所需要的各种专业人才。按照苏联的高等教育集权管理、高等教育国有体制和高度分工的专门教育体系来构建中国的高等教育制度。

从此,中国政府开始对高等学校实行集中统一的计划管理,将各校的招生人数、专业设置、人事任命、学籍管理以及课程设置等全部纳入政府的计划管理范围。经过院系调整,中国形成了综合性大学、多科性工业大学和专业学院分设的高教体系,全国各类大学由中华人民共和国成立前的207所减至182所,其中综合性大学由中华人民共和国成立前的55所减为14所,专门学院共有168所,占高校总数的84%,其中工科院校由中华人民共和国成立前的18所增加到39所。综合大学与专门学院的数量发生了巨大变化,在办学体制上实现了综合大学与工学院的分离,实现了发展专门学院的调整目标。培养目标也从民国时期英美模式的"通才教育"转向"培养各种专门的高级技术人才"的"专才教育"。(韩晋芳,2012)

1953年"一五"计划执行后,一方面由于工科院校的迅速建立,另一方面缘于工科专业招生指标的增加,工科专业学生人数增加得很快。1953~1957年的首批入学人数预计为543300人。在1957~1958年的学年中,为期五年的最后一学年,计划招生的学生人数为434600人,超过之前报告总数,为1952~1953年的两倍。其中,41%的学生为工科学生(如表2.1所示)(中华人民共和国教育部计划财务司,1984)。

表2.1 1953~1965年各科工科学生人数占比情况*

年份	合计	地质	矿业	动力	冶金	机械	电机和电气仪器	无线电技术和电子学	化工	粮食食品	轻工业	测绘水文	土木建筑工程	运输	通信	其他
1953	100	10.28	8.68	7.54	3.57	20.63	1.97	0	3.84	0.19	2.61	1.83	23.64	2.45	0.88	8.11
1954	100	10.38	8.58	6.82	4.49	23.33	2.59	0	5.13	0.54	2.95	2.44	20.34	1.73	0.8	9.88
1955	100	7.9	7.72	6.8	4.82	26.38	3.94	0	5.03	0.58	1.75	2.31	16.26	2.75	2.01	11.75
1956	100	10.16	5.94	6.4	3.42	26.05	6.44	0	4.85	0.78	1.43	1.79	14.95	3.42	1.77	12.6
1957	100	7.37	8.06	8.47	3.57	24.22	8.15	0	5.54	0.85	2.23	2.08	18.9	2.59	1.75	6.22
1958	100	6.23	7.58	6.14	6.64	25.61	4.15	2.8	12.07	0.96	2.61	1.14	14.67	2.23	1.69	5.07
1959	100	5.1	7.41	6.55	6.59	24.61	3.87	3.38	13.07	0.81	2.81	1.27	14.36	2.43	2.15	6.84
1960	100	4.91	6.59	6.92	5.94	23.54	4.19	7.53	13.61	0.83	1.98	1.14	14.67	2.23	1.69	5.07
1961	100	5.33	8.39	5.61	4.78	25.36	3.79	7.43	10.97	0.62	1.52	0.99	9.4	2.39	1.43	11.92
1962	100	4.04	8.26	5.65	5.5	28.6	4.84	7.19	10.51	0.97	1.98	1.42	7.66	2.66	2.21	8.51
1963	100	3.66	7.21	6.84	3.96	31.25	4.04	5.91	9.54	1.19	2	0.93	9.34	2.62	2.27	9.24
1964	100	3.8	7.3	6.8	4.6	31.9	3.5	6.1	8.7	1.3	1.8	0.9	1.0	2.2	2.2	8.9
1965	100	3.9	6.5	6.7	3.8	31.9	3.2	6.1	7.7	1.1	1.9	0.8	9.6	2.3	1.9	12.6

*注:少量专业未分类,未在表格的统计占比中显示。

资料来源:中华人民共和国教育部计划财务司. 中国教育成就统计资料:1949~1983[M]. 北京: 人民教育出版社, 1984: 66~67.

除了在国内培养自己的科技专家之外，最行之有效的方法是把学生送出国进一步深造。50年代的留学潮形成于1951年，留学的国家主要是以苏联为主的社会主义国家。从1951年到1965年，中国政府通过选拔，向苏联等国家包括罗马尼亚、波兰、捷克斯洛伐克、保加利亚、匈牙利、东德等选派了近10000人，其中前往苏联的留学生8424人（中华人民共和国教育部计划财务司，1984）[126-127]。

选派的留学生中的工科专业的学生数量过半，1954~1956年是派出人数最多的时期，也符合当时中苏关系相对热烈的局势。从1957年开始由于国际波苏冲突以及国内政治运动的影响派出人数减少了很多，但工科生仍然占总比重的41%左右。1959年后，中苏关系出现了重大变故，两党意识形态的分歧上升到国家利益的冲突。整个国际形势的变化，留学方针的转变以及具体留学政策的变化，使得60年代的留苏工作受到了严重的干扰，最明显的表现就是留苏学生数量急剧下降。这个时期的留苏学生主要是进修教师，在所学专业上多是非重点行业和语言翻译等专业，并且对留学的年限也做了一定调整，总体是留学时间缩短了。从1966年开始，由于"文化大革命"的影响，留学生选派工作全面中断。

归国留苏学生在新中国各个领域都发挥了无可替代的作用，他们学成归国后，有效地缓解了中国高层次专业技术人才短缺的问题。特别是在苏联专家撤回之后，新中国的国防军事和核工业以及其他一些建设领域，在国家重大项目参与者名单中，均能看到留苏归国学子的身影。如"两弹一星"的研制就有众多留苏学生的参与，包括周光召、黄祖洽、唐孝威、阎桂荣、孙家栋、王永志、朱森元等，他们也被称为"共和国航船全速前进的动力源"。他们中的一些人后来成为了党和国家的领导人，超过200人成为部级以上的领导干部（李鹏，2008）。

1949~1963年的毕业后培训计划未能达到预期,而打算在1956年建立的副博士学位也未能实现,人才不足和高校毕业生素质低是造成这种失败的原因。

二、快速培养工程技术人才的培训途径:专修科

这个阶段,中国高等工程教育发展的突出特点是起伏很大,主要是高等工程专科教育发展起伏很大。1949年,全国工科在校学生30320人,其中工科专科在校学生有7202人,占23.7%。为了解决"一五"计划大规模经济建设的需要,国家决定在工科院校举办两年制的"专修科",培养目标是"较高级的技术员"。1957年前,政府对工程技术人才的培养主要依靠大学和专科学院。由于工业化对大批高级技术人才的需求,1952年院系调整的方案规定了暑假全国工学院本科、专修科和专科学校共招收新生29500名,占全国高等学校招生总名额的59%,其中本科学生占45%,专修科和专科学校学生占55%;这样既能维持工业高等学校教育的一定水平,也照顾了国家建设人才的迫切需要,两方面统筹,配合发展,从当时的人才需求来看是完全必要的和合理的。

到1953年,全国工科招生34165人中专科招生10880人,占31.8%;与此相适应,在全国工科在校学生79970人中在校专科生达25748人,占32.2%(张光斗,王冀生,1995)。但是,由于当时国家只是把举办"专修科"作为解决技术干部不足的一种临时性措施,所以,随着中等工业技术学校工作的加强,从1955年起,"专修科"的招生规模开始逐步减小,到1957年全国工科专科生的比重急剧下降到0.1%(张光斗,王冀生,1995)。

第四节　工程师的职称与任用状况

为了加强对科技人才的管控和对有限人才的调配,工程师被纳入"国家干部"序列,在任免原则上由国家统一按计划安排。这种对技术人才管理的方式是一种同指令性计划为特征的产品经济模式和权力高度集中的政治体制相适应的干部人事管理制度。它在社会主义建设进程中具有很强的政治内聚力和人事资源的行政调配和动员能力。在"一五"计划实施之前,各级工业企业均由国家实施统一和分级领导,少数由国家直接管理,多数则由中央与省之间的六个行政大区直接管理。"一五"计划实施后,中央人民政府撤销了行政大区的机构设置,扩大了省级区,同时原来各个行政区直接管理的工业企业均转到中央一级的各个部门。到1957年,中央政府各部门直接管理的工业企业数达9300多个。中央管辖意味着工业企业实行指令性计划传达更为直接,企业所需资金、资源均由政府拨配。同时,人员调配也相应地实行计划管理。工业企业的人力资源实行国家编制的制度,工业企业需要的各类人才需要向全国编制委员会申请调配,委员会统筹全国企业需求,按照指标和毕业人员进行分配。(全国编制委员会于1950年成立,主要负责管理全国各地的编制。)只有在国家调配不足时,企业才能另外招收。并且,工业企业部门编外的多余人员,均由全国和各地编制委员会统一调配使用,不得擅自遣散。

50年代初期,由于大、中专毕业生分配数量较少,企业的技术干部队伍的补充主要从工人中选拔培养,加强业务技术理论学习,合格后再调配。随着院系调整和工程技术学科的扩招,到1955年,大专以上毕业生统一分配人数增多,根据中央指示"集中使用,重点配备,学用一致"的原则,分配安置面向基层,加强基层生产单位的技术能力。1955年,各级企业单位逐步开始完善实习人员实习及转正制度,使技术干部考核工作逐步健全起来。

1956年党的八大一次会议确定了在企业中实行党委领导下的厂长负责制和职工代表大会制度。共产党在企业中实行集中统一的领导,一切重大方针政策问题必须经过党组织决定,同时发挥行政、工会、共青团等组织的作用。也就是说在工厂企业中,重要职位由党的工作人员担任,由党委负责;工程师负责技术相关的工作,受党委领导和监督。这套人事管理制度也就是"党管干部"的管理原则。该原则的实质就是坚持中国共产党对干部工作的领导,是与坚持中共的领导地位紧密联系在一起的。

这套原则主要包含四个方面的内容:一是制定和贯彻执行党的干部路线、方针、政策。二是按照干部管理权限,中共党委直接管理一部分领导干部和向国家政权机关推荐重要干部、国家各级政权机关的领导干部,按照其所任职务的重要性,分别由中共各级组织管理。三是对干部工作的宏观指导和检查监督。对于干部队伍建设和干部人事工作中的总体规划、部署,以及选拔、调配、培训、人才预测、领导职数、机构编制、工资福利等重大问题,要进行必要的宏观控制,防止各自为政。按照这样的原则,在各级单位的人事任免上,均由相应各级的党委负责。在干部选拔上,依照"尊重知识、尊重人才"的原则,选取德才兼备的同志。

1961年1月国家颁布《国营工业企业工作条例(草案)》规定:"总工程师在厂长或者生产副厂长的领导下,对企业的技术工作负全部责任。各个企业要根据自己的实际需要和可能条件,给总工程师配备必要的管理工艺、动力、机械、设计、试验等工作的助手,建立和健全企业各级的技术管理机构。车间和有关技术管理的专职机构,在技术工作上,必须服从总工程师的指挥。企业中重要的技术文件,必须由总工程师签署。没有条件设置总工程师的企业,技术工作要有专人负责。企业的总工程师、工程师、技术员,都必须认真地履行自己的职责;必须深入实际,联系群众,倾听职工群众的意见,总结工人群众的实践经验,并且经常学习技术理论。企业的领导人员,必须倾听技术人员的意见,教育全体职工,尊重技术人员的职权;必须保证技术人员进行工作所必需的条件,使技术人员能够在他们的职权范围内,勇于负责,发挥应有的作用。"也就是说,总工程师必须在厂长和生产副厂长的领导下做出技术决策。但这样的规定造成了一些企业在实际操作中的问题:比如有的企业把技术系统与生产系统分离开来,规定总工程师领导技术系统,生产副厂长领导生产系统,结果是技术系统与生产系统"两张皮",总工程师与生产副厂长"并列第二";还有的企业把总工程师置于生产副厂长的直接领导之下,结果形成了厂长—生产副厂长—总工程师这样一种领导层次关系;还有的企业仅仅把总工程师看作一个智囊和参谋,是个虚职,有职有责但无实权(刘巨钦,1996)。这样的行政管理体系遭到了一些工程技术人员的不满,认为这样的安排属于"外行领导内行",存在着行政决议和技术决议上的矛盾。

　　随后,就工业企业内技术类问题的负责制,国务院又发布了《工业企业生产技术责任制条例(草案)》,详细说明了企业管理中的总工程师制度。条例中用五条内容明确规定:"总工程师是企业的第一副厂长(副经理、副局长),他在厂长(经理、局长)的领导下,对企业生产、技术工作负全部责任,实行对日常生产组织工作和技术工作的统一指挥。"这一规定的重要意义在于:第一,突出了总工程师在企业中的行政地位——居于第一副厂长;第二,强调了总工程师的责任——对企业的生产与技术两个方面的工作负全部责任,也就是说总工程师不但要对技术工作负责,更重要的是对企业生产和技术的全局负责;第三,突出强调了总工程师的权力——对企业的日常生产组织工作和技术工作行使统一的指挥权。这三点,对总工程师的权责做出了详细的说明,针对的是长期以来由于企业管理制度的不明确而导致工程师在企业技术工作领导地位上的缺失。

我国基本上实行专业技术职务任命制度和职务等级工资制度。职务等级工资制度主要体现在职务与工资挂钩,实行的是全国统一的工资制度。在早期,工资标准是基于"工分"系统计算的,工分制是一种从供给制向工资制过渡的形式,比如"1952年,调整工作人员的工分。县长每月工分为450分至660分,局长每月工分为285分至420分,科员每月工分为190分至260分,办事员每月工分为130分至180分,助理员每月工分为130分至215分,一般工人每月80分至100分……对国家机关工作人员(包括包干费在内)、翻译人员、汽车司机、炊事员、技术员、电话员按统一标准分数每96分折成东北现行工分100分,即机关内执行统一的级别,按照规定的各级干部等级线进行评定"(永吉县地方志编纂委员会,1991)。

1956年,政府劳动部进行了全国性的工资制度改革,取消了工资分配制度和物价津贴制度,统一实行直接用货币规定工资标准的制度,分别按产业规定工人的工资等级数目和工资等级系数,统一制定或修改技术等级标准,实行等级工资制;对企业领导人员、工程技术人员和职员,实行职务或职称的等级工资制;地方国有企业职工的工资标准和工资制度,由各省、市、自治区根据企业的规模、设备、技术水平和现在的工资情况,参照中央国有企业职工的工资标准和工资制度来制定(汪海波 等,1986)。

在职称上,50年代曾进行技术职务任命制,工程师作为专业技术人员的一种,被划分为16~20个级别。各个级别都有严格的条件,达到条件的则由行政任命,企业按照各部委颁布的规定及干部管理权限对工程技术人才进行任用或者晋升(Morkov,1961)。比如工程技术干部分为1~16级:1~9级为工程师(其中1~4级为高级工程师),9~13级为技术人员(其中9级既是工程师最低级,又是技术员最高级,评定时确定工程师或技术员);14~16级为助理技术员。同时国家借鉴了苏联技术人员的管理模式,将工程技术人才列入"国家干部"管理的管理序列,其职务像党政干部一样,实行任命制,技术职务与工资福利待遇挂钩且终身享受。

这些级别有着与之对应的等级工资制度。在这个阶段,工程师是一个职务(职位),属于国家干部序列。计划经济体制下,采用的是这种职业资格、职位和工资三者结合的人事管理模式。但是,1960年后,工程师则只保留"专业头衔",但头衔与待遇无关。

根据郑竹园的测算,1965年前中国工人的平均工资是65元人民币,相当于不到30美元一年。工资最高的总工程师大概是一般工人工资的4倍,是平均技术员的2.4倍,是普通工程师的1.4倍(如表2.2、表2.3所示)。

表2.2　各类工业企业工程技术人员工资表

等级	工资标准(元) 海东、中华、四川、贵州	东北、华北、昆明地区北包地区	西安、包头地区	广州地区	甘肃地区
1	215.0	226.0	239.0	249.0	264.0
2	198.0	209.0	220.0	230.0	244.0
3	182.0	192.0	202.0	212.0	224.0
4	167.0	176.0	185.0	194.0	205.0
5	153.0	160.0	170.0	176.0	187.0
6	139.0	147.0	155.0	162.0	172.0
7	128.0	135.0	142.0	149.0	157.0
8	117.0	124.0	130.0	137.0	144.0
9	108.0	114.0	120.0	126.0	133.0
10	99.0	104.0	110.0	115.0	122.0
11	90.0	94.0	100.0	104.0	111.0
12	82.0	85.0	90.0	93.0	100.0
13	74.0	76.0	80.0	84.0	90.0
14	66.0	69.0	73.0	76.0	80.0
15	59.0	62.0	65.0	68.5	70.0
16	53.0	56.0	58.5	61.5	63.0
17	47.0	49.5	52.0	54.5	56.0
18	41.0	43.0	45.5	47.5	49.0
19	36.0	38.0	40.0	41.5	42.5
20	32.0	34.0	36.0	37.0	38.0

一类企业：正副厂长、总会计师；正副科长、正副车间主任；科员；正副总工程师；经济师；工段长；总师、工程师；技术员；技师；技术员助理

二类企业：正副厂长、总会计师；正副科长、正副车间主任；科员；正副总工程师；经济师；工段长；总师、工程师；技术员；技师；技术员助理

表2.3　行政管理人员工资标准表

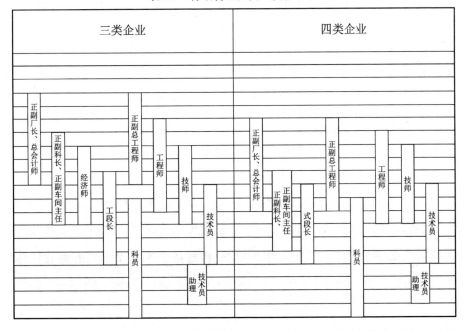

三类企业：正副厂长、总会计师；正副科长、正副车间主任；经济师；工段长；科员；正副总工程师；工程师；技师；技术员；技术员助理

四类企业：正副厂长、总会计师；正副科长、正副车间主任；式段长；科员；正副总工程师；工程师；技师；技术员；技术员助理

资料来源:河南省革命委员会劳动局.工资标准选编[M].[出版地不详]:内部资料,1974:138-139.

　　除了工资和津贴之外,1954年起为了鼓励技术发明创造和技术革新,政府制定了比较具体的《有关生产的发明技术改进及合理化建议的奖励暂行条例》。这个条例基本上是以苏联的同名条例为模板制定的,1958年后由于主管部门的变动以及政治运动和自然灾害的原因,奖励条例的实行陷于停顿。为此1962年国家科委成立发明局,在1954年的奖励条例的基础上制定《技术改进奖励条例》。具体规定如表2.4所示。

表2.4　技术改进奖励条例

十二个月所节约的价值(万元)	发明		技术改进		合理化建议	
	提奖金百分比(%)	附加数	提奖金百分比(%)	附加数	提奖金百分比(%)	附加数
低于100	30	0	20	0	10	0
100~200	15	15	10	10	5	5
200~500	12	21	7	16	3.5	8
500~1000	10	41	4	31	2	16
1000~5000	6	71	2.5	46	1.25	23
5000~10000	5	121	2	71	1	36
10000~50000	4	221	1.5	121	9.75	60
50000~100000	3	721	1	371	0.5	186
100000以上	2	1721	0.5	871	9.25	4360

　　资料来源:中央文献研究室.建国以来重要文献选编:第5册[M].北京:中央文献出版社,1993:202.

　　在"一五"期间,工业工程技术人员大幅增加。周恩来在第二届全国人大第一次会议报告中说:"1957年,全国工业用工175000人,比1952年增加了3倍,当时人数为58000人。"1958年,一位中国经济学家运用苏联的经验估计,在1956~1957年间,中国需要从大专或中等职业学校毕业的800万~1000万专业人员(曾文经,1957)。但根据时间段,估计是在"大跃进"期间做出的,统计数据可能是虚高的。1960年1月,国务院文化教育办公室主任认为,我们现在拥有约100万名工程专家,其中包括高级和中级专家。但这支部队还不足以满足我国工业建设迅速发展的需要。在"二五"计划的最后三年和"三五"计划的整个时期,我们必须培训数百万工程专家来满足我国工业建设的需求。

　　但是,中国工程师就业的官方信息非常少,工程师和技术人员的数量无法确切统计,只能从国家统计局的相关报道等资料中找到一些线索(如图2.5所示)。虽然数据的统计并不够准确,但是仍然可以从中看出工程技术人员在10年期间急剧增加的状况。

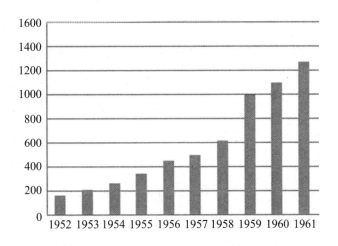

图2.5　1952~1961年工程师和技术人员数量

资料来源:Cheng C Y. Scientific and Engineering Manpower in Communist China:1949-1963[J]. Economic Journal, 1965:11.

这个数据包含了4个主要类别的工程师:

(1)专业工程师,至少相当于大学毕业生,这个群体的数量从总体上看是

非常小的数字;

　　(2)没有受过大学教育但被晋升为工程师的技术工人;

　　(3)拥有大学文凭或受过中等职业学校教育技术人员;

　　(4)具有技术员职称的技术工人。

　　从学历上来看,根据1955年9月的人口普查,在270万专业和半专业人员中,只有120万人接受过高等院校或中等职业学校教育。教育水平的低下,在工业企业领军人物中表现得尤为明显。根据人口普查,有14863名技术工作者担任工业领导人的首席或副职,其中只有9%是从高等院校或专业学校毕业的。从1959年开始,数千名工人被提升为工程师或技术员。武汉、包头、太原、龙岩、石景山等五大重点铁矿中心统计的数据显示,1960年前4个月,共有146名工程师和46名厂矿主任晋级。据1960年甘肃省统计,各类企业职工中2.8万人晋升为工程技术人员。

　　知识分子的队伍于随后的6年中在数量上也有了很快的提升。据统计,全国按科学研究、教育、工程技术、卫生、文化艺术划分的高级知识分子人数到1961年已经接近10万人,其中在中华人民共和国成立后评的高级知识分子人数约占总数的三分之一。如国家重点培养的急需部门数量增加得尤为明显,比如地质行业技术人员,在中华人民共和国成立之初不足200人,到1955年,根据工业部门的统计,仅工程师就已经增加到近500人,此外,从高等学校毕业的技术员人数就接近工程师人数的7倍。

　　虽然技术人才的人数增加了数倍,但高级职称的人数不足,职称结构亦不合理。1956年,全国高等学校毕业生数量已经达到21万人。他们虽然还不是工程师职称,但是他们学习了最新的工程技术知识,是工程师的后备军。然而,事实情况却不乐观。在高等学校中,教授、副教授、讲师和助教的比例不合理,教授和副教授数量严重偏少,加起来仅占总数的不到20%,而助教数量较大，约占总数的60%，并且助教需要承担讲师以上职称才能承担的教学工作。在工业界情况亦是如此，全国各级工程师只有3万人左右，而高等学校毕业的各级技术员却有6万人。他们中间有许多年轻的技术人员虽然在职称上还不能算是高级人才，但是由于任务的需要，他们已经担任了高级人才的工作。根据胜任工作的能力看，一部分技术员早就应该被提升为工程师职称了。

第三章
自我探索:技术革命中的中国工程师群体(1962~1976)

20世纪50年代以来,参照苏联模式中国已经初步建立起了比较完备的工业化发展体系。同时,根据工业化发展的需求,工程技术人才的培养和任用制度都逐步完善。工程技术人才队伍日益壮大。但是,60年代开始,"一五"计划中的弊端也逐步暴露。

中国"一五"计划中工业建设的重心是改造和扩建原有企业,建立一批新工厂,其中仅称为限额以上的大型项目就有694项之多。这样在短短五年内,各个大型项目同时进行,需求人才的数量是十分庞大的。虽然,国家也在工程技术人才的培养和任用上有明显的倾向,但是人才缺口无法在如此短的时间内补足。由于工程技术人才的不足,工业生产中工程项目延期、建设费用增加、设计失误以及产品质量不过关等问题也逐步显露。

另一方面,60年代开始,中苏关系由于意识形态上的分歧而处于异常紧张状态。先前的援助计划逐步中断,苏联援助专家撤离。在这种复杂的国际环境下,国家开始批判苏联模式的改革。同时也强调了国内阶级斗争的重要性,其结果是:一方面批判苏共对苏联模式的改革;另一方面又片面强调阶级斗争和无产阶级专政,将这一模式推向极端。

这些问题使得优先发展重工业的中国政府,开始尝试摆脱苏联经济建设的模式、尝试探索中国自己的经济发展道路。在这个阶段中,工程师群体的发展遭受了较大的波折。首先,"一五"计划的末期,群众性的技术革新运动,一种"技术民族主义"的倾向在"大跃进"后开始冒头。随之而来的中苏关系的破裂,苏联撤走技术专家,使群众性的革新运动获得了官方更多的支持。虽然经过60年代初几年时间的调整,但是最终群众性的运动取代了原有的已经建立但尚未稳固的科技体制。工程师群体也在从技术革新到技术革命运动中受到冲击。在"反对技术权威"等口号下,科技人员受到了打击迫害。许多工厂里的技术科室被迫解散,技术资料被烧毁;技术人员下放车间或被赶到农村去参加劳动;群众掌握技术权力而工程师则成为"反动技术权威";高校三年停止招生,人才培养出现严重断层。

尽管如此,从新中国科技成就史中,却也不难发现,中国的工程技术发展并没有停滞,反而在一些方面取得了重大成就。比如自1964年我国研制成功第一颗原子弹后,1967年6月17日,中国的全当量氢弹空爆试验获得成功;1970年4月24日,自行研制的"长征1号"火箭运载的"东方红1号"人造地球卫星发射成功;1975年11月29日,第一次成功地回收了人造地球卫星。此外,1968年12月29日,我国自行设计和建造的南京长江大桥正式通车;1970年,葛洲坝水利枢纽工程开始兴建等。这样看似矛盾的问题背后的事实是什么样的呢?有必要对这段时间的工程师群体发展做更多的研究,并且需要挖掘其更深入的问题。

第一节 "一五"计划后的工业计划

从"二五"计划开始,整个60年代到70年代初期国家的工业建设发展规划始终延续着50年代制定的基本的国家发展计划。

从1958年开始，国家进入"二五"计划的发展阶段。1956年周恩来在八大上就"二五"计划草案做了报告。他提出，应该根据需要和可能，合理地规定国民经济的发展速度，把计划放在既积极又稳妥可靠的基础上，以保证国民经济比较均衡地发展。因此，"二五"计划规定的基础任务主要围绕五个方面展开：

(1) 继续进行以重工业为中心的工业建设，推进国民经济的技术改造，建立社会主义工业化的巩固基础；

(2) 继续完成社会主义改造，巩固和扩大集体所有制和全民所有制；

(3) 在发展基础建设和继续完成社会主义改造的基础上，进一步发展工业、农业和手工业的生产，相应地发展运输业和商业；

(4) 努力培养建设人才，加强科学研究工作，以适应社会主义经济文化发展的需要；

(5) 在工农业生产发展的基础上，增强国防力量，提高人民的物质生活和文化生活的水平。

从这份报告的内容可以得知，"二五"计划的制定依据了"一五"计划的成果，并继续逐步向前推进，重工业仍然是工业建设的中心。但是，这份计划的具体实施方案并没有执行。这主要是由于"大跃进"运动造成的，八大二次会议后，全国各个地区、各个行业都陆续开展起"大跃进"运动。工业界提出了要"以钢为纲"的口号。钢产量是一个国家工业化的重要指标，因此，要实现"赶英超美"的目标，首先就要争取不断提高生产钢铁的效率，缩短周期。农业界提出"以粮为纲"口号，粮食增产运动此起彼伏地开展起来。但是，由于虚高的指标无法兑现，为了能够达到指标，各地自下而上不得不进行虚报瞒报。这样的后果很快就显现了出来。到1962年，全国面临着中华人民共和国成立以来最严重的经济困难,工业生产急剧下降,农业生产也遭到了极大的破坏。这样一来,原本可以接着"一五"计划的大发展势头乘胜追击的形势戛然而止,经济计划未能得到良好实施。

与工农的情况不同的是,科研机构得益于前期的布局和积累,展示出了良好的成绩。1958年后,国家在工业基础建设的发展中取得了多项突破,如百万吨钢铁联合企业、百万吨炼油工厂、5万吨合成氨工厂等企业的自主设计和建设工程,还有如水力发电厂的建设推广、电气化铁道等多项经济建设项目。在新兴技术方面,同步加速器等核物理研究装置的建设、放射性同位素的功能在工农业和医学研究试验中的应用等都属首次。同时,中国还自行设计制造了电子数字计算机和其他类型的电子计算机,建立了计算中心,解决了大量计算问题,自动化技术、半导体技术和无线电电子技术也都取得了进展(中华人民共和国科学技术部发展计划司编写组,2008)。中华人民共和国成立以来,经过不到十年的建设,中国的科学技术发展水平已经开始逐步展露其追赶的可喜之势。

随后,从1963年开始,本来应该实施的"三五"计划并没有能够按时确定下来。"大跃进"的影响和全国三年自然灾害的双重打击,共同造成了全国经济困难的局面。1961~1962年,国家不得不进行为期两年的大调整。经过调整,国民经济逐渐好转,党和政府开始了"三五"计划的编制。1964年4月30日,关于《第三个五年计划(1966~1970)的初步设想(汇报提纲)》出炉。汇报提纲提出了"三五"计划的基本任务是要把解决人民的"吃穿用"问题放在首位,并在此基础上,适当推进国防建设,恢复基础工业建设。但是,这个提纲的设想也没有能够实施下去。在国际国内形势的变化下,国家随即对"三五"计划的目标和任务进行了调整。新的计划在1965年才被提了出来。《关于第三个五年计划安排情况的汇报提纲(草稿)》把计划的重心从人民问题转移到了备战上,在经济建设上要把国防建设放在第一位。因此,"三五"计划也没有以国家经济建设为重点,而其间"文化大革命"使得计划更加无法推进,国民经济在大调整后又遭到了严重破坏。直到1970年,靠国家高投入的建设才使得"三五"计划得以基本完成。

到了"四五"计划时期,原本应该制定的计划都没有形成正式文本。"四五"计划以《1970年计划和第四个五年国民经济计划纲要(草案)》的形式给国民经济作为指导。草案提出"四五"计划期间国民经济发展的任务是:"狠抓备战,集中力量建设大三线强大的战略后方,改善布局;大力发展农业,加速农业机械化的进程;狠抓钢铁、军工、基础工业和交通运输的建设。""四五"计划盲目追求高速度和高指标,导致国民经济出现严重困难。此时,大规模的三线建设在"四五"计划阶段逐步开展,直到1973年基本收尾。这一时期是中华人民共和国成立以来知识分子流动性最强的时间段,特别是工程师,在三线建设中很多工程师西迁。

这段时间里,科学和技术的发展也受到了很大的影响。虽然"文革"并不直接针对科技,但是科技的发展还是滞后了。特别是在"文革"中,对国防、教育、人民群众和工农业的文化改造,也都与科技政策相关。当"文革"的影响蔓延至社会各个方面之时,科技系统也受到了十分严重的破坏。首先,被誉为"科研宪法"的《科研工作十四条》被贬损为"黑纲领"受到持久攻击。其次,科学研究机构被破坏。科研机构、科学管理部门以及高校都受到了不同程度的瓦解、撤销或关闭;学校和科研院所的仪器设备、研究资料被毁弃;研究人员被遣散。到1973年,中国科学院的研究人员只剩下1万多人,研究机构仅剩53个。最后,基础理论研究几乎全部被叫停,只有和建设、工程相关的研究还勉强维持。而在科学界,据统计,30多万的科技人员被下放至"五七干校",并在农村进行"再教育",长期从事与自身科研无关的体力劳动。

这样的情况一直持续到1971年"九·一三"事件之后,全国的科技状况才开始有所缓和。1972年8月10日,动乱期间唯一一次全国性的科技工作会议在周恩来的提议下召开。这次会议是国家领导人在恢复科技工作上最重要的一次尝试。会议持续了一个月,来自全国各省、市、自治区和国务院各部委的代表共249人参加并就如何恢复科研工作、重视理论研究等问题展开讨论。次年,国务院下发了《全国科学技术工作会议纪要(草案)》,尝试缓和在科技工作中产生的各类矛盾。但是,草案中却没有提到科技人员反映的大量问题。全国科技界仍然笼罩在极"左"倾思潮之下。

总的来看,"一五"计划完成后实施的三次工业计划均受到错误政策和社会问题的影响,并没有能够得到良好展开。

第二节 "教育大革命"中工程师培养计划的转变

随着工业发展方向的新尝试,工程师的培养计划也经历了几个阶段的转变。

一、第一阶段:群众性教育运动的尝试

1958年后,随着"大跃进"的展开,全国上下开展了以教育与生产劳动相结合为中心的"教育大革命"。1957年全国有高校229所,1958年一跃而增加到791所;1960年,全国高等学校猛增到1289所,普通高校招生人数从1957年的

10.6万到1958年的26.5万,1960年达到32.3万超过了当年高中毕业生数量28.8
万;其中工科院校猛增到472所,在校学生数达到了38万人(潘懋元,2003)。

1961年,"调整、巩固、充实、提高"方针的贯彻和《教育部直属高等学校暂
行工作条例(草案)》颁布,纠正了自1958年以来那些错误的教育理念和做法,
对高等教育的规模、层次、结构以及招生要求进行了调整。进一步明确了高等
工程本科教育的培养目标是"社会主义建设的专门人才",强调在校期间学生
"在学业上必须完成工程师的基本训练",工科本科学习年限除少数几所学校
为4年或6年外,一般均为5年。

随着1958年"大跃进"和"两条腿走路"口号的展开,专科学校数量急剧增
加。数以万计的业余大学和职业学校在各地迅速建立。1957年专科招生和在
校生数分别为42人和1025人,可到了1960年这两个数字却分别猛增至19968
人和53897人,分别增长了474.4倍和51.5倍,大大超过了当时国力所能承担的
限度(如图3.1所示)。

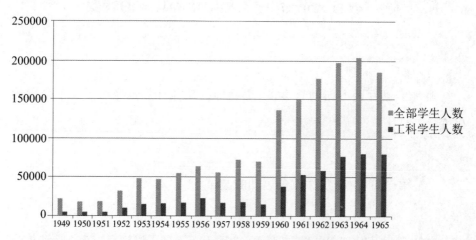

图3.1 1949~1965年工科学生毕业数量

资料来源:中华人民共和国教育部计划财务司.中国教育成就统计资料:1949-1983[M].北
京:人民教育出版社,1984:126-127.

这种情况随着1962年贯彻执行"调整、巩固、充实、提高"的方针后很快得以纠正。根据教育部关于"对'大跃进'期间建立的专科学校,除保留一批条件较好的外,大部分都改办为中专"的精神,不少高等工业专科学校陆续停办。到1965年工科专科在校学生数再次降到工科本、专科在校学生总数1%以下(张光斗,王冀生,1995)。

到1959年底,全国有150余个高等院校。根据1960年2月共产党中央委员会和国务院的指示,组织了一个业余教育委员会负责这个计划。1960年1月的一份正式报告列出了参加高等教育的工人数量为17万人。后来的报告显示这个数字为37万。截至1960年底,有近47万名工人进入了业余时间的大学,大约是同年在全日制大学入学的学生总数的一半。一般来说,业余大学和学院由普通高等学校支持,或者是由工厂或企业经营。大部分在业余学校就读的学生都是资深的工人,他们对生产操作相当熟练。但是,根据高等工科教育培养的标准,他们还没有相对系统的理论知识。在业余学院的学习期限一般是2～5年,通常每周只有8小时的课程时间。教学人员通常由工厂的工程师和党的干部组成。他们的素质远远低于普通高校中的教师。学习期完成后,参加学习的工人的大多数回到原来的岗位上,但许多人被晋升为工程师,而其他人则被指定为业余中学的教师。

二、第二阶段:招生方式的转变

从1966年开始,全国高等学校停止按计划招生。1966年6月30日,高等教育部发出通知推迟选拔、派遣留学生工作。同年7月,高教部通知我国驻外使馆推迟接受来华留学生。从那时起,中国7年未向外派遣留学生,也未接受外国留学生来华学习。1966年5月以后,成人高等教育也全部停止。1967年底,一些较早实现大联合、成立革委会的地区和学校,纷纷抛出教育改革方案,开始了几乎涉及了招生制度、教育内容和教学方法等各个方面的"教育大革命"。

在招生上,70年代初在政治混乱的高峰期之后,一些高等教育机构重新开放,为工农兵学生提供培训,入学没有正式的学术要求。这些学生是根据他们的革命精神而不是学习背景从工厂中挑选出来的。1970年7月至年底,部分大学试招收了"文革"以后的首届大学生,总共41870人。第一批工农兵学员于1971年春季入学,称1970级工农兵学员。此后,皆以招生年份名级而次年入学。1972年更多大学开始恢复招生,招生人数逐年增加,1972年有13万工农兵学员入学,1973年则增加到15万人,1974年达到16.5万人。招生条件是"保证新学员具备初中以上文化"。1975年招19.1万人,并指示招生工作执行国务院批转的教育部《关于推广辽宁朝阳农学院经验有关政策问题的请示报告》。1976年招收了最后一届工农兵学员,人数达到21.7万人。至此,工农兵学员共招收7届,总计94万人,占中华人民共和国成立以来毕业大学生数的21.4%。这一批学员是世界教育史上空前绝后的大学生。以前在考试竞争、分数选择的机制下,"书香门第"占了先天的优势,体力劳动者的子女处于不利的地位。高考制度的取消使几十万世世代代目不识丁的贫苦农民子女得以获得高等教育机会。

正如当时一首《景颇姑娘上大学》[①]所云:

---

① 这首歌主要体现工农兵大学生在教育平等的"教育大革命"下,即使是贫苦农民的孩子都能得到上大学的机会。诗配画刊于《人民日报》1973年元旦号,描绘了山里姑娘"文化翻身"的喜悦。

　　口弦弹得百鸟争鸣/山歌唤来满天彩云/木玎进京上大学/山山寨寨都欢腾

　　老支书送木玎/迎着朝阳出山林/一程山路一席话/句句话儿重千斤：

　　"木玎,路上山高水又远/你千万莫要迷路径!"

　　木玎点头微微笑/一字一字吐出唇：

　　"出山哪怕路艰险/我心里有颗北斗星!"

　　可见"教育大革命"下,教育资源对中下层人民的倾向。但同时也带来了另一种不公正的局面。由于工农兵大学生的教育基础薄弱,加之高考考核制度的取消,很多工农兵大学生在毕业时也达不到高等工程教育培养人才应具备的要求。1972年5月,据北京高校的调查,在校学员入学前文化程度：初中以上20%,初中60%,小学20%。可见大部分人只读过初中三年,再加上大学三年,时间上只相当"文革"前的三年制小中专。不少大学不得不拿出半年时间补习初高中课程。开门办学、政治活动、生产劳动又占去1/3~1/2时间,用于学习大学教材的时间不多。这样,工农兵学员除了少数佼佼者,大多未达到大学水平(董宝良,2007)。

　　1980年,教育部长蒋南翔在最后一批工农兵大学学员的毕业典礼上发表演说时提出,工农兵大学生基本能力是好的,但学习上的根本责任并不在于他们自身。因此,在发现自己弱点的同时,还要在政治上以及业务上进行相应的补充学习。当然在7年的工农兵大学生中不乏出类拔萃的科技人才。按照国家科委统计,工农兵大学生的专业水平与技能较强的人员占到一成。自1978年恢复高考招收硕士以来,前三批硕士研究生有75%都是来自工农兵学员。

　　在学校体制改革上,以同济大学20世纪70年代为例,改革方案的总体理念是将大学转变为三结合的机构,包括生产、教育以及科研三个领域都要融入大学的学习和工作中,即"五七公社"。高校既是生产企业又是设计单位,同时也是教育单位。方案举例说:"一个建材公司加几个建材专业加一个设计院组成一个建材公社。"建设工业与建筑专业,都是以建筑为主体的同济大学的两个全国排名前列的优秀专业,它们主要培养关于工业化领域人民使用的建筑材料、建筑学、城市规划还有建筑管理组织等领域的高端科技人才。在搞"五七公社"后,原来的系与教研室被取消,70%以上的干部被撤换。把许多教师、高级职称的教授都纳入了工程实施队伍之中,跟着工人进行实际劳动,即"建筑野战军"。两个专业的259名教师里面有92人都受到了严重的迫害。这个组织的教育途径被称为工科专业高校唯一能够将经典的工程有效结合起来进行教育的方法。这种模式削减了基本的理论教育时间,破坏了系统整体的教学,将学习与应用高度融合,使得高校所学习的理论知识很少,难以适应职业化的工作要求。同济大学这种凸显以生产教育和科学研究相结合,包括学生、老师、工程实施人员三方面相融合的办学机制,在"文革"十年动乱期间十分典型。20世纪70年代,高校开始陆续进行工农兵大学生的招生,之后"上高校、管高校、改造高校"一度持续发展为"打开门的办学、工厂与学校联系、学校办工厂,工厂带学科,构建教学、科研、生产三结合"的新体制,实现了"把大学办到社会上去"的目标。

在专业设置上,学科间比例越发不合理,工科专业越分越细,文科学校则多被撤销。1971年,与政法相关的6所学校与学院被撤销,大量的综合性质的高校对于法律专业也进行了暂停招生或削减招生数量。财经相关的学院与大学被裁减到了只剩下2所。在这个时间段按照《关于高等学校调整问题的报告》的规范,相当多的理学专业被兼并或者向工科领域应用靠拢。相比于文理科而言,在应用领域的工科院校基本都没有被撤销,然而针对工科,其专业领域的划分越来越细,一些通用的工科专业变成了某一行业乃至某一产品的制造专业。高校的工科课本则突破理论的研究,突出应用性质,加大"经典商品管理教学"的力度。在同济的"五七公社"中,对原先房建专业的课本机制展开分析,认为它摆脱无产阶级的意识形态,脱离生产实践,违反认识规律,课程多,分科细。自20世纪60年代起,学校将"画法几何与工程制图""测量学""建筑材料""建筑构造""建筑施工"合并为"房屋建筑工程基本知识"。1000课时的教学内容被削减为250课时的教学内容,另外增加了实践应用方面的250课时内容。很多的基础课程教师放弃他们所擅长的专业,而转向他们不擅长的专业,譬如很多专修物理的教师教授数学科目,力学方向的教师从事测量工作,很多的教师奔波于工地之间,负责跑工程、推销等工作,很多人手里的工作进行了多年却不能收尾。教师们不能够专心于本专业认真地搞科研,他们的教学经验也得不到一定的积累(周全华,1999)。

1965年,全国有434所高等教育机构,到1971年仅剩下328所。到1976年学校设置的基本情况是我国的高等院校近400所,这其中存在综合性的大学近30所,工科院校近130所,医药院校近90所,师范院校近60所,农业院校近40所,其他类型的院校譬如林业、体育、艺术、外语等院校数量较少,均在10所左右(如表3.1、表3.2所示);在校学生的数量中,工科的学生最多,约占所有学生总数的40%,其次是师范类学生,约占20%,医药类学生约占15%,其他专业的学生数量所占学生总数的比例不大,其中艺术类、政法类学生占比最少(张光斗,王冀生,1995)(如图3.2所示)。

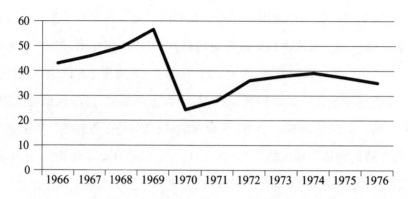

图3.2　1966~1976工科学生占总在校生比例

资料来源:中华人民共和国教育部计划财务司.中国教育成就统计资料:1949-1983[M].北京:人民教育出版社,1984:68.

表3.1　"文革"时期工科(部分)分科招生数

年份	应用地质学	矿业	动力工程	冶金	机械	电机	无线电电子	化学工程	土木工程	总数
1970	204	999	418	369	2575	432	2143	743	542	10450
197I	300	690	470	501	3100	710	2990	1350	1570	13550
1972	2829	2184	1785	2463	12673	2782	5266	4703	4682	50395
1973	2553	3571	1917	3931	14612	2627	5534	4998	5461	56671
1974	3465	3346	2372	2769	17057	1672	6846	5222	6420	63283
1975	3535	3588	2825	2946	16878	2550	6966	6417	7212	65870
1976	3837	3562	3165	3523	19054	1958	8876	5845	6912	71618

资料来源:中华人民共和国教育部计划财务司.中国教育成就统计资料1949-1983[A].北京:人民教育出版社,1984:70.

表3.2　1965~1976年中国工科院校数量

年份	大学总数	综合性大学数量	工科院校数量
1965	434	27	127
1966~1970	—	—	—

年份	大学总数	综合性大学数量	工科院校数量
1971	328	27	115
1972	331	27	116
1973	345	28	118
1974	378	29	120
1975	387	29	123
1976	392	29	126

资料来源：中华人民共和国教育部计划财务司. 中国教育成就统计资料：1949-1983[M]. 北京：人民教育出版社，1984：51.

三、职业专科学校和成人大学的普及

1957年，刘少奇在多个省市调查高小毕业情况。经实际调查发现，我国的高小毕业学生中约80％不能去初中就读，而初中的毕业生中约90％不能升入高中，高中的毕业生中又约有60％的学生读不了大学。出现这种情况的主要原因是国家的教育资源极为匮乏，不能满足学生的升学需求。除此之外，我国的各行业对高素质有文化的技术工人需求日渐增长，而我国教育体系所能培育的学生明显不满足这一需求。

为了更好地解决这一系列问题，1958年5月，刘少奇在写给毛主席及中央政治局常委的信中明确表明，考虑到中等教育的实际情况，应将我国的中等教育同社会发展密切结合起来，培养社会主义新人。他认为，社会主义的教育制度应该使教育与生产劳动相结合，也就是实行半工半读的形式，把工厂和学校合起来办，也就是后来所说的"两种教育制度理论"。如此，就能够在较短的时

间内培养出一批受教育有文化的技术劳动者。随后，毛泽东也提到了"学生实行半工半读"的想法。1958年，毛泽东给彼时的中央劳动部部长写信，信中提到："我国学校的教育不仅仅是同教育部门相关联的，它也同其他的部分比如劳动部门等许多部门有不可分割的联系。"此后，中央出台了《关于教育工作的指示》，这一文件中明确了国家的教育方针，指出需要在一个统一目标的总领下，运用多种办学形式来开展教育。我国的学校总体上分为三种类型：全日制、半工半读及形式多样的业余学校。在这几种类型的学校中，其办学目的都肩负着普及教育、提高教学水准的重任，其中为了更大范围普及教育，数量众多的业余办学的文化技术学校及半工半读学校应运而生。工科全日制学校主要培养工程技术高级人才，而半工半读学校主要承担起职业教育的任务，即为生产部门培养具有一定科学技术知识、实际操作能力的"劳动后备军"。实际上，从工科学生培养的目标来看，这样教育改革的尝试是结合了当时国家对不同层次学生培养的需求以及产业部门对不同工作岗位的需求而提出的，是一种对工程师、技术员与技术工人等不同层次人才进行培养的一种尝试。

这一指示发出后，各种类型的半工半读学校和业余学校相继成立。出现了普通教育及职业教育，国家、地方、企业三方合力办学的形式，也出现了教育同生产劳动相结合的形式。这是运用群众路线，高效地培养技术劳动者的方式。这种方式一方面缓解了教育体系的压力，另一方面又给工厂和企业带去了丰富的高质量的劳动力。

但是，1966年之后，半工半读类型的技工及职业学校被认为是"资产阶级奴役的产物"，因此很多这种类型的学校都停止办学或者转变成了普通的中学。而普通中学被定义为"培育精神贵族"性质的学校，教学的内容便不以知识的传授与学习为主,取而代之的是政治及劳动知识的教育。中学课程变成了一种提倡"上山下乡"培育新型劳动人民的教育模式。

膨胀中学、停止职业教育的办学号召,是"教育革命"中打造出的一种单一的教育结构。经调查,在1965年末,全国高中段在校生近300万人,普通中学在校生超130万人,全国高中段在校生人数占比不到50%,数量实为不足。此外,中专学校的在校生约55万人,技工学校的在校生约10万人,职业高中学校中农业方向的学生约为78万人,这些学校的学生的占比是非常可观的。10年后,我国普通初中学生的数量有了明显的提升,约有6000万学生,其中高中阶段的学生约为1500万人,职业学生所占比例明显下降,普通高中学生数量所占比例有了明显提升(中华人民共和国教育部计划财务司,1984)。

20世纪50年代,我国的中学教育并不注重文理知识的教学。在中学阶段的教育也不太注重升学率,并没有和社会各行业相配合,培养社会需要人才,本质上还是在学工学农的目标下进行政治思想教育。这种中等教育不能适应社会生产的现实需求,这也促使当时学校逐渐出现"务实教育"的趋势。首先是逐渐重视和教授正规的文化知识,然后是逐渐公开开展劳动职业教育。例如,20世纪70年代,上海市的某所学校所开展的课程中就包括培育卫生院、电工及记者的内容,也有一些学校在高中教育阶段专门开设了职业教育班,学生基本上是每周上一天课或上半天课。再如北京市的某所高中规定,机电、写作、医学护理及农业技术这些专业的学生学习时长必须达到一定的学时。顺义县(今北京顺义区)某中学高中附设政治、农技、卫生、兽医、机电5个专业班,高中生可以用一年时间中的一半学时来学一门专业。自行开展职业劳动教育是当时普通中学的一种较为理想的方式,也是一种同社会发展相适应的教学模式,是在需求驱动下的职业教育的尝试。

在这一过程中,工程教育中另外的一种创新性的模式就是创办"七·二一"大学。20世纪60年代,《光明日报》刊载了一则关于《从上海机床厂分析技术人员的培养方式》的报告,在编者按中毛主席发表了"七·二一指示":"大学教育还是要注重的,理工科大学的重要性不容忽视,但是在开办的过程中,其学制可以相应缩短点。"但是,这份报告实则为一份关于上海机床厂假调查报告。报告里,没有根据地说该厂接受过大专教育的200名职工,其思想相较于工人更为落后,工作能力也不够理想。报告说,比如在苏联留过学的曹博士,工作多年来毫无成就,而一位自幼在工厂里当学徒的工人却凭借其技术填补了我国磨床技术的空白,其设计的磨床已达到世界先进水平。显而易见,这些内容存在很大的不合理成分。技术工人认为这些接受过高等教育的人好面子、有架子,讲究规矩,思想上故步自封,所以很难有出色的成果。而相反那些没什么枷锁的技术工人,没有条条框框的束缚,才能有很大的成就。调查结果认为"工程师动嘴,工人动手""工程师出主意,工人照着干""劳心者治人,劳力者治于人"是不利于社会主义工业发展的。因此,要将技术工人、革命人员及干部结合起来,三者在工作上互相补充,技术人员也要在一线参与实际操作,普通的工人也应加入到设计中来,将实践同理论充分结合起来。

报告根据上面所构想的结论,提出了"教育革命的走向":(1)大学生初就业就当干部是不合适的,应当从基层做起,积累经验,直到各方面的素养达标后,再根据实际的需求,结合劳动能力从事一些技术含量较高的工作。(2)学校应让具有丰富技术经验的工人去当教师,甚至有些课程可以直接安排在车间内进行。(3)从基层选拔思想素养水平高、具有多年劳动经验的毕业生进入专科学校学习。(4)对于那些长期接受教育,但缺乏实际工作经验的人,要安排他们分批进入工厂学习,积累动手操作经验(中国人民解放军国防大学党史党建政工教研室,1988)。

此后,各地相继仿效上海机床厂兴办"七·二一"大学。"七·二一"大学主要招收本厂职工,学生毕业后回到车间工作。很多学生选择半工半读的形式,如东北的某些车间的工人,就是上午在工厂上班,下午在学校学习,甚至有些工人是全脱产但不脱离劳动,在规定的时间内进入学校接受学习,也在规定的时间内返回车间工作,做到各方面的进步。

"七·二一"大学的一般招生标准为:至少具备三年以上实践经历且具备初中以上学历的各类工人。招生程序要经过群众推荐、领导审核、学校复审三个环节。需要强调的是,1975~1976年成立了3万多所"七·二一"大学,但是这样的统计数据基本上是虚假的(如表3.3所示)。有的地方大学,仅仅停留在决议与计划阶段,或仅仅在门口挂了一个牌子而已。办学没有经费,学校的师资与物资均未得到真正落实,学校里没有学生,当时这样的"四无"学校有很多。从学校的形式来看,基本上与1958年"教育大跃进"时期的学校相似,属于"运动学校"。

表3.3 1976年"七·二一"大学,共产主义劳动大学"五七干校"培养学生情况

类别	"七·二一"大学	"五七干校"
学院人数	33374	7449
毕业生人数	36610	111832
注册人数	138162	482598
在校学生人数	201998	576801

不过,通过这种形式掀起的群众化运动使得在厂工人有了学习和提升的机会。萨特米尔就认为,虽然非专业的教育活动无法取代专业学校的教育,但是职业学校为非专业性的教育活动提供了很多经验借鉴。但这种教育活动的存在以及工人参加这种活动的热情为国家建设所需的拥有较高技术能力的劳动大军创造了有力的条件。但是,这种教育活动的存在以及工人参加这种活动的热情,有助于建立一支具有相当强的技术能力的劳动大军。任何参观过仅仅拥有少数几个大学毕业的工程师的中国现代化工业联合企业的人都能证明这一点(Suttmeier,1974)。

第三节　工程师的任免情况

为了扫除科研生产之间的障碍,对工人和农民等知识分子进行深入的教育,成立工农和科学研究的委员会,以此来突破关系组织上的界限,建立起合乎需要的联系。1967年10月5日,《人民日报》发表的文章中根据毛泽东的指令,为弱势群体之外的干部提供大量的学习环境,让所有人广泛地接受学习。根毛泽东关于"广大干部下放劳动"的指示,在职的全国干部都下放到了"五七干校",进行深一步的学习。为了响应下放学习的号召,某些科研单位实行的一种新方法是所谓的"三三制"。在这种制度下,三分之一的人员深入到科研的第一线,为生产做好全方面准备,大部分的科研人员在日常的生产中逐渐锻炼自己的科研能力,并且将科研活动与生产劳动进行紧密的结合。将整个科研生产队伍分为三个小组,每个小组都有不同的任务。第一组和第三组的经验都使得生产劳动与科研活动紧密相连。

在企业中,从1969年到1970年,开始了"废除企业管理中不必要规章制度"的企业革命运动。刘少奇的专家治厂论与工人治厂论的思想大相径庭,由此刘少奇受到了批评。在对反革命的修正主义路线的批判之中,唐山的钢厂一马当先,对这些资产阶级的技术权威进行严厉的批判,并且成立了相应的"科学技术群众管理委员会"以取代原先专家治厂的管理模式。受过专业训练的技术人员和工程师必须把许多时间花在一般的生产活动或者劳动上。而工程师和技术人员与原来相比受到处分降级的风险加大了,尤其是会因为站错队伍和政治思想上的错误而受到降级的处分。例如,某革命技术人员为了科研成果努力多年却毫无收获。因此,他在批判会上表态,决心转变自己的政治观念,将科研道路与工农的生产劳动紧密结合,走工农结合的道路。

对于基层领导干部,则认为是跟着刘少奇路线走,搞物质刺激、利润挂帅,导致原有的制度与原有的奖惩制度被破坏。在这样的前提下,原有的分配方式与任命制度发生彻底改变。现有的按劳分配机制,按照劳动的付出采取奖励和激励的办法。从这个角度出发有利于生产力的发展。这种激励制度和原则可以概括为"资产阶级法权",认为它们是"资本主义的经济基础"。分配方式也发生了改变,取而代之的是平均主义的分配方式,有的企业干脆把职工的奖金和其他额外津贴都取消了。与职称挂钩的工资仍然保持在1956年制定的工资水平上,少数高级工程师继续保留高工资,而大多数企业中的一般工程师和技术员所获得的工资则与工人相差不大。1971~1972年,国家虽然对那些低工资的科技人员做过一些调整,但总体来看在长达15年甚至更长时期里,绝大部分的工程师用同样的工资来维持家庭的需求(如图

3.3所示)。这样的方式对工程师的技术革新和合理化运动的积极性造成了
不小的损害。这种过于强调政治手段的企业管理方式,必然会导致生产质量
的下降,因为运用计划经济所需要的情报和程序都丧失了,企业更偏向于一
种松散的,没有规则的状态。

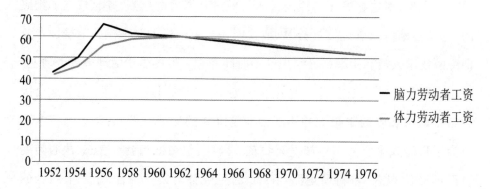

图3.3   1952~1976年脑力、体力劳动工资差异表

这一时期的大学毕业生的分配解决方案分为两类:第一类是1966~1971
年期间的大学毕业生。他们在1967年前入学,这个阶段的大学毕业生共有
67万人。这些毕业生,由于停课闹革命的影响,有的学完基础课和部分专业
课后便分配了工作,有的连基础课也没有学完就直接分配了工作。第二类是
1970年以后按推荐与选拔相结合的招生办法招收的"工农兵学员",他们是
在这个阶段中入学的大学毕业生,一共80多万人。还有部分"文革"前入学
的研究生。他们遵循的是"社来社去"(学生从公社来,毕业后到公社去)的分
配原则。

1967年6月20日中央发出了《关于1967年大专院校毕业生分配问题的通
知》,它是关于毕业生分配的具体通知,也是针对大专生的毕业分配原则和具
体要求。它将大专毕业生的分配进行了推迟。从要求中看:(1)打破了原有的

大专生只能当干部的分配制度,大专毕业生既可以当干部,也可以当工人和农民。并且大专生的分配要坚持与原有的工农相结合的方针政策,鼓励毕业生面向农村就业,去偏远地区的基层,锻炼年轻人的各方面素质才能。(2)分配重点是三线建设、国防工业、基础工业、农业机械化、中等学校以及基层文教单位。无论是分配到农村的中小学教育者还是医护人员都要从事农事活动,实行工作和农作相结合的方式。大部分分配到农村的毕业生,都会分配到农村的各个中央或者地方的农场之中。(3)无论是哪一种经济体制的单位,工资都是按照原有的标准进行下发,如果是集体所有制单位,工资不足的由国家进行补贴。

对1970年招收的"工农兵学员"毕业生,其分配办法是根据1972年全国教育会议纪要决定的。大部分毕业生要回到原地区原单位,只有小部分特殊的毕业生由国家进行统一分配。回原单位、原地区非所学,而其他部门、地区又需要的,由省、区、市和有关部门负责调整。对招生时已确定"社来社去"的,仍按原规定回人民公社。对毕业生自愿当农民、工人的给予支持,经过有关部门批准后到相关的人事组织进行报到,报到之后人事部门或者组织部会为毕业生安排具体的工作任务。县一级部门会对农民和知识分子进行统一的管理和安排。特殊专业如原子能专业,由选送单位提请中央有关部门协助安排。分配严格按规定执行从哪里来回哪里去的政策,既不考虑需要,也不考虑毕业生所学专业,如1975年为了保证国家重点建设项目的急需和少数部门的某些特殊需要,国家对不分专业的毕业生作了少量调剂。当年毕业生11.2万余人,全国调剂664人(张志坚,1994)。

除了"上山下乡"运动,投身于三线建设是"文革"时期科技人才发生大规模流动的另一个主要原因。三线建设是在特定的时期特定的历史背景下,中国对于生产力的总体布局所进行的有序调整。

根据毛泽东和党中央提出的战略布局,国家科技委员会提出了《关于自然科学机构调整一线建设三线的报告》,并且在报告中指出研究机构的建设方案。在众多项目中进行具体的方案实施,从报告中可以领会国家对于"调整一线,建设三线"和"防止突然袭击"具体内涵。众多大工程的立即上马,造成了国家对科技人才的大量需求。

从1964年到1975年,全国包括冶金工业、机械工业、铁路公路交通、电子工业、航空工业、航天工业、核工业、兵器工业、煤炭、石油、化学、船舶、纺织在内的380个工程项目、15万名职工、3万多台设备从沿海迁往内地,国家建设部经过国家计委经委的同意,在不同的地区建成了很多的项目,共安装新设备2900台,累计竣工面积1720万平方米,建成大中型项目124个,累计完成投资69.44亿元。如1965年建工部从北京、河北等10个省市借调了2.4万名职工,选取11个建筑公司到西南、西北地区参加建设。包括搬迁项目在内,到1975年,已形成固定资产112亿元。职工人数由1965年的33万人,增加到1975年的近118万人。由于国防工业组成的三线建设方案,对工程师和技术人员的需求激增,许多工程师和技术人员不得不举家搬迁,60年代科技人才大规模流入三线地区,他们为三线地区的发展做出了突出的贡献,缓解了东西部人才分布不均的情况。在"三线地区",例如西宁、鄂西、重庆、甘肃天水、陕西汉中、贵阳、四川德阳等地方建立新的工业基地,以及为数众多的中小工业城镇(李健,黄开亮,2001)。

第四节 "两弹一星"工程中的工程师群体

20世纪40年代,美国首先掌握了原子武器。可以说从50年代开始,世界上几个主要大国已经进入"原子时代"和"火箭时代"。50年代中期,在苏联的帮助下,中国把原子能作为国家重点发展的科技项目。从当时国际环境来看,原子能的研究对中国来说意义重大,也就是国家安全的保障。对此,陈毅多次对聂荣臻说:"我这个外交部长的腰杆现在还不太硬,你们把导弹、原子弹搞出来了,我的腰杆就硬了。"聂荣臻也表示,为了摆脱我国一个世纪以来经常受帝国主义欺凌压迫的局面,我们必须搞出以原子弹为标志的尖端武器,同时还可以带动我国许多现代化科学技术向前发展。在60年代后,苏联技术援助的中断,独立自主,自力更生的口号,给中国本土的工程师带来了更大的挑战,促使他们在中国模式的科研体制下,发挥才智取得技术上的突破。

"两弹一星"工程的组织领导力量来自中国最高层领导,这是50～60年代中国军事工业的重要工程。1956～1966年,聂荣臻作为全国科技工作的主管领导身兼数个要职:国务院副总理、中央军委副主席、国家科委主任,是整个国家科研工作的总指挥。在"两弹一星"工程上,聂荣臻对整个工程负全面责任,直接向中央专委①和中央军事委员会汇报工作。中共中央组织科研攻关,协调

---

① 60年代初期,中国共产党为了强有力地领导我国尖端武器的研制而组建的部门叫作中央专门委员会。成员包括:周恩来、贺龙、李富春、李先念、薄一波、陆定一、聂荣臻、罗瑞卿、赵尔陆、张爱萍、王鹤寿、刘杰、孙志远、段君毅、高扬。

各个生产单位和科研单位的各类工作,保证了研制工作的顺利开展。1960年,张爱萍的《请求尽快调齐有关科研部门急需的技术骨干和大学生》的报告得到了中央的批准。随即,中央书记处发出了通知,要求各有关省、市由各地的组织部长负责,对所需人员进行认真的挑选和审核。100名技术骨干,4000名大学生,2000名中专技校毕业生很快由此加入当时的国防科研队伍中。1962年,中央专委成立,周恩来总理领衔负责尖端武器研制方面的总体协调工作。当需要各省市、各级部门配合时,中央专委都要指定高级别的领导人,实行专人负责制,保证了指挥的准确性和连续性。在高层领导的组织下,中国科学院、全国高等院校、工业各部门、国防科研机构和各地方科研机构等全国所有的科研力量,协调合作共同解决"两弹一星"研制过程中遇到的技术难题。同时二机部、七机部等需要的设备、仪器和器材均由国家调派全国的生产加工、仪器制造等部门组成协作供应网。此外,中央还组织建工部、交通部、公安部、商业部、民航部、邮电部、粮食部、水电部、外贸部、卫生部、物资部等全国各部门以及解放军总后勤部、总参谋部和三军的各个兵种,一起提供后勤保障服务。据初步统计,在第一颗原子弹的研制过程中,全国共有20个省、自治区、直辖市和26个部的总计900多家科研单位、高等院校和工厂联合起来进行科技攻关、装备制造和物资生产。在此过程中近千项重大课题被攻克。另外,各个部门内部也进行了大协作。比如,在核工业系统中,设备制造、工业生产、矿山开采、地质勘探、工程建设、科学研究、武器研制、安防保健、运输通信等各个环节中都进行了协同合作。这其中的每个环节又根据总目标在既定时间内实现核弹爆炸,将各项工作进行分解,然后分层次、分系统、分级别地落实到各个部门和各个单位(如图3.4所示)。钱学森回忆说:"中国过去没有搞过大规模科学技术研究,'两弹'才是大规模的科学技术研究,那要几千人、上万人的协作,中国过去没有过。组织是十分庞大的,形象地说,那时候我们每次搞试验,全国的通信线络将近一半要由我们占用,可见规模之大。"

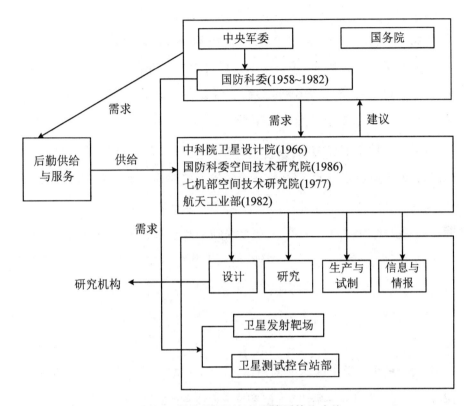

图3.4　从卫星研制机构图来看协作攻关

资料来源:刘戟锋,刘艳琼,谢海燕.两弹一星工程与大科学[M].济南:山东教育出版社,2004:98.

这样的自上而下的行政科研体制使得即使在1966年"文革"开始后"两弹一星"作为国家重点工程也得到高层领导重点保护。为了减少冲击,1966年11月开始,中科院701工程处,七机部陆续接受军管,1967年核工业内实行军管。1967年3~11月,毛泽东、周恩来、叶剑英、聂荣臻等高层领导就向二机部的主要生产厂、研究所、建设工地签发电报22份,规定各单位只能在业余时间开展运动,群众不能夺权、停产、串联、武斗,必须保证工厂的绝对安全和稳定生产。

由于"两弹一星"在政治意义上的无比重要性，即使在经济困难时期，亦予工程以特殊对待，重点保障，不像民用工程，有的在困难时期就不得不因经费不足而停止运行。1967年，中科院的经费仅为1965年的16％，而"两弹一星"的经费不仅没有减少，还大幅度上涨，如核工业的基本建设投资要求在"四五计划"中完成前十五年的总和（刘戟锋，2004）。

为了保证重要工程的顺利进行，一些主管科学家和工程师享有特殊的政治待遇，如钱学森、钱三强等可与高层领导直接对话。他们在工程上的重要性使国家在特殊时期也保证了他们在关键时期能够少受政治环境影响，在选拔人才上往往能够放宽对科学家和工程师的政治背景的审查，破格任用，比如曾经被批评是"白专道路"的于敏，被钱三强破格任用，调用其从事氢弹的预研工作；周光召因为有敏感的海外关系，即使留在普通部门工作也会受到不公待遇，被钱三强起用；后来两人都成为"两弹一星"功勋奖章获得者（刘戟锋，2004）。

强大的中央政治上的集中调控，给"两弹一星"工程提供了必要的人力和物力支持，在工程师的调派上，直接参与工程项目的就达到近万名工程师。

从人才培养上看，为了配合"两弹一星"工程，为解决导弹科技人才奇缺的问题，聂荣臻建议在哈尔滨军事工程学院、北京航空学院、交通大学、清华大学等高等院校设置有关导弹的专业。1959年，全国27所院校响应国家号召开设了核科学、核工程专业，比如程开甲和施士元教授在南京大学创建了核物理专业等。不仅如此，在国家的支持下，各地也新建了围绕"两弹一星"工程的人才需求的学校，如中国科学技术大学充分利用了中科院理论研究的力量，充实高尖端科学人才队伍。形成了以技术科学家为培养目标的独一无二的教育模式。

从人员调配上，国家根据需要随时调派工程师和技术员完成技术攻关，在技术人才的调配上十分高效，也是集中力量办大事的中国模式在人力资源分配上的体现。1954年，为加强国防工业研制核武器，地质部抽调了以副部长刘杰为首的一批优秀地质工作者、工程技术人员参与组建二机部，从事寻找和勘探放射性铀矿的工作，为发展我国核工业寻找资源。1957年，为了给"两弹一星"的发射基地的建设寻找最优地点，地质部先后派出水文地质专家与工程技术人员奔赴酒泉基地，同时还从甘肃省地质局下属的酒泉水文队抽调大批优秀地质技术人员和成套钻探设备及技术工人前往酒泉基地。1957年，于中国矿业学院煤田地质工程系提前毕业分配至地质部探矿工程司的工程师徐筱如被借调国防科工委，接受了基地勘探的任务。经过3年的艰苦工作，她和同事们所在的地质队完成了"两弹一星"研发基地勘探的任务，终于找到了丰富的地下水源和合适的发射基台。1958年她还被评为"中央国家机关社会主义建设优秀分子"。这样的工程师在当时来看并不占少数，1956年6月2日，聂荣臻召开会议，为导弹研究院选调人才。哈尔滨军事工程学院的贡献最大，任新民、梁守槃、庄逢甘等都是第一批被调专家。

从工程师专业上，"两弹一星"工程涉及方方面面。当时各个工程类别里均有工程师参与到"两弹一星"的工程之中。获得"两弹元勋"荣誉的科学家和工程师中，姚桐斌是冶金学和航天材料方面的专家，黄纬禄是火箭技术专家，屠守锷是毕业于航空工程系的火箭技术和结构强度方面的专家，杨嘉墀是卫星与自动控制专家，陈芳允是无线电电子专业空间系统工程专家，任新民是火箭发动机专家，孙家栋是航空工程专家，王希季是毕业于机械系的卫星返回技术专家，王大珩是光学工程专家等等。"两弹一星"工程是多个庞大的工程组成的系统工程，不仅需要高精尖端学科的工程师，还需要各个领域的工程师的支持，还包括地质工程师、土木工程师、各类机械工程师、材料工程师等等。

通过全国技术力量的大协作，才有可能把"两弹一星"工程切实高效地落实下去。在"两弹一星"的工程实施过程中，技术的共享十分重要。在全国性的技术大协作的情形下，各个单位和研究机构都要打破技术壁垒，在任务的指引下高效地形成成果献给国家国防事业。每一个科技工作者不计个人职称和学术地位的评价，打破私有观念，毫无保留地共享最新技术成就。这种技术协作模式尽可能地避免了人和物的浪费。

第四章
改革浪潮：中国工程师对其职业的再认识（1977~1986）

1978年十一届三中全会结束了1956年以来"以阶级斗争为纲"的政治路线，确立了"以经济建设为中心"的新的路线。在全国范围内将党的总目标和总任务由过去的改造社会和人的思想转变为发展物质经济，这一重大政策转变也引发了工程师职业发展的相应转变。

根据1978年6月23号新华社报道，国家计委、国家科委、民政部和国家统计局宣布了一项决定，要"全面地调查科技人员的状况，……以便对科技人员的数量、学历、分布和工作情况获得全面的了解"。

随后，中国进行了一次自然科学技术人员普查，其中包括对工程师人数的普查，其详细程度超过了后来任何一次人口或职业普查。此次科技人员普查使国家第一次比较具体地了解中国工程师这一职业群体的总体情况，也包括人才结构、专业范围、资历水平等等（如图4.1所示）。

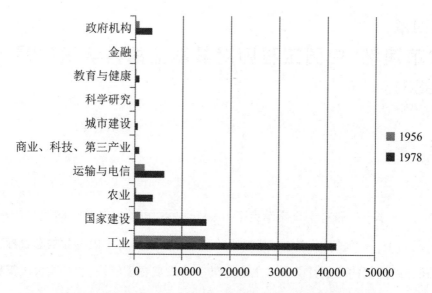

图4.1 1956年与1978年各产业工程师和技术人员的分布比较

资料来源：国家统计局科技统计司. 中国科学技术四十年（统计资料）: 1949-1989[M]. 北京: 中国统计出版社, 1990: 247-250.

　　1978年，受过高等教育的科技人员的总数大约是157.1万人，比1952年16.4万人增长了140万。其中4.7％拥有中级和高级职称，也就是说拥有工程师称号的人数在73837人左右，虽然经过10年"文革"对知识分子的不公平待遇，但是工程师的人数还是有了显著的增加。根据1978年所做的职业普查，超过90％的工程师在以下4个领域工作：工业企业、国家机关、建筑业和交通等基础设施领域。其中工业企业一直以来都是工程师数量最多的行业领域，其比例遥遥领先于其他行业。

　　另外，仅剩5％的工程师供职于国家机关，可见在"文革"后工程师在国家机关供职数量非常之少。工程师的第二大领域在建筑行业，而在国有基础设施领域，即交通、邮电和电信行业共有6269人左右，而服务业和第三产业工程师人数屈指可数。

从图4.2中可以很明显地看出,1978年工业企业中工程师的分布极不平衡,在原材料和重工业部门的工程师占总数的四分之三,这是由于在前四个五年计划中,重工业一直是政府的重点经济政策发展对象,而其中由于"文革"期间备战的军事需要,机械工业中工程师占全工业企业的40%。相比之下,纺织工业及食品和日用品生产工业由于技术含量较低,工程师数量较少,这也是重工业化的结果。

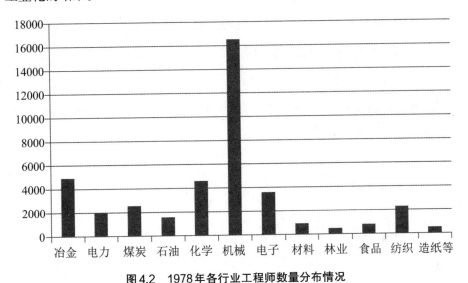

图4.2　1978年各行业工程师数量分布情况

资料来源: 国家统计局科技统计司. 中国科学技术四十年(统计资料): 1949-1989[M]. 中国统计出版社, 1990: 355-403.

在所有职业的工程师中,有4.2%拥有中级职称,有0.5%拥有高级职称,拥有中级以上职称的工程师在整个工程技术人员的中,所占比例非常小,另有95.3%的工程技术人员持初级职称。这与"文革"期间职称评定制度被取消有很大关系,到1988年止,中级、高级职称的工程师比例迅速上升至25.4%和5.6%,初级助理工程师比例占69%。

另外,1978年平均每1万职工中工程师人数为10人,是1956年的2倍,对

于人口基数大的中国而言,这个数据较能说明问题。在企业职工中,工程师的
比例还是相当低的。在现有的工程技术人员中,受过高等教育的占43%,其中
三分之一是在教育遭受破坏的十年动乱中毕业的。这支队伍中最缺乏的是
25~35岁的人才,35岁以下的工程师占36%。

　　1978年的职业普查使我们对"文革"后工程师职业状况得出以下结论:第
一,整个工程师队伍的人数仍然保持增长。第二,工业企业各部门工程师数量
极度不平衡,重工业部门的比例严重偏高。第三,在政府部门从事计划和研究
工作的工程师越来越少,使得国家在制定经济计划和工业发展规划时缺乏相
应人才,对政府和企业缺少科学化管理。第四,工程师占科技人员的比例和占
工人总数的比例非常小,可见在工业化中,中国企业的创新能力较差且工程师
职称评定制度并不合理。

第一节　科学技术的春天

　　"从'文化大革命'时期仇视知识、摧残人才、科学研究有罪,到新时期尊重
知识、尊重人才、向科学技术进军,这是中国科学技术工作的伟大历史转折。"
(武衡,杨浚,1991)

　　1978年3月18日,中共中央在北京召开全国科学大会。会上主要明确了
五点内容:第一,深入地揭批"四人帮",纠正长期以来存在的轻视科学技术的
倾向;第二,明确科技知识分子的阶级属性问题,断言:中国的科学技术队伍
"不愧是我们工人阶级自己的又红又专的科学技术队伍",并通过对先进集体

以及个人进行表彰,让更多的组织和个人能够参与进现代化科学技术的建设队伍。与此同时,通过对中国未来发展战略决策的优化,在20世纪内全面实现国防技术、工业体系以及农业生产现代化,最终把中国建设成为世界现代化社会主义国家,完成全国人民的愿望。总结了中国的历史经验,提出了关系中国现代化前途的战略决策。指出:"国家建设的过程中,科学技术是第一生产力,科学没有实现现代化,国家的农业、工业以及国防就无法实现真正的现代化。没有科学技术的高速度发展,也就不可能有国民经济的高速度发展。"此次会议不仅让全国人民进一步地认识到科学技术的重要性,同时也对全面的现代化建设有着十分重要的意义。

此次会议上,郭沫若以《科学的春天》为题,表达了科技工作者们对科技兴国的渴望。根据十一届三中全会的决定,全国展开了针对科学技术领域内部秩序的恢复工作。

第一,按照中共中央的统一部署,为科技人员平反,按照《关于全部摘掉右派分子的帽子的决定》《关于为被定为右倾机会主义分子平反改正问题的通告》,对于错划为"右派"从事科学研究的人员,给予平反和改正。

第二,逐步恢复管理科学技术研究的队伍。中共中央于1979年,正式批复了立即恢复科学技术干部局的文件,以此执行与科学技术相关的政策,解决用非所学等问题,发挥出在职科技干部的学识及能力,制定留学出国相关规定,由国家科委负责政策的执行与监督,并与中央组织部协同各种与科学技术干部相关的工作。

第三,全面了解并掌握国内科技队伍具体情况。中共中央于1978年决定,由国家科委与民政部和统计局相互配合,联合国家统计局、国家计委,共同了解全国自然科学技术人员的情况。普查结果表明,国家的科技队伍存在两大问题:一是数量少,科学技术人员在全民所有制单位工作的人数大约为434万人,交通业、建筑业以及其他各个新兴学科的科学技术人员数量严重不足,在单位中的工程技术人员占比不足4%。二是分布不均,科技人员主要集中于大中城市的科研和教学部门。在从事科学技术工作的人员中,职称为中级的人员仅占3.6%,高级职称的人员为0.4%。此外,在这些科学技术人员中,受过高等教育的人员仅占43%。三是人才断层严重,据统计,"文革"十年期间少培养了大约100万科技人员,这造成了科技队伍中25~35岁年龄段的人才缺乏,35岁以下者仅占36%,因而两代人才之间的断层也是个严重问题(武衡,杨浚,1991)。

从工程师群体发展的角度来说,1977~1978年,国家逐渐抛弃了过激的科学技术的观点,真正开始重视科学技术工作的重要性,给予工程师群体发展的空间。随着对专业知识重要性和产生专业知识的必要条件的承认,工程师的重要性被提到了自50年代中期以来从未有过的高度。

工程师群体又重新参与到了国家制定的科技计划过程之中。1977年国家科委制定了《1978至1985年全国科学技术发展规划》。此规划中明确了未来8年里中国科学技术的奋斗目标:(1) 部分领域科学技术水平,应接近国际现代一流水平;(2) 提高科学技术人员的数量;(3) 建立大量的科学实验室;(4) 初步完成科学技术的研究体系。为了进一步推动国内经济、技术的发展,在此规划中将农业、激光、空间以及高能物理等八大综合性技术领域,放在重点发展的学科。这次的规划完全是由科学家工程师和科学管理专家在两次会议上讨论制定的。其任务目标也显示了科学家和工程师们对科技兴国的迫切追求。在工业方面的目标主要体现在:(1) 对材料的研发,重点对耐高低温、耐辐射以及高强等特殊功能的材料进行发展。(2) 矿产资源利用与开发,通过对各个资源城市的共生矿资源,开展研究。(3) 深入对冶金基地工程的相关技术进行研究。(4) 大力发展化工技术和工艺的研究。如有机化工原料、新的生产设备及工艺等。(5) 新型建筑材料类的研制。(6) 研究机械制造生产过程的自动化。(7) 大型精密仪器配套设备以及技术。(8) 研究纺织新技术和设备及其工艺。(9) 加强对食品制作生产工艺以及食品的研究，以此提升整个食品行业的生产质量。(10) 大力发展铁路自动、电气化，加大对高原和冻土等技术和设备的研究，进一步解决各种科学技术难题。开展高速公路和汽车等技术的研究，建设新的港口，完善港口各种建设的技术和装备。对航海技术和各种运输船舶进行研制。加快对大型客机的研发工作。开展工业建造房屋的技术和材料的研究。(11)全面研究城市建设相关的工作。如水质量处理和城市规划，以及城市交通和生活设备的系统。建成与我国地理特点相符的地下水封油气存储库，平衡战略与经济建设的储备技术。利用标准化和系列化，建设现代化工业体系。能源和工业项目仍然作为全国经济建设的重点体现在"六五"和"七五"攻关计划之中，大部分重点工业项目是基于国外的先进技术，消化吸收而来的各种技术装备和关键的技术。

十一届三中全会后，党中央确立了对国民经济实行"调整、改革、整顿、提高"的方针，决心压缩基本建设规模，对各方面严重失调的比例关系加以调整，科技体制改革已是势在必行。从1980年到1985年以前，主要是在科技体制内部进行试点探索。在人事制度方面，通过科技人才普查所发现的人才问题，政府在建立合理的科技人才评价体系、尊重人才和促进人才的合理流动，创造人尽其才的良好环境，促进科技人才助力经济发展上做了诸多努力。

第二节　工程师执业框架的初步形成

20世纪80年代开始,中国工程师在专业能力、群体意识和职业认同等方面都有了较大的突破。中国的工程师展开国际视野,开展了工程师群体内部的分层、评价与职业素质的提高,社会影响力得以提升。

一、工程师培养模式

1980年1月教育部调整了工科培养目标,用"获得工程师的基本训练"取代了"文革"期间"培养普通劳动者"。为了适应国家经济体制改革的需要,高等工程教育也相应地进行了调整和改革,其主要表现在如下几个方面:

(1) 改革招生方案,从"文革"时期的推荐恢复成1966年以前的全国统一招生考试制度,凡渴望成为科学家和工程师的人,不必再像过去那样,进入高校之前须得工作一段时间,并由所在工作单位推荐。学术标准取代了推荐制度。1977年由于往届毕业生也获得了参加高考的资格,全国共有570万人参加高考,实际录取27万人,工科录取7.6万人,占总数的28%;1978年参加高考总人数610万,录取人数40.2万,工科录取人数占半数以上(《中国教育年鉴》编辑部,1984)。

(2) 修订学科划分。1980年,全国工科专业按名称统计共有664种。如果将专业内涵相同而名称不同的加以归并,实际共设置专业534种,其中一小部分按口径较宽的学科划分,大多数按行业、产品或者工程对象划分。1986年7月1日国家教育委员会发布的高等学校工科本科专业目录(含通用专业目录、试办专业目录和军工专业目录),其中工科本科专业方向由1980年的534个减少到125个,以增强工科毕业生对未来工作的适应性。

（3）明确工程教育的层次结构。1977年10月,国务院批转了教育部《关于高等学校招收研究生的意见》,中断了12年之久的研究生教育工作开始恢复。1980年中华人民共和国学位条例颁布,条例规定"学位分为学士、硕士、博士三级",每个层次又有不同的规格和要求,本科教育4年,脱产硕士生学习年限为2～3年,在职硕士生可相应延长1年,脱产博士生学习年限为2～3年,在职博士生相应延长1年。学位条例的颁布使得工程师培养的层次和目标更加明确(如图4.3所示)。

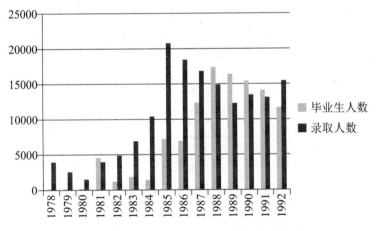

图4.3　1978~1992年研究生入学与毕业人数

资料来源: The Ministry of Education: The Statistical Data of China's Educational Achievements During 1949~1983[M]//Zhang Guangdou, Wang Jisheng. Higher Engineering Education in China, Beijing: Tsinghua University Press, 1995.

（4）高等工程专科教育的加强。从中华人民共和国成立以来,中国的高等工程专科教育一直是作为满足人才急需的一种临时性措施。由于长期以来工程教育培养人才结构单一,以致长期以来,用单一的本科毕业生去满足社会各项建设事业对不同层次和规格的工程专门人才的需要,出现人才使用不合理的现象。在工业生产中仍需要一批负责日常生产、能解决一般工程问题的技术人员和现场工程师,他们将由高等工程专科学校进行培养,大专生在高中文化基础上学习大学基础理论,进行侧重于工程应用方面的技术实践能力训练,学习2~3年,毕业后授予大专文凭以及所学专业的职业资格证书。在国家和地方政策的支持下,各类工科高等专业学校陆续兴建,一定程度上缓解了高中毕业生的升学压力(如图4.4所示)。

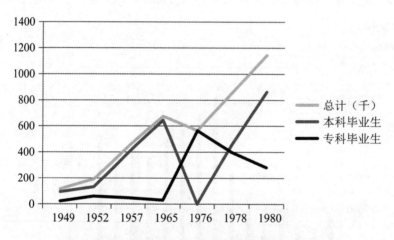

图4.4　本科毕业生与专科毕业生数量(1949~1977)

资料来源:《教育部统计年鉴》和《高等工程教育》中的数据统计结果。

(5)高校自主权的扩大。1985年,国家开始了第一轮高教管理体制改革,明确规定了高校有教学、科研、招生、人事、财务、国际交流等六方面自主权。为落实这些原则,国务院于1986年颁布了《高等教育管理职责暂行规定》,把高校办学自主权扩充为八项,即招生、科研、教学、财务、人事、基建、职称评定和国际交流。这种自主权的扩大,使学校和社会隔绝的状态被打破,使"教育必须为社会主义建设服务"的方针得到更好贯彻。高校与社会各个方面息息相通,使培养人才更加切合社会的实际。

（6）重启留学生派遣工作,制定新时期留学政策。1978年,邓小平在一次谈话中指出:"我赞成留学生数量增加,主要是搞自然科学。这要成千上万地派,不是只派十个八个。"这里,邓小平提出了新时期大量派遣留学人员的重大决策,认识到"留学生派遣是5年内快见成效,提高我国科技水平的重要方法之一"。1978年底,派遣留学人员50人抵达美国,揭开了新时期大批学生留学的热潮。

二、恢复职称制度

在1978年全国企业科技创新大会上,恢复技术职称建立技术岗位责任制被再次广泛提及。1979年全国上下正式组织开始了科级和高级专业技术干部高级业务技术职称的选拔评定考核工作。由于没有统一的规定,技术职称的名称很不一致,晋升的标准也不统一,考核办法和审批手续做法多样,造成了工程技术干部管理工作混乱。1980年,国务院颁发《工程技术干部技术职称评定暂行规定》(以下简称《暂行规定》),规定各有关部门以及事业单位都应建立负责评定科技干部专业技术职称的科学技术工作组织部和评定专家委员会。各级评定职称委员会一般需要7~15名委员,对科学专业技术职称干部划定管理权限,由同级行业主管机关统一批准并授权评定技术职称,委员会委员主要由工程技术干部组成。评定考核委员会可以根据实际工作需要建立有关专业评定考核领导小组或者聘请外单位有关评定专业人员作为评定顾问,参加对初级工程师、高级技术工程师的专业考核以及评定管理工作(如表4.1所示)。

表4.1　1979年工程技术干部技术职称(自然科学类)

分类	人员	业务技术职称				
自然科学	高等院校教学人员	教授	副教授	讲师	助教	
	工程技术干部	高级工程师		工程师	助理工程师	技术员
	建筑工程技术人员	高级建筑师		建筑师	助理建筑师	技术员
	农业科技人员	高级农艺师		农艺师	助理农艺师	农业技术员
	中等专业学校教师		副教授	讲师	教师	实习教员
	文博、科研人员	研究员	副研究员	助理研究员	研究实习员	

工程技术干部的技术职称定为高级工程师、工程师、助理工程师、技术员、技师。规定也把工程师职称与科研序列职称做了对应:高级工程师相当于教授、副教授;高级工程师助理相当于技术讲师;原高级技术员可以改称技师助理高级工程师,相当于技术助教;原技术助理高级技术员这个名称可以取消,改称高级技术员。这样,其他方面的科技干部职称相对应,有利于教学、科研、生产等几方面的科学技术干部的统一管理、组织交流和国际交往。

规定还明确了在1979年以前技术职称的统一工作,称之为职称评定的"套改",包括:(1)总工程师作为技术职称的混用,其技术职称应改为"高级工程师"。(2)1966年底以前确定和提升的1~6级工程师,一律称为"高级工程师"。(3)1966年以后获得技术职称的需要做"特殊情况处理",按《关于执行〈工程技术干部技术职称暂行规定〉若干问题的说明》第九条办理。除了业务考试之外,还可能需要对本专业必需的基础理论专业知识、技术基础知识和专业外语水平进行资格测验。根据考核和测验结果评定其实际水平,若未能达到各类标准,则所在单位要采取措施给他们学习补课的机会,帮助他们提高,一年后再测验,择优颁发证书。

《暂行规定》规定对评定为工程师、高级工程师技术职称的科技人员颁发证书。证书由国务院各部委和各省市自治区科技干部管理部门统一向各地区、各部发放。国家统一设计印制证书,各地各部门不得自行制作。对于国家没有统一规定颁发证书的技师、助理工程师、技术员等,各地各部门也不得自行自作和颁发(如图4.5所示)。

图4.5 冶金工业部专业技术职务聘任书(1987年)

这次的《暂行规定》将20世纪50年代开始实行的专业技术人员职务等级任命制逐渐演变为专业技术职称等级评定制。工程师技术职称只是一个表明工程专业技术人员的专业水平综合能力和行业工作突出成就的技术称号,由有关专家根据评审结果确定,没有任何岗位等级要求和职称数量级别限制,没有法定任期,一次获得称号即视为终身拥有。从职务名称演变到职称无论从其内涵还是从其作用上都发生了很大的变化。1978~1983年,经过正式批准的职称系列达到22个。通过评定和套改,获得职称的共近600万人,其中获高级职称的不到2%,获中级职称的占四分之一,初级职称则占到绝大多数。

这一规定在实施阶段遇到了很多问题,特别是职务和职称的不明确造成了评定工作的困难。1983年中央发布《关于整顿职称评定工作的通知》,评定工作中止。直到1986年中共中央转发《关于改革职称评定实行专业技术职务聘任制度的报告》才又恢复。从此在全国各行各业的29个专业技术系列中全面开展了专业技术职务的评聘工作。此次改革的主要目的是将原来的专业技术职称资格评定工作制度改为直接应聘实行新的专业技术职务资格评定工作制度。技术人员的专业职务资格聘任评定是根据实际岗位的工作情况而定的。职务既需要具有明确专业工作岗位职责、任职岗位资格，也要求制定职务任期，不同于以往获得后终身拥有的技术称号。从聘任程序上看，技术人员要先经过资格评审委员会资格评审，在取得相应担任某一相关部门职务任职资格后，由用人单位工业行政部门领导在所有具备任职资格的人员中，择优确定聘任人员。被确定聘用的技术人员，享有相应的职务工资。这次职称改革的主要目的是把专业职称评定和职务聘任制度分割开。但在实际工作执行中仍未明确区分评定职务和聘用职称，专业工程技术人员职务职称聘任制度演变为职称评定制度。这种"职称评定"的管理办法在很多行业到现在还在使用，由于职称职务内涵的多次变动，造成了人事管理的不规范。

　　具体到工程师的质量规制上，国家没有相应的工程师制度，工程师仍按现行的专业技术职务聘任制度"评职称"，分为高级职称、中级职称和初级职称。初级职称属于助理工程师，中级、高级职称属于工程师。一般对工程专业毕业生采用考试评职称的办法来进行事后评定。在参评资格上，除了工程专业毕业生外，学历不符合要求但是在技术岗位上工作一定年份的技术人员也可参与工程师职称评定。由于缺乏国家层面的协调和管理，不同单位的工程师在质量和水平上存在巨大差异，还没有形成规范、统一、严格、公开和透明的工程师职称评定程序。如何尽快制定由社会化的专业组织承担的普通工程师的从业资格的社会化和专业化管理体制，是需要讨论的问题之一。

三、恢复总工程师负责制

"渤海2号"事件引起了工程师对工程师负责制和工程师责任与权益的大讨论。1979年11月25日原石油工业部海洋石油探局"渤海2号"钻井船在海湾内翻沉,造成船上职工72人死亡和国家财产重大损失,是我国石油工业史上因严重违章指挥造成的重大责任事故。经联合检查组查明,海洋石油勘探局在接受石油工业部命令"渤海2号"紧急迁移井位的任务后,违反《自升式钻井船使用说明书》拖航作业完整稳性的要求,以及《渤海2号钻井船使用暂行规定》中关于拖航应排除压载水等工程技术的专业规定,冒险降船而导致事故。随后在追究责任的过程中,石油工业部长宋振明被解除部长职务,主管石油工业的副总理康世恩被记大过处分,主要负责人和工程技术人员被处以刑事处罚。"渤海2号"事件的处理使得工程技术人员有了顾虑:很多工程师认为长期以来工程技术人员责任重大,但是相应的权力太小,行政指令大于技术要求。具有中国特色的科技管理体制,使技术工程人员的职权与责任无疑与技术和工程共同体的共有规范存在很大的差异。工程技术人员希望做到有职有权有责,但在当时来看很难落实。实际上1977年就总工程师制度的问题,邓小平与国防工业办多位领导的谈话中就指出要建立岗位责任制,要坚持按劳分配的原则。他认为企业中技术革新和合理化运动要继续开展,并且物质奖励还是要的,以精神鼓励为主,物质奖励为辅。搞计时工资,也搞计件工资。唐山煤矿的经验是好的,他们一直坚持总工程师制度,"文化大革命"这么多年,他们的奖金没有取消,一直照发。"整顿国防工业,岗位责任制要赶快建立起来。没有岗位责任制,什么事都找党委,党委哪能管得这么多! 工程师不顶事了,车间主任也没有责任了,总工程师也不签字了。质量问题那么严重,老出事故怎么行? 以后飞机出厂,总工程师要签字,技术上要负责任。不建立岗位责任制,出了事故找负责的也找不到。有些质量事故要追究责任,严重的要判刑。在恢复制度方面,特别是岗位责任制方面,军事工业部门应该走在前面。工厂要建立党委领导下的厂长负责制,研究所里是党委领导下的所长负责制。要恢复各种制度,恢复总工程师、总设计师、总工艺师等岗位责任制。要从工作需要出发,要很好研究,哪一些是需要的,赶快恢复起来。没有岗位就没有责任。现在质量那么差,总得有人负责,关键在建立制度。质量没有搞好,党委有责任,但总工程师管技术,应该把责任加在他身上,有职有权,出了技术问题就找他……要把制度恢复起来。要有人负责,要有必要的奖励。按劳取酬,这是社会主义的分配原则。特别是在科学研究中,往往是青年出的成果多,发明创造多。要有奖惩制度,出了质量大事故要给刑事处分。好的工程师要放在重要岗位上,当得好,称职,过一段时间,就可以提级嘛! 提级就涨工资。科学院把陈景润提为研究员,还提了两个副研究员,这在国外反应很强烈。这些问题中央政治局讨论过,大家是一致的。不从制度着手,产品质量搞不好,事故消灭不了。你们国防工办要找各个部好好研究管理制度,特别是岗位责任制。要搞出一套制度来,彻底改变质量事故多的局面。"(科学技术部,中共中央文献研究室,2004)但事实上,这样的中央的想法要落实下去需要一定的时间。

1978年4月,党中央颁发了《中共中央关于加快工业发展的若干问题的决定》。决定明确指出:"企业实行党委领导、厂长负责,增加总工程师制度与职代会制度。强调总工程师、总会计师等的责任制。工程技术人员要有职有权,让他们在技术上真正负起责任来。"(中华人民共和国国家经济贸易委员会,2000)决定颁布后,各企业单位逐步恢复了总工程师制度,有的组成了总工程师室,负责科研生产技术的管理工作。企业和研究单位中的总工程师有权对企业产品设计、生产工艺、生产质量、新产品试制、科学研究、技术设备改造等做出决策,并承担相应责任。

四、工程师组织

1977年十一届三中全会后,工程师群体在科技协会中的声望逐渐回升。工程师也积极地参与到了刚刚恢复的中国科学技术协会的组织和活动中。在第二届中国科学技术协会主席副主席以及常务委员的名单中,工程师背景的就有11人,占总人数的27%。第二届名单中,主席由工程界权威钱学森担任,工程师共19人,占总人数的32%。一些工程师专家如宋健、茅以升等在科委和科技协会里担任重要职务,同时也赢得了中共中央的支持。

1977年后全国专门性的工程学会相继在中国科学技术协会的领导下恢复学术活动,包括中国航空学会、中国造船工程学会、中国电子学会、中国兵工学会、中国农学会、中国力学学会、中国金属学会、中国林学会、中国地理学会、中国机械工程学会等。80年代后,中国科学技术协会和各专业领域的工程师协会主要致力于工程师资格认证等方面改革的建议。一些协会作为该行业内部的权威组织,和国家人事部联合为工程师颁发在行业内认可的职业资格证书,促进行业内部的交流和互认。

这个阶段,由于国家对科技的重视,工程师再次被推到一个被社会广泛认可的位置,工程师职业自豪感也在不断提升。一批工程师作为模范人物被广泛宣传,如中国船舶总公司708所工程师华怡、中科院长春光学机械研究所副研究员蒋筑英、陕西骊山微电子公司工程师罗健夫,等等。对这些平凡工程师的代表人物的介绍和宣传增强了公众对工程师及其工作的尊敬和爱戴(科学技术部,中共中央文献研究室,2004)。

五、法律的保障

工程师的权益和地位在法律层面得到了保障。1982年,科技共同体对《宪法》(1982~1992)包括其草案表现出极大的关注。宪法草案第45条规定"公民有进行科学研究、文学艺术创作和其他文化活动的自由"。《宪法》中把知识分子作为社会主义建设的依靠力量之一,在总纲里把发展科学事业单列一条,这些新举措在科技界产生了极大的反响。从《宪法》上确定了科学研究、知识分子的重要性和科学发展的重要地位,体现了国家对科技发展与科技人才的重视,并给予科技人才从事科技活动以法律保障。

为认真培养和正确使用工程技术干部,做好考核和晋升工作,充分发挥工程技术干部的积极性,国家科委、经委和国务院科级干部局共同拟订了《工程技术干部技术职称暂行规定》并由国务院于1979年12月批转各省、市、自治区和各部门执行。1979年12月,国务院科技干部局颁布《关于执行〈工程技术干部技术职称暂行规定〉若干问题的说明》。1980年1月,颁布了《工程技术干部职称评定委员会组织办法》。从1981年开始实施学位制,其法律依据是1980年2月全国人大常委通过的《学位条例》。1986年2月,国务院发布了《关于实行专业技术职务聘任制度的规定》以及主管部门就本行业或专业职务聘任制度而规定的系列条例;1987年10月,国家教委、国家科委联合发布《回国留学人员工作安排暂行办法》;同月,国家经委、国家科委等部门共同发布《企业科技人员继续教育暂行规定》;同年12月,国家科委、国家教委等部门共同发布《关于开展大学后继续教育的暂行规定》;1988年2月,国务院批转由国家科委、劳动部、人事部共同拟定《关于从工人、农民及其他劳动者中选拔和培养各种技术人才的意见》。(赵小平,2012)

1985年3月13日中共中央发布《关于科技体制改革的决定》指出改革的核心是促进科技与经济结合,加速科技成果转化,充分发挥科技第一生产力的作用。改革的主要任务是转变科技工作运行机制,调整科技系统组织结构,改革科技人员管理制度。《关于科技体制改革的决定》从运行机制、组织结构和人事制度等几个方面对科技体制改革指出方向,把科技在经济发展中的重要地位凸显了出来。特别值得注意的是,在《关于科技体制改革的决定》中,特别在科技人员管理制度上做出了明确说明:实行科技人员聘任制度;学术、技术工作的关键岗位中青年化,促使科学技术人员合理流动;研究、设计机构和高等学校,逐步试行责任制;学术、技术人员可以适当兼职;建立合理的报酬和奖励制度;保证学术自由。1986~1987年国家科委与国务院有关部门密切合作,拟订《技术合同法》《科技社团法》等草案,报请国务院和人大常委会审批。其中《技术合同法》规定,在社会主义商品经济条件下,技术也是商品,单位、个人都可以不受地区、部门、经济形式的限制转让技术。这一规定跳出了一直以来"科研成果属于国家,技术非商品"的思维和观点,在当时看来确实是颠覆性的变革。

第三节　工程师的任用体系

　　1978年，在确立了"以经济建设为中心"的新的路线之后，为了确保经济发展目标的实现，一大批新型的中青年知识技术人才特别是工程师凭借良好的教育背景和专业水平逐步站上了领导的岗位。工程师中的精英不再局限于在自己的技术岗位工作，而是通过对专业知识的精通在国家工业化建设的布局和管理中发挥更大的作用。如乔尔·安德烈亚斯(Joel Andreas)在《Rise of the Red Engineers：The Cultural Revolution and the Origins of China's New Class》一书中论证的：在社会转型的过程中，实用主义的技术人员逐渐成为中国政治和经济体系中的主导力量。在改革开放后，经济建设被放在了最重要的位置，中央意识到对于国家的管理，需要由更有管理经验、对工业化进程更为了解的科技知识分子来把握。工程师群体在国家转型中适于作为管理者的角色，他们接受了"又红又专"的高等教育、掌握了工业化发展的专业技能，并且他们有着在基层实干的经历和经验。据1983年对全国27个省、自治区、直辖市的统计，正副省长级干部中科技人员占33.7%，中共省委常委级干部中科技人员占20.9%。从十三届政治局常委开始，国家领导人中工科背景人数的比重逐渐增大。

　　另一个中华人民共和国成立后首次出现的现象是工程师开始脱离原单位自由从业。在计划经济时代，作为国家干部的工程师职业是属于党管干部，在分配和调配上听从国家的安排。但是，在80年代后，国家承认了科技人员兼职从业的合法化,并在一定程度上鼓励工程技术人员自由从业。据1986年的调查报告显示,上海工程师脱离原单位从事自由职业的共有118人,其中高级工程师占10％。如原上海科学院总工程师、教授范崇惠,交通大学教授阮雪榆等都创办了科技企业(袁方,宋静存,1999)。但是,尽管如此,从总量上来看,放弃单位工作从事自由职业的工程师仍然在少数,占总人数的3％左右,这是因为与自由从业相适应的保障政策尚未配套,而对自由从业者的税收也相对高昂,社会对自由从业人员的认可度也非常低。

第四节 宝钢工程师的技术引进与模仿创新

宝钢建设工程是中国国有大型企业在80年代后改革旧的企业制度,从引进到自主研发的典型案例。十一届三中全会后,中央为了尽快地显示新政府改革的魄力,先后确定了一批重点建设工程及其重大技术装备的引进,包括千万吨级露天矿成套设备、超高压输变电成套设备、大秦线铁路重载列车及大型港口船舶工程、30万吨乙烯成套设备、大型化肥成套设备、正负电子对撞机等14项重大成套设备研制项目。宝钢工程也是其中之一,作为中国历年来从国外引进的最大的工业项目,涉及技术、经济、人才和意识形态的深刻变革。从宝钢的技术引进的案例中,可以一窥此阶段中国工程师的能力和面临的挑战。

80年代,德国和日本从战后重建的压力中走出来后,德国和日本的工程师发现适宜地将技术知识转让给发展中国家,是保持本国经济实力的一个好方法。这个时间正好与中国改革开放的时间相互契合,新的国家政策和外部技术条件让中国的大型企业重新焕发活力,同时也对中国本土工程师提出了更高的挑战。在过去的十年里,中国工程师由于封闭环境的影响,与国际先进技术已经脱节,当再次打开国门的时候,中国工程师发现,由于与国外先进技术的差距较大,已经出现了"跟在外国工程师后面未必看得懂"的状况。

宝钢工程于1977年开始筹建,1978年3月经中共中央、国务院批准,宝钢一期工程于1978年12月开工,由日本新日本制铁株式会社(以下简称"新日铁")负责工程设计。1978年5月签订了《关于上海宝山钢铁总厂总协议书》以及《第一号技术协作合同》。合同规定,"新日铁"在编制工程设计时,中方派技术人员参加。为确保工程的连续性、完整性,"新日铁"负责工程综合管理、生产准备、生产技术人员的培训和生产技术指导、设备维修等。关于设备订货,"新日铁"能够制造的设备,若双方不能达成协议,则可另选厂家,甚至可以向日本以外的国家购买。"新日铁"不能制造的设备,由中方选购。这样的国际合作模式与50年代有所不同。(全国政协文史和学习委员会,2007)从前仅注重技术的引进和人才的培训,而此次的新兴协作模式则是希望通过对技术引进全过程的跟进来培养自己的技术人才。

后中方又和联邦德国Demag GmbH签署￠140mm无缝钢管连轧机合同,其中约1万吨辅助设备由德国Demag工厂设计,并提供技术支撑,由中国太原重型机器厂制造。2050mm热轧合同由日本三菱公司取得,约1万吨设备由日本提供制造图纸及技术,由中国一重、二重、沈阳重工、哈电等制造。2030mm冷轧由德国SMS Siemag AG获得,其中酸洗、冷轧、平整、剪切机组由SMS Meer AG承制;电气部分由Siemens公司承制。在签订合同的同时,一机部授权上海重型机器厂与Siemag公司签订了转让技术的10年合同。

但是,由于项目的仓促上马,上海宝山钢铁厂工程项目,所需资金大大超过了当时国家财政所能负担的程度。1980年在五届全国人大三次会议上,人大代表就宝钢工程建设问题向冶金部提出问责。1981年1月7号,在北京举行了宝钢一期工程建设论证会,总工程师黄锦发,宝钢工程总设计师林兴冒着在政治上受处分的风险提出了与当时党内主流意见相左的意见,总设计师林兴分析了国内外钢铁现状,宝钢工程建设进度以及工程下马的损失。经过工程师的多番努力和党内高层领导的帮助,宝钢工程得以保留。

11月国务院召开会议决定停建宝钢工程,决定一期停缓,二期不搞,两板退货。按此原则,中方向日本三菱集团赔偿30000多万美元取消合同。德方则决定保留合同,暂缓建设,推迟六年再行建设,2030mm冷轧项目全套制造图纸和技术资料推迟3年交付。德方将1978年Siemag AG承制武汉钢铁的1700mm冷轧机全套图纸作为补偿提供给中方。这份图纸后来由第一重型机器厂保存,为第一重型机器厂培养冷轧设计人员奠定了基础。

1982年后国家经济形势好转,恢复宝钢建设在国内重新达成共识。在重新上马的建设中,中国工程师更加重视通过引进技术加速积累自身技术的能力。1983年机械部组织代表团去联邦德国考察,并与Siemag签署50%:50%技术转让协议,即在中德双方各制造50%设备的原则下,德方向中方无偿提供全套设备制造图纸,帮助中方培训人才,联合设计,合作制造。1983年底宝钢工程全面恢复建设,1985年宝钢1号锅炉系统投产,2030mm冷连轧机1988年建成。宝钢二期建设开始,共有21个子项,近28万吨的设备,其中从国外引进设备约8万吨,国内制造设备20万吨以上。二期工程主要立足国内,采用"外商负总责,合作设计,合作制造,技术转让"的方式,对国内一时生产不了的设备采用单机或小成套设备的引进。1989年1900mm连铸和2050mm热轧投产,2号高炉系统中的其余设备于1991年6月全部投产成功,设备国产化率为61%。到宝钢三期工程的时候,冶炼系统由国内设计、引进部分设备,轧钢系统由国外成套、国内技术总成,国产化率达到80%。

在宝钢工程建设的同时,宝钢的技术员工队伍也在同步建设之中。宝钢工程由中央冶金部直接指挥,冶金部第一副部长黎明为宝钢工程指挥部总指挥。轧钢专家黄锦发为指挥部副总指挥兼任总工程师;另有3名副总工程师协助,曾经担任过国内多家大型钢铁基地工程设计的林兴担任宝钢工程总设计师,各个项目由各个设计院派出的现场设计队负责。据1986年的调查统计,宝钢的高级工程师占该系统专业技术人员的3.6%。另外1979年12月,上海宝钢指挥部委托上海市中国科学技术协会,聘请20多名学会的工程师组成以李国豪为首席顾问的"宝钢顾问委员会",先后对桩基水平位移、宝钢建设调整和长江引水工程等重大技术问题开展科学论证。国外合作方也为宝钢培养了一批技术人员。如根据J-K合同从6000多名技术人员中选拔出1000多名技术骨干到日本和德国的对口工厂实习,又如二期工程中,大量派出技术人员出国学习,263人派往德国学习2050mm热连轧机项目;256人派往日本接受1900mm板坯连铸机项目等,缓解了宝钢高技能缺乏的问题。厂内输送大批技术人员到高校学习,在厂内举办计算机和数控机床等100多个专业训练班。在投产前近一年,分批对职工进行严格的上岗考试、考核、评议、定岗、定级。

宝钢一期建成投产后,抓住了政府对高校和企业适当放权的契机,宝钢加强了和高校的合作,如1990年宝钢拨款200万元建立宝钢奖学金用以奖励在专业学习社会实践或者科学研究上取得优异成绩的在籍本科生、硕士和博士研究生;政府为产学研合作创造环境、提供政策支持的局面;高校作为创新源头和人才基地,为企业提供的是技术和智力支援;而企业在承担着开拓市场和获取收益的同时,也承担了风险责任。这样,产学之间形成了有市场眼光的工程师和有科学眼光的企业家联盟,在技术与市场的结合中取得双赢。宝钢整体技术装备水平和国外相比仍有很大差距,技术水平需待一个质的飞跃。通过技术的引进,宝钢及其研究机构的科学家和工程师投入大量人力和物力致力于仿制那些已经在西方市场上非常成熟的成套产品和钢铁加工工艺,依靠对西方成熟技术的研究,受过良好训练的中国工程师能够仿制研发西方的尖端产品,在此基础上模仿创新。这是现阶段中国技术发展的主要途径。但是仿制研发和替代进口所付出的代价也是高昂的,因此21世纪的中国不断强调自主创新能力的培养,希望在短暂的时间内培养出中国工程师,以填补人才缺口。

下　篇

中国工程师群体的职业框架

第五章
中国工程师的教育与培训

　　高等工程教育是以培养能将科学技术转化为生产力的工程科技人才为主要任务的职业教育,同时也是以培养工程师为最终目标的专门教育。它有两个显著特点:一是以科学、技术和工程科学为学科基础,也就是知识的传授环节;二是培养能将科学技术转化为生产力,也就是技能的"训练"环节。这两个特点也区别了高等工程教育与其他学科的高等教育,构成了高等工程教育的两大特点——自然科学基础与工程应用。正是由于这两大特点的此消彼长,才形成了高等工程教育在培养什么样的工程师这个问题上的矛盾。

　　早期的工程教育以师徒制为主,是一种工程技术的"默会知识"的传授。工业革命后,工程技术的重要性凸显,早期发展工业化的国家开始了对工程教育不同模式的尝试,比如法国率先成立各类技术学校,系统、分行业传授工程技术。至19世纪中叶,由于工程技术的进一步发展和工业的兴起,科学在工程中的应用使得在工程教育中,工程技术同基础科学逐步结合,大学开始设立工程学院和相应的工程系科。然而,一些著名的传统大学仍不承认工程学科,认为工程技术属于专业职业教育体系,并无坚实的学科基础。直到19世纪末,工程技术的学术性增强,工程系科才开始进入著名的正规大学,同时也开始出现专门的高等工业学校。二战后,现代科学技术迅猛发展,知识量剧增,如何处理基础科学教育与工程技术教育自身的特殊性之间的关系,就成为高等工程教育中的一个突出问题。为了解决这一问题,不同国家出现了多种教育模式,高等工程教育现代化的程度得到了不断加强。由此可见，高等工程教育，是高等教育的一个分支，它属于技术教育的范畴，是自然科学、工程技术科学理论与现代生产技术实践相结合的工程科学技术教育。

　　中国古代只有经史子集的教育，没有科技知识的系统教育，更不用提工程教育了。始于清末的中国最早的工程教育是以"师夷长技以制夷"为目的的。清政府中的改革派提出了"修铁路、造轮船、开矿业、练陆军、整海军、立学堂"的主张，并于1895年10月开办"天津北洋西学学堂"，设有土木、采矿、冶金、机械等学科，成为中国第一所以工程教育为主的高等学校。接着于1896年建立南洋学堂、山海关铁道官学校、求是书院、唐山路矿学堂，连同清华大学、浙江大学等成为1949年以前中国培养高等工程技术人才主要的高等学府。

　　在中国近现代化的历史进程中，技术教育是随着不同国别的技术向中国转移应运而生的。如洋务运动时期，随着西方造船、兵器制造、矿冶、铁路、电报等技术向中国的转移，晚清政府开始提倡学习"西学"，建立船政、电气、电报、矿务、铁路等科学技术学堂以培养实用人才。民国政府大量引进美国和西欧国家的航空、机械、交通、纺织等军事工业和民用工业，效法欧美模式建立了高等工程教育制度，如当时的清华大学几乎是麻省理工学院在中国的翻版，同济大学则完全采用德国教学模式（韩晋芳，2013）。大学及其所设学科仍是以一种探索、尝试的方式发展，如要发展铁路，就建立相应的铁路学堂。因此，这一时期高等工程教育并没有完全形成体系。各个高校工科在人才培养上都有自己的风格，但主要都是借鉴欧美的培养模式，培养方式上主要采用"通才教育"，院系下设专业方向，课程内容设置较宽，以基础课和技术基础课为主。该模式的主要特点是在培养目标上要求学生对基础理论的掌握更加扎实。

　　1949年中华人民共和国成立后，工程教育也随之发生了巨大的变化。在苏联的帮助下,以国家需求为导向的人才培养体系逐步形成,高等工程教育体系的建立与发展被放在国家工业建设的宏观大局中考虑和规划。在借鉴了苏联的高等工程教育培养模式后,一套完全颠覆中国原有的高等工程体系建立了起来。经过多番调整和改革,中国工程师培养形成了一套以专才教育为主的体系。

第四章对40年来中国工程师的发展进行了纵向的追溯与分析,本章试图通过对中国高等工程教育的分析找出中国工程师培养的特征。

第一节 单一层次与多层次培养:中国工科学校的调整

一、本科教育:培养目标的不断转换

"高等工科学校的培养目标应该是什么?"这是工科人才培养的本质问题。这个问题在我国是长期饱受争议的老问题。中华人民共和国成立以来关于该问题的争论几乎没有停止过,中国工科高等教育的几次调整也是围绕该问题展开的。

1951年政务院规定了高等学校的学制,大学、专门学院和专科学校三种类型修业时间在3~5年内。随后,1952年,国家在全国范围内逐步展开了靠向苏联模式的院系调整工作。在这一过程中,各类高等学校的培养目标和发展方向渐渐明确。工程技术人才的培养目标是各类人才中最受关注的一类,这与

"一五"计划的人才需求密切相关。1954年,高等教育部发出《关于修订高等工业学校四年制本科及二年制专修科各专业统一教学计划的通知》(简称《通知》),提到了各类学校及各个层次的培养目标。《通知》提到,高等学校的学制为4年,人才培养目标是"工程师";专修科的学制为2年,培养目标为"高级技术员"。同时,也提到研究生的培养目标——"高等学校师资和科学研究人才"。在1981年学位条例颁布之前,学制也是区分学历的重要依据。高等学校的毕业生获得的文凭证书的内容包括高校的名称、所学专业和学制年限。四年制毕业的"工程师"目标却在实施中遇到了困难。由于学制紧、课程重、要求高,要在毕业时达到"工程师"的要求,对学生来说十分困难。因此,次年,教育部在文化教育工作会议中把高等工业学校的学制改为五年。

工程师们对这样的培养目标也存在着不同看法。1957年,在"双百方针"下,钱伟长等人在学界展开了一场关于工程教育培养目标的大讨论。1957年1月7日的《光明日报》发表了钱伟长谈高等工业学校的培养目标问题。钱伟长认为:"高等工业学校的培养目标是工程师的这种想法是不现实的。一个大学生,非经过多年的工作锻炼和长期的知识积累,是不可能成为一个工程师的。"同年,教育部组织召开《关于修订高等工业学校教学计划座谈会》。座谈会上,许多高等学校的代表都对工科学校的培养目标提出见解。有人认为,毕业生称号和培养目标不能混为一谈,称号只是头衔并不代表实际能力。但是本科毕业生即颁发工程师文凭似乎又与职称称号混乱。在考虑到实际情况下,国家应该给工科毕业生颁发"准工程师"或者是"预备工程师"的称号。还有一些专家认为,可以给工科毕业生颁发"工学士"的文凭,认为"工学士"的含义主要是显示人才培养的结构、层次而非工程技术的运用能力,这样一来可以和工程师的职称区分开来。同时"工学士"也显示了毕业生对知识的掌握程度,相较硕士和博士来说,"工学士"仅仅为打基础的阶段。但是,这样的叫法并不能与国家期望的培养目标相一致。培养目标希望工科毕业生能够尽快转化身份，适应岗位要求。而"工学士"却更表达了一种重基础、轻实践的工程师培养理念。机械工程专家雷天觉对于目前高等学校毕业生有过这样的评价：他们"初到工厂，因为学过一些专业知识，马上可以担任某些工作，这是他们的好处。但是由于他们的基础理论打得不够深广，在工作中很快就会暴露出缺点。无论在解决技术问题上还是在提高科学技术水平上，都有难以克服的困难"。这也是当时很多工程师的看法，他们认为，工程教育的培养目标不应该是工程师，而是为工程师做准备。高等院校不应该把什么知识都传授给学生，而是给学生打下一定的理论基础，训练学生掌握如何获得新知识的能力。只有这样，工科学生才能在毕业后获得独当一面的能力，早日成为工程师（钱伟长，2012）。

但是这次的大讨论并没有什么实质的成效。由于政治运动的扩大化，在随后的20年里以"工程师"为培养目标鲜有人再提起，"工程师"作为一种"成名成家"的个人主义思想，在意识形态领域受到了越发严重的批判（吴咏诗，1999）。工科培养目标也一度变为"普通劳动者"。

1979年末，教育部直属工科大学高等工程经验协作会议，讨论工科大学的培养目标，与在政治上应当又红又专的认识，是一致的。在业务上则有不同意见，多数人认为应该培养工程师，但也有人主张培养科学家，要把工程系改为工程学系；最后基本一致认为应该培养工程科技人员。1980年国务院常委会正式通过了《中华人民共和国学位条例》，工学学位制度分为学士、硕士、博士三级。规定工科学生在完成"工程师基本训练"的本科教育之后，可以获得学校颁发的毕业证书以及教育部颁发的学位证书，并获得工学学士称号。尽管国家建立了统一公认的学位体系，但是工程师培养目标并没有随着工程发展而进一步明晰。如何培养适应现代化企业需要的多种类型的工程师，并没有在相关文件中得到体现。

对工科培养目标的不明确导致了工科教育层次的不清晰,本科培养目标忽高忽低使得专科和研究生教育无法找到合适的定位(如图5.1、图5.2所示)。

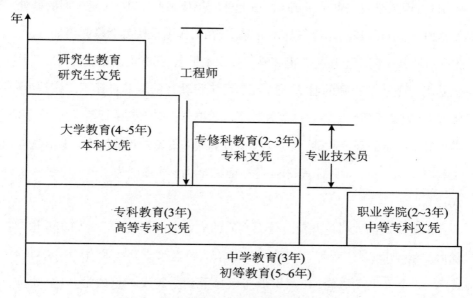

图5.1　1980年前中国工程教育的结构和层次

二、高等专科教育:作为本科的补充

1951年政务院公布实施《关于改革学制的决定》,其中对工科高等专科的学制做出了相应规定。高等专科学校通常学制为两年,对工科学生的培养目标为"较高级的技术员"。但是,在实际操作上各学校的灵活性很大。在较长的一段时间,国家把高等专科人才培养仅仅作为本科的补充,作为满足人才急需的一种应急制胜的法宝,因此对专科教育的定位忽高忽低。

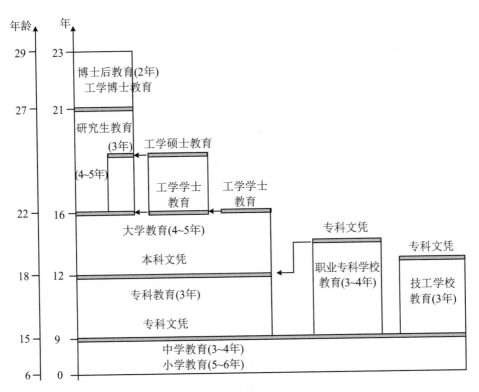

图5.2　1980年后中国工程教育的结构和层次

在"一五"计划实行过程中,由于大规模经济建设对人才的急需,国家决定在工科院校举办两年制的"专修科",招收"高级中学及同等学校毕业生或具有同等学力者,入学年龄不作统一规定"。在人民政协全国委员会第三次会议上,郭沫若在文化教育工作的报告中,指出在五六年内要培养50万名初级和中级技术干部。为了达到这个目标,专科比例一度达到工科招生人数的32.2%。专修科修业年限为两年,是适应国家建设对技术干部的急需而采取的一种速成培养的办法,其任务是培养高级技术员,其专业范围较本科狭窄(如表5.1所示)。专修科的创办只是一种权宜之计,教学计划也不过是参照本科进行压缩而已,它不能培养高级专门人才。1955年后随着中等工业技术学校工作的加强,专修科的招生开始逐步被取消。

表5.1　1949~1980年工程专修科与四年制工程学科课程学时比较

课程	四年制本科	两年制专修科
政治理论	约400学时	约200学时
科学	数学、物理、化学	数学
基础专业课	约占总学时的34%	约占四年制学时的一半
专业课	约占总学时的28%	约占四年制学时的一半
俄语	辅修	无要求
论文与毕业设计	10～12周	4～5周
实习	16～28周	14～18周
暑假	6周	4周

　　1958年在"大跃进"的形势下,"教育大革命"展开,高等专科学校如雨后春笋一般迅速发展。到1960年,专科学校数量陡然增加到了360所,其中工科专科学校最多时有100多所。实际上,多数学校均不具备办学条件,这样盲目扩张直接导致学生素质和教学质量都达不到专科人才培养标准。1961年开始国家教育部对专科学校进行了整顿,1962年4月21日至5月中旬,教育部在北京召开全国教育会议,调整教育结构,决定大幅度裁并高等学校,特别是专科学校,保留下来的高等学校则要逐步缩小规模。会议提出的具体方案是高等学校保留400所,其中本科保留354所,占当时本科学校数量的70.5%;专科保留46所,占当时专科学校数量的13.4%。1963年以后高等学校在校生中,专科学校学生的比重降到5%以下(李进,2013)。

　　得以保留的有锦州工业专科学校、安徽工业专科学校、马鞍山钢铁专科学校、铜官山有色金属专科学校、太原地质专科学校、江西冶金工业专科学校、青岛冶金专科学校、广西冶金专科学校、湖北农机专科学校、苏州丝绸工业专科学校、浙江丝绸工业专科学校、河北水利电力专科学校、沈阳冶金专科学校、沈阳冶金机械专科学校、上海冶金专科学校、上海建筑工程专科学校、南京动力专科学校、南京交通专科学校、福建建筑专科学校、重庆建材专科学校、沈阳航空专科学校、山东农机专科学校、上海动力专科学校、上海化工专科学校、上海纺工专科学校、上海机械专科学校、南昌航天工业专科学校、成都民用航空专科学校、上海轻工专科学校、上海仪表电讯专科学校等(李均,2005)。

由于专科培养始终处于本科人才培养的补充地位,专科培养模式一直参照本科工科的培养模式,因此专科教育一直未找到自己合适的定位。中国工程教育的培养人数计划不是根据人才预测,而是认为经济建设需要大量人才,所以根据现有各类学校的能力,尽可能多招生,特别是多培养大学本科生,认为国家总是需要的。这种状况导致有些专业的人才培养满足不了需要,有些层次和专业培养的人才则过剩了。

还有一些学校为了调动本科生学习的积极性,把不合格的本科生作为专科生毕业。在很长一段时间内,专科教育被归类于职业教育的范畴。总体看来,专科教育的目标是培养行业内的专门人才,作为工程项目的技术辅助人员。但是由于师资和定位的不稳定,专科教育一直没有受到足够的重视,没有找到专科教育的特色,教学质量也无法保障。而专科教育长时间作为本科教育的补充的状况,使得高级专门人才培养的任务就完全落在了本科教育上。同时,本科教育也出现了专业化突出的特点,本科教育的专科化和职业化挤占了专科教育应有的培养目标,使得专科教育的目标更加模糊了(如表5.1所示)。

另一方面,中学教育结构的变动也造成了专科招生的不稳定。1951年《关于改革学制的决定》中把中等教育的中学分为甲、乙、丙、丁四类,其中丁类中

等专业学校包含技术学校(工业、农业、交通、运输等)。技术学校又下分为技
术学校(招收初级中学毕业生或具有同等学力者)、初级技术学校(招收小学毕
业生或具有同等学力者),主要培养国家建设所需的中级技术人员、管理人员
和中、初级技术工人。这一规定使得工程技术人才培养的层次凸显,并且较为
合理。1957年后,刘少奇提出"两种教育制度理论"多种形式办学的模式得到
肯定,中等教育体系更加得到重视。一是全日制的普通大中小学,二是半工半
读的中小学。前者主要培养建设人才,后者则要培养工农劳动力。趁着"大跃
进"的推进,中等专业技工学校、职业高中、农业中学纷纷建立。但是由于政策
的不稳定导致中等教育结构的改革并没有持续太长的时间,它的理论意义大
于实践意义。"文革"开始后,单一的中等教育与培养目标取代了多层次的构
想,所有学生都被安排在普通中学内接受统一的教育。而高中和大学之间的
连续性也被"教育革命"斩断了,高中即失去了"大学预科"的特定培养任务。

　　中等教育结构的不合理必然导致了高等教育招生的困难以及学生素质的
参差不齐,最终结果是在"文革"时期入学并毕业的大学生被冠以"相当于大专
学历"的评价(如表5.2所示)。

表5.2　1949~1980年工程教育学生数量

年份	1949	1952	1957	1965	1976	1978	1980
学生总人数(万)	11.65	19.11	44.12	67.44	56.47	85.63	114.37
毕业生人数(万)	9.39	13.13	39.33	64.4	56.47	45.85	86.19
专科毕业生人数(万)	2.26	5.98	4.79	3.04	—	39.78	28.18
专科毕业生比例(%)	19.4	31.3	10.8	4.5	100	46.5	24.5

注:"文革"期间的本科毕业生相当于专科学历。

资料来源:中华人民共和国教育部计划财务司.中国教育成就(统计资料):1949-1983[M].北京:
人民教育出版社,1984:76-93.

1980年学位制度的颁布,将工程学位制度分为学士、硕士、博士三级,自此工科学位制度进入了规范有序发展的阶段,但是工科专科的定位仍然是一个值得深入探讨的问题。

三、研究生教育:培养工科师资的途径

1966年以前,中国对工科教育层次有过两次尝试性改革。在1951年学校院系调整之时,政务院颁布制度法规提出:实施高等教育的学校包括大学、专科院校等性质的教育机构。其中,大学机构设有研究生培养计划,并从学习和培养目标上区分了三个层次。工科专科通常为两年制,培养目标为"较高级的技术员";本科学制5年,培养目标为"工程师";研究生在校学习时间均为2年到3年,以培养专业科研人员和高水平的高校师资为重要目标。1956年,高等教育部针对副博士研究生的培养出台了暂行办法,其中明确规定了博士在校学习时间为四年,同时为每个博士安排指导老师,在导师的指导下进行学习和研究。入学前两年接触基本理论和课程学习,后两年写论文。据《人民日报》刊登的数据显示,1956年共招收副博士研究生1015名,导师均为业界知名学者、教授。然而当年的博士招生计划并未严格落实,1957年,教育部对"副博士"这一称呼进行了修正,确定统一更正为"研究生",学习年限设置为3年。同年5月份教育部发文规定,副博士学位论文答辩取消,也不再设置相应学位。因此,副博士学位也就退出了历史舞台。

总体来说,当时高等学校的科研水平并没有达到一定高度。从当年教育部总结的工作推行成果,可总结为以下几点:

(1)以学术教研为重要内容的研究工作拉开了序幕,如建立校研究室,组

建科研人员编写教材等。

（2）科学研究的领域开始扩大，如委托业务部门进行科学探索等。

（3）整理了过去的研究成果。

在实践中，有些学校把学习马克思主义的经典著作和钻研苏联教材当作科学研究；有些学校把结合教学进行科研理解得过于狭隘，认为只有编写教材才是结合教学，将专题研究和结合教学对立了起来，在有条件的情况下，仍不敢进行专题研究(中央高等教育部综合大学教育司，1954)。

从1953年教育部的报告看，研究生的主要科研任务是编写教材，真正意义上的科学研究工作并没有展开，更多的是进行以培养高校师资力量为目的的研究生教育。当然，在教育制度改革逐渐展开后，高校开始逐渐重视科研工作。1955年7月，"一五"计划提出，要把确立国家科学研究基础作为重要内容，纳入高校管理中。1956年，教育部再次发出通知，各大高校都必须将科研工作作为日常教学中的重要领域。尽管如此，高校研究生的师资水平却并没有显著提高。1963年月，北京高等学校研究生工作会议顺利召开，探讨了当下我国研究生计划的现状，并提供了相关国外经验，指出提高研究生质量具有重大意义。《会议纪要》指出："中华人民共和国成立十三年来，国内总共培养出12000多名研究生(其中工科研究生3000人)，取得了一定的成绩，但是其中绝大多数是跟随苏联专家学习一两门课程，以适应当时教学工作的急迫需要，……基础不够深广，而且缺乏科学研究能力的系统训练，质量不是很高。"(刘英杰，1993)

1963年以后，高等院校把科研也纳入高校人才培养的任务之中，但作为师资力量的培养目标仍然没有太大变化。高等学校研究生工作会议通过的《高等学校研究生工作暂行条例(草案)》，其中对研究生的培养目标仍然是"具有独立地进行科学研究工作和相应的教学工作的能力"。这种以师资培养为主的研究生教育模式,一方面满足了国家对专业性师资的需求,高校对高级专门技术人才培养的任务很重;另一方面却使研究生教育的质量偏低,招生人数太少,主要以满足师资需求为主。

第二节　通才与专才:中国工科人才培养方式的困境

自20世纪50年代以来,在苏联教育模式的影响下,中国的高等教育趋于专门化。这一点在工科人才培养中尤为明显。专门化的教育模式也被称作专才教育,与通才教育模式相对应。

所谓通才教育,是指高等学校的培养目标不仅仅局限于专业人才和职业化的考量,而更多的是期望把学生培养成为对自然科学、社会科学以及人文艺术都有所涉猎,并拥有较为宽泛和扎实的基础专业知识的人才的教育理念和教育模式。这种模式希望学生的个性能够得到全面的发展,并不拘泥于对精深而单一的专业技能的掌握。从工程师培养来看,通才教育期望在大学培养阶段能够把学生培养成为"了解本行业本专业基础知识的工程师",而不是具体某一专业的工程师。

相对于通才教育的理念,专才教育则是指以培养具有某一门学科的基本理论、知识和技能为主,以能够从事某种职业或从事某个领域研究的人才为基本目标的教育模式。专才教育的培养重点在于学生的培养目标可以满足社会某一职业或行业的实际性需求,而对学生其他方面的知识、能力和素质要求比较低。

　　从两种教育模式的描述即可看出两者的主要区别,通才教育更加强调知识的全面性和人才个性的发展,而专才教育则是目标性更加明确地以社会需求为导向。这两种模式下培养的工程师具有两种截然不同的能力。

　　1922年新学制颁布之后,高等工程教育以通才教育为主。1932年,民国政府教育部长朱家骅针对全国教育的发展现状做出了总结和说明,他的观点在一定程度上体现了政府在这个问题上的态度。大学为研究学术之所,学科教育必须从基础到专业,系统地学习理论知识。如果本末倒置,扰乱了研究学术的顺序,忽视基础课程而仅重视专业课程,或者先进行专业课程的研学,而后进行基础课程,都会误导学生的求学途径。如今,大学的课程设置的次序先后,轻重之分必须尊重学术体系,帮助学生完成自学和自主研究。对于更深层次的专业知识,学生可以在毕业后继续深造。因此,不必为了专业的深度开设过多的专业课程,重心应在基础课程之上。因为当时有轻重倒置的情况存在,所以教育部对于大学各个院系的课程设立了标准并加以限制。对课程的类别做出了规范,主要课程与预备课程合并为基本课程,并且加重了其分量。不是很重要的或是内容相近的课程,则可以取消。而对于专业课程,则应当成为学习基本课程的补充,留给学生们自学。朱家骅所提出的基础课程和专业课程之间的关系,也代表了当时教育部对高等教育培养目标的态度,必须由基本到专门,扎实的理论基础是关键。机械工程专家庄前鼎也提出:"我们所需要的工程师,不仅仅是一个工程专家,而希望其对于一般的普通常识,都有相当的认识,对于基本的工科,都有所重视,就是要求懂得一般的普通常识。我们不能脱离社会来办工程,所以,政治、经济、历史、地理、社会学都应该知道一点。对于国内的工程师,有时希望他能设计一所工厂的房屋,有时也希望他能开动马达。所以,同学们即使选读了机械工程,对于他系的工程功课,如电机工程、工程材料学、水利学等,均应一样重视。"(庄前鼎,1936)清华大学工学院的教授们如钱伟长、梁思成等人也有相似观点：大学工科教育的目的是把学生培养成"对社会及人生普通问题有相当之认识"的有理想的工程师，因此"各系的专门课程应予减少"，工科学生应该"吸收人文科学与社会科学方面之训练"。

通才教育的模式主要来自于接受过欧美工程教育的中国工程师们对于工程教育培养方式的理解。美国教育对中国学生的影响越来越广泛，并且逐步深入到大学教育中。这一趋势逐渐成为教育培养方式的主流。这一时期工程师培养与国家工业发展计划并未有太多联系。当时中国的工业化程度较低，多以手工业和轻工业为主，没有大规模的机械化生产能力，企业规模比较小，外资企业多以国外工程师为主，而民族企业也无力聘用大量工程技术人员。从工程师执业的角度来讲，通才教育的宽口径确实可以让工程师们更容易在企业或研究所找到合适的职位。

1949年后，国内的情况发生了重要的改变。国家在经济建设上获得了苏联的大力支持，以重工业为主的"一五计划"对工程师提出了巨大的需求。为了尽快培养能适应苏联工业化的工程技术人员，扩大高校招生数量和发展高等教育就显得迫在眉睫。而此时，苏联的高等工程教育给中国带来了一个在当时看来十分合适的方案，这种人才培养模式不仅可以适应苏联援助计划中对工程人才能力的要求，而且可以迅速满足对人才数量的需求。此时，中华人民共和国刚刚建立，对高等教育的探索还不足。教学方法上，传统的革命办法的教学方式显然不能适应时代发展的需要，学习苏联的教育科学和高等学校的教学方法有利于提高专门人才的培养质量。它能以最直接有效的方式培养出针对苏联技术需要的生产工程师。苏联援助的"156工程"工业项目开始实施后，每一个新项目的建设、投产都需要大量的技术人员。据统计，"五年内，国民经济各部门和国家机关需要补充的各类高等和中等学校毕业的专门人才共100万人左右;同时,中央工业、运输业、农业、林业等部门需要补充的熟练工人约100万人。"(《中国教育年鉴》编辑部,1984)

　　20世纪上半叶以来,苏联一直推行这种与通才教育体制截然不同的专才教育。在十月革命后,苏联十分强调对专门人才的培养,并在一系列国家法规中都明确表述,满足社会经济发展的需要,是各类院校培养人才计划的最终目的。1921年,《高等学校规程》规定:社会发展的各行各业都需要专业技术人才,这也是高等教育人才计划的宗旨所在。1928年《关于培养新专家的措施改进意见》指出,各大高校要尽快培养有经验、技术精湛的工程师。1931年,苏联高等学校开设了900个专业,其中许多专业之间的区别非常细微。

　　以苏联教育为模板的教育改革从1950年开始在全国开办试点,以工程师教育为主的试点高校是哈尔滨工业大学,成为了工科教育的样板。1950年4月,哈尔滨工业大学根据国家主席的指示,确定了大学整改计划。根据整改内容,哈尔滨工业大学应当积极学习苏联大学的管理模式,重点培养重工业部门的理工科研究生,并选派大批留学生前往苏联学习。每年均抽调150名讲师教授前往欧洲学习。通过这种方式提升国内大学生的理工科研究能力。哈尔滨工业大学的前身最早是1920年建立的中俄工业学校,多次改名后于1932年定名为哈尔滨工业大学,隶属于当时苏联管理的中东铁路(马洪舒,2000)。以哈尔滨工业大学为教育改革的试点与其和苏联长期的历史渊源以及东北地区对工业人才的巨大需求是分不开的。

　　高校采取了苏联一流的鲍曼工业大学的模式,许多教授也来自鲍曼工业大学。哈工大的改革照搬了苏联工程师培养的主要特点。

　　首先,哈工大实行了鲍曼工业大学的五年学制,以培养工程师为目标;

　　其次,在专业划分上,是典型的细分的"专才教育",调整了系科以及专业设置。在哈尔滨工业大学原有的基础上,又成立了7个系,15个专业。并学习鲍曼大学,按照学制分层的方式提供不同的培养方式。一年制的预科班,主要学习俄文,以便能快速掌握俄语。2年制的专修科,主要学习工科技术类,而5年制的本科,则以培养国家需要的工程师为主。在专业设置上也确实是"一个萝卜一个坑",有什么工业部门,就有一个对应的工科类专业,如为了适应冶金部门中不同工种的需要,"轧钢专业"又被分为更细的两个专业,包括"轧钢工艺"和"轧钢机械"。两个专业各有所侧重,轧钢工艺偏重于学习轧钢生产系统,而轧钢机械更偏重于轧钢机械的设计与制造。

更重要的一点是突出工科教学的特点。哈尔滨工业大学的培养方式注重理论与实际结合,采用苏联教材重视基础理论教学,重视实践性环节。

哈尔滨工业大学改革借鉴了苏联工业大学的人才培养模式,其目的在于通过借鉴他国的经验,改变现有模式的不足,培养一批能适应当代中国经济发展需要的新型人才。

教育部指出,哈尔滨工业大学经过几年的改造,已经逐步走向苏联模式的人才培养方向,确定了以苏联教育制度为模板的新型大学。哈尔滨工业大学的改革经验也迅速成为了其他地区和高校开展"院系调整"的范本。

1952年开始,高等院校的大调整逐步在全国范围内展开。与国家工业建设密切相关的高等工业学校得到了加强,工科专业的调整主要以专业为主,配合国家的工业布局和人才需求。在教育模式上,国家按照为经济建设培养能迅速参加社会主义建设的专门工业人才的专才培养模式,从高校的专业设置、基础课和专业课的课程设置以及招生、培养及分配学生等方面全面移植苏联的工业人才培养模式。

这样计划性的专才模式,迅速地适应了经济建设的需求,满足了工业生产发展的需要。把高校建设引向专业分工明确的人才培养基地,具有历史性意义。1958年后,随着"教育大革命"的开展,中国开始对苏联的培养模式进行矫正。1958年11月,毛泽东视察天津大学时指出,高等学校要抓三件事:一是坚持中国共产党为核心,二是坚持人民路线,三是把教育投入到生产中。三者紧密相连,互相转化。在这样的号召下,有一段时间对工科人才的培养更加片面,强调要与工业分工对口,致使专业越分越细,教学内容过窄。而教育与生产相结合的号召使得培养方式片面强调生产劳动而忽视系统的基本理论和技术科学的教学,这种模式更是把专才教育极端化,其职业化的趋势也愈发明显。虽然其后工科大学进行了多次调整,但总的来说,仍未脱离50年代苏联高等工程教育的影响。一方面,经济路线已然改变,过于狭窄的技术知识不能适应工厂实际生产中所遇到的问题,企业愈发招收不到对口专业的工科毕业生。另一方面,工科大学的人才培养模式越来越趋于专科工学院,专才教育的模式所具有的职业化特质使得工科大学和专科工学院不能在层次上区分彼此。

具体来看,这种工科专才教育和通才教育的困境体现在学校的调整,专业的设置以及课程的设置上。

一、院系设置中的倾向性

1952年院系将工业人才需求放在重要位置,专门为社会培养工科技术性人才。改革的主题是"强调技术培训,减少基础培训,将大学教育的总体体系转变为专门机构之一"。为了实现这一调整目标,高等学校进行了重组,针对工科人才培养的院系调整主要模仿苏联的多科性大学(Polytechnic University)和单科性专门学院(Engineering College)的办学模式,这种模式一直持续到90年代末。据统计,中华人民共和国成立时,全国有207所高等院校。1953年,随着高等院校的改革和调整的展开,高等院校的数量下降到182个。其中,工科相关的院校包括14所综合性大学和38所工科专门院校。调整后的"多科性理工大学",在高等教育部直属多科性工业大学改革后,师资力量更加雄厚,学科领域更加偏向工业化研究,并建立了"单科型工业学院",为工业部门提供技术型人才。

多科性综合理工大学主要调整模式是在原有综合大学的基础上把理学院、文学院、农学院划归其他学校,独立于工学院。从隶属关系上看,高等教育部、其他中央部门、行政委员会及县市区政府部门所负责的大学管辖区域有所不同。他们分别负责综合性大学及其他业务部门、单科性高等学校和其他高校。在国家的技术人才培养计划中,大部分理工大学提供了各种工程科学和技术领域的专业和课程,而工科院校只提供有限的特殊工程领域和相关应用科学课程。

主要的多科性综合理工大学包括:清华大学(北京市)、天津工业大学(天津市)、哈尔滨工业大学(黑龙江省哈尔滨市)、西北工业大学(山西省西安市)、交通大学(上海市)、交通大学(陕西省西安市)、同济大学(上海市)、重庆工业大学(重庆市)、浙江大学(浙江省杭州市)、广西理工大学(广西壮族自治区南宁市)、北京科技大学(北京市)等11所。

1958年以后,由于对新的工业区人才培养的需要,国家又成立了4所新的理工大学,包括:吉林工业大学(吉林省长春市)、合肥工业大学(安徽省合肥市)、陕西科技大学(陕西省西安市)、江西科技大学(江西省南昌市)。

中华人民共和国成立之后,"部门办学"成为新潮流,即其他中央业务部门如工业部等,也会设置为本行业服务的专门高校。并参与高校的基础管理工作,如负责学生的招生计划、提供教学设备和师资力量,负责学生毕业后职业分配等。这种满足行业需要的"部门办学"主要以单科性的工业学院模式为主。单科性工业学院在1952年的院系调整中更能体现专业化教育的特点。它建立在行业特色基础上，主要针对该行业发展的需要，制定专门性学科培养计划，培养专业的高素质人才。而这一发展阶段正是我国社会主义市场经济体制确立阶段，计划经济与市场经济相适应。中央部门分别在上海、北京、成都等地建立了水利、化工、石油等服务于行业发展的单科性高校，在主体学科领域形成了鲜明的行业特色，为行业培养了大量的高级专门技术人才。20世纪90年代，中国行业院校的数量级招生规模均已呈现快速发展趋势，在全国总数中占比30％，成为推动我国高等教育事业发展不可或缺的力量。

　　1952年中央有关部门在京建立的第一批高校包括：北京航空学院（由北京工业学院、清华大学、四川大学等8所高校的航空院系合并成立，今北京航空航天大学），北京地质学院（由北京大学、清华大学、天津大学、唐山铁道学院的地质系科组合成立，今中国地质大学），北京矿业大学（由焦作工学院、清华大学采矿系、北洋大学采矿系及唐山铁道学院采矿系合并成立，今中国矿业大学），北京林学院（由原北京大学、北京农业大学、河北农业大学的森林系和清华大学的相关专业合并成立，今北京林业大学），北京医学院（由原北京大学医学院独立建院成立，今北京大学医学部），北京钢铁学院（由北京工业学院、唐山铁道学院、山西大学工学院、西北工学院等校冶金系科及北京工业学院采矿系、钢铁机械系和天津大学采矿系金属组合并成立，今北京科技大学），北京石油学院（以清华大学石油系、化工系为基础，与天津大学、北京大学等高校部分专业合并成立，今中国石油大学），北京农业机械化学院（由北京农业大学机械系、北京机耕学校及农业专科学校合并成立，今中国农业大学）。

　　从这些高校的组建方式可以看出，这些单科性工程院校都是在对综合类大学相关院系的拆分和合并的基础上建立的。它们都是单一学科,更注重专业的深度,为行业内部培养专业对口型技术人才,因此较多科性综合工科大学的专业设置更加细化。到了1963年底,这两类工程学院的总数大约为100个。

与综合性工业大学工程学院相比,单一领域的工程学院集中在专门领域的工程或工程应用领域,多领域学院提供涵盖工程相关科学和技术领域的课程。据不完全调查,到1959年底,至少有59个单一性的学院。其中包括16个建筑和水利工程学院,3个航空工程学院,11个化学和工业工程学院,3个电信学院,10个运输和造船学专业,以及16个地质学、气象学、海洋学、矿业及冶金学领域的其他学科。

另外,在中国工程教育史上起伏较大的还有地方类的工科院校。1958年后,国家逐渐放宽了地方建校的条件,为地方培养技术力量的地方性的工科学校应运而生。但是,由于各地的办学条件参差不齐,工科学校的扩张显示出无序的状态。一些专科学校升级为高等学校,而一些地方,乡镇和生产队都纷纷建立专科学校,有些学校仅设1个专业。1962年的调整阶段,这批盲目扩张的工科学校被取消。

华北电力大学就是地方类工科院校发展的例子。华北电力大学的前身是电力职工学校,是1950年为适应电力工业建设需要建立的中央燃料工业部电业管理总局的下属中等专业学校,主要培养电力专业相关的技术工人。1953年10月,燃料工业部为了统一部署全国电力类中等专业学校名称,将其改名为"北京电力学校"。学校共设"机""电""炉""化"4个专业。专业课教学主要由电厂、电力局抽调的技术员和工程师承担,没有教学大纲,每门课程的教学重点取决于教师的专长和兴趣。后逐步采用苏联高等教育经验,1956年9月聘请苏联电力专家P. W. Popov来校担任校长顾问。P. W. Popov在校期间,介绍了苏联中专学校的一整套经验,推行教学计划,组织教师学习研究苏联教材和教学大纲,拟订授课计划;并组织公开教学示范课,把生产实习加入教学计划之中,三年中安排两次生产实习:二年级第二学期期末后6周实习和三年级于毕业考试前8周实习。由学校教务处对实习提出具体要求,实习前各专业需拟定实习提纲,包括每个专业的实习内容和目的要求,要求记录实习日志,根据实习日志评定实习成绩。

1958年5月,在国家提出要"鼓足干劲、力争上游、多快好省地建设社会主义"之后,"大跃进"运动开始在我国多个地区不断推进和实施。在9月所出台的《关于教育工作的指示》中,也明确指出"力争在15年内普及高等教育,创造出我国所有愿意接受高等教育的公民,都能接受高等教育的条件"(胡绳,1991)。要实现这一发展目标,首先要进行高校管理权的调整和优势,其次是通过多项扶持政策,鼓励地方办学,这样一来,地方工科院校的数量得到了迅速增长。

"大跃进"时期是高等教育快速发展的一个阶段,发展方式主要是"原校加翻""新建学校""中专戴帽"三种。1956年,清华大学校长蒋南翔向中央提议以"中专戴帽"的形式建立新学校。他认为"原校加翻"会削弱原本较强的高校,使整体高等教育质量下降,而"选择一部分具备较好资源优势的中等专业学校,创立两三年制的高等专科学校,并在此基础上,进一步创立高等学校"的措施,不会对原本的高等学校造成负面影响,同时也能够有效鼓励我国更多的中等学校通过提升教学质量提升学校等级。他的建议被中央采纳,北京电力学院就是通过"中专戴帽"的方式建立起来的。

1958年9月,政府部门提出了创建北京电力学院的指示,其目的是培养一批具备较强专业能力的电力高端技术人才。该学院的建立是在水电部和技术改进局的统一规划和指导下进行的。在建院初期,学院工作包括两个部分:大学和中专。1959年3月,中专部在初期由北京电力学院进行管理,但其仍附设在学院内,由学院统一安排教学和具体工作。

学院本科设置了电机电器制造和发电厂、电力电网、电力系统等基础性的专业,学制为五年。至1960年,又先后增加了电力系统自动化和远动化(后改为电力系统继电保护及自动化)和发电厂热过程自动化(后改为热工测量与自动化)两个专业。电厂化学专业后来并入了武汉水利水电学院。1961年9月,学院开始正式设立高电压技术和电力系统等更多的专业学科。

事实上,这种专科性技术学校更类似于行业高校,为水电部培养专门人才。行业性质的高校按照国家工业发展政策和人才需求来设置专业方向和教学计划。新的教育方案具有高级职业教育的特征,目的是尽量按照工业的直接需求培养人才。学科建设按照生产流程来设置专业。培养目标更偏向于以生产过程中的技术工作为中心的工程师。

1969年10月,在国务院的文件要求下,北京电力学院展开了校址迁移的工作,把校区整体迁至河北省邯郸市。次年,河北省的政府部门做出决定,将该学院进一步迁到保定市,同时更名为华北电力学校。针对学校管理,实施的是省部级双重领导的制度,其中省领导是核心管理者。同年12月,该校开始招收工农兵学员122人,分为发电、电力自动化、热力、热力自动化4个专业。由于招生条件的放宽,学员整体教育水平较低,其中具备初中学历水平的有86人,具备高中学历水平的有23人,低于初中学历水平的有14人。有些初中学历的学员学习外语困难,为了不影响基础专业课程的学习,学院只好制定了"免修外语课暂行办法",教师们纷纷感叹看不出这种招生办法有什么生命力(华北电力大学校史编写组,2008)。

各专业的修业年限也缩短至2～3年,使用的教材是原教材的缩减版,把看似与专业关联性不大的课程和章节删去,对原始的课程衔接顺序进行了调整。针对学校的教学方式,选取了"开门办学"等新型手段,同时也结合使用以劳动代替教学的方法。如电自专业结合了典型产品继电保护装置进行教学;热自专业的学生则被派到北京仪表工厂进行现场技术学习;而发电专业的学生,一般会被派到当地的发电厂进行实践学习。在这些的教学方式下,工人师傅走上了讲台,成为了课程的主体,而学生也能够在实践动手操作的过程中,具备更强的专业能力和创新能力。这样的教学方式造成的结果就是,生产工程师的培养只能达到技术工人的水准,理论知识不足以应对生产过程中遇到的技术问题,至于技术的创新就更不在其能力范围之内了。

1977年,随着我国科研工作的推进,水电部技改局对于人才的需求也不断提高,而此时我国的高端电力专业人才是非常紧缺的。因此,学院提出了和电科院开展长期科研合作的建议。在和教育部进行沟通后,于1978年正式向国务院提出了申请和情况报告。在10月,国务院对其进行了批复。

1978年2月,国务院通过多项文件,明确了"文革"后我国的首批重点高等学校。随着这些学院的创立,为我国的电力等领域的人才培养创造了有利的基础条件。在同年9月,学院的管理工作开始正式由水电部和河北省政府进行负责。与此同时,学院也正式改名为华北电力学院。

在1979年2月,该学院的研究生部正式创立,是由电科院和电力学院基于合作方式建立的。在创立首年,研究生部一共招收了43名学生。针对专业设置而言,有电力系统及其自动化以及高压工程等多个专业。1986年7月,随着国务院相关文件的下达,学校正式具备了博士学位授予资格。这就标志着,学校已经顺利构建了从专科到博士四个层次完善的工科人才培养层次和体系。

20世纪80年代后,华北电力大学这样有着鲜明专业特色的行业类大学在产学结合上比工科综合学校更具有优势。由于和行业联系紧密,大学在关注科研工作的同时,也要重视对科研成果的转化,促使其为各个行业领域的发展提供先进的技术支持,为相关技术性问题的解决提出合理有效的方案。同时,要加快推进学院自身的优势学科和特色学科的建设工作。得益于行业发展趋势的指示,在人才培养上行业类大学对工程师能力的要求更加具体,能够适应我国电力领域对人才的需求,及时开展人才培养和科学研究工作,为电力经济建设服务。同时,学校还和电力企业建立了工业人才培养的协同机制。对于企业急需技术人才,学校基于"订单式"的专业技术人才的培养方式,构建了我国第一批人才培养模式实验区,为后续其他学校的人才培养工作提供了借鉴和参考。

1978年十一届三中全会后,如华北电力大学一样由行业性专门工业学院发展起来的大学还有很多。随着国家对高等院校权力的下放,地方和高校的自主权逐步加强,为了适应地方工业建设的需要,地方性的工科学院逐渐增加。到1991年底,我国范围内的工科院校已经超过了280所(路甬祥,1995)(如图5.3所示)。

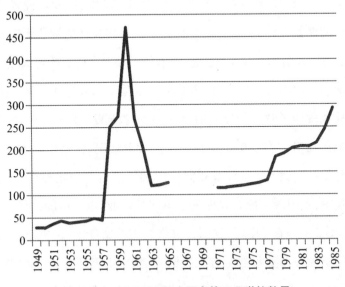

图5.3 1949~1993年全国高等工业学校数量

　　至此,中国工科本科高等工业学校的格局已经基本形成,早期教育部直属
多科性工程学校成为代表中国工程教育较高水平的大学。部属和地方的单一
性工科学院在主体学科领域形成了具有鲜明行业特色的大学,但是在80年代
后期由于专才教育越发不能适应改革开放后的人才需求,这些工科院校又在
不同程度上被改为综合学校,但是工科仍然是学校的优势学科或特色学科。
而有一部分地方性的工科院校抓住了地方工业特点开办相关专业,为地方提
供特色专业人才。另一部分工科院校由于资金、师资等问题,仍然在改革的调
整中寻找自身办学特色。

二、专业设置中的专才培养模式的体现

　　在中华人民共和国的高等教育发展历程中,首先,一个主要的观念是明确
具体的专业学科,即明确需要的专业人才类型。其次,以专业设置为依据,院
系进行相应的课程设计和规划,最终将具备较强相关性的专业组成系和学院。
在1949年之前,最初的大学中的"院"被取消。此时,工业领域、农业领域以及
教育等领域的专业学科开始合并,最终形成了独立的大学或学院。因此,其中
的内部结构也就成了党委领导下的"校—系—教研组"模式。在1952年,教育
部的专家福民提出:"在明确了学校的专业设置情况之后,学校创立的基础性
问题就已经解决。此时,对具备相同性质和特点的专业进行合并,就得到了
系。在实践中,系中既可能存在四五个不同的专业,也有可能仅仅存在一两个
专业。"(福民,1952)在1953年我国教育部的相关文件中,也提出了"现阶段我
国一部分的学校在专业设置上存在较大问题,没有基于专业来调整院系。而
是在院系的基础上进行专业的规划和设计。此外,部分学校尚未制定出清晰

的发展方向"。"在我国的西南等区域,大部门学校的院系调整工作的实施情况较差,专业之间的重复和分散的问题比较突出。""在专业的设置上,一些专业之间的性质非常接近,一些则表现出了过度分散的问题。比如,华东区域5个工科院校都设置了电信技术领域的专业"(胡建华,2001)。

专业技能成了培养工程人才的主要标准,工科各专业基本上按产品或行业进行划分。到1957年,工科本科专业的数量进一步增多,已经超过了180种。典型的例子如交通大学最初仅仅设置了机械系,而在完成了院系调整的工作中,专业的类型进一步拓展,正式出现了机械制造系等更多的系。而针对机械制造系而言,其中又更加细致划分为机械制造工艺和金相热处理等很多的专业。因此,可以发现,最初的单一的机械系,在院系调整的工作后,进一步拓展为3个系,涉及了超过15种专业类型(郝维谦,龙正中,2000)。

在这之后,专业的设置与学科专业设置的初衷发生了偏离,工科专业持续增加。到1980年,全国共有工科专业537种,光机械类就有152个专业,专业点531个。例如,针对船舶中发动机的制造技术,学院设置了内燃机以及动力装置等多个不同技术重点的专业类型。铁道建筑专业下面又分为铁道建筑、铁道线路与线路业务、铁道房屋、铁道给水排水。地质勘探被细化成煤田地质勘探专业、石油地质勘探专业、非金属矿地质勘探和放射性地质勘探专业。这种极端的专才教育的结果导致了工科学生们"在大学进行专科学校学习"。

1963年教育部修订了《高等学校通用专业目录》和《高等学校机密、绝密专业目录》,调整的原则是增设国家急需人才培养专业,重点培养出一批在火箭技术以及电子技术等领域的高水平人才,实现对传统工科专业的类型拓展。其中工科专业285种(通用专业164种,试办专业43种,机、绝密专业78种),对调整前专业数量的激增做了一定的调整和合并,如在保留机械制造工艺及设备等应用领域较广的专业的同时,也保留了冶金机械及设备等应用领域较少的专业。并且对专业名称做了一定的统一。

但实际上专业目录修订之后，并没有得到有效的执行。1963年之后高校设立专业大大超过了《通用专业目录》中的专业种类，专业细分的问题并没有因此得到解决。

其间也有不少工科学者提出质疑，比如一些专家指出，随着现代技术的发展，科学发展会表现出领域不断变窄的规律。较为典型的例子如传统的单一的机电系逐渐被划分为机械和电机这两个系。在此基础上，这两者也进一步划分为多个不同的专业。与此同时，还有一些研究专家指出，人是无法实现持续性发展的，人的发展潜力是有局限性的。而社会生产则是始终朝前推进的，其特征和性质也会出现不断的改变。因此，人们所学的专业领域和社会生产需求之间始终存在一定的偏差，并不是完全对应和相符的。这些研究人员重点指出，如果过度重视专业和社会生产的对口，在此基础上设计和规划教学，就会将很多复杂和烦琐的知识理论和经验传达给学生，对他们的综合能力造成了负面影响，不利于人才的发展。因此，他们提出，专业可以适当办宽，学校可以适当进行专业课程的增添，重视学生的选课，重点培养学生在一个专业领域的科研能力。只有这样，在人才进入市场之后，他们的在一个特定领域中的能力才会形成自己的优势，为企业的工作提供技术等方面的支持，发挥所长。除此之外，一些研究人员指出，目前我国的就业口径不准的问题是长期存在的，而很多毕业生在走向社会后，往往会改行，不从事自己所学的专业。而学校需要基于对自身资源实力的分析，科学合理地设置专业。

针对"人才类型"的问题而言，较为典型的有怎样以职业需求为依据，促使学生找到学习的侧重点，认识发展的方向。很多研究人员指出："针对大学本科的学生而言，针对技术和工程类别的专门，学生可以掌握科学技术以及工程技术，根据自身的需求和特点，侧重进行一种技术的学习。而针对应用科学的学生而言,也可以适当学习一些工程技术。针对工业管理专业的学生,不仅仅要重点学习经济管理知识,也要掌握一定的工程技术。"但是,一些研究人员的观念是"在一般情况下,可以将本科阶段的学生进一步划分为工程技术、管理工程和技术科学这三种基础的人才类型"。正是因为这样,本科生的专业培养,要重点针对这三种类型来进行设计,制定出针对性的多类型人才培养方案。此外,还有一些研究人员指出"针对本科而言,因为其教学的特殊性较大,同时也存在学校自身资源条件,管理体系、行业特色等方面的因素,培养人才不可能面面俱到。因此,需要针对专业的类型,分别制定出人才培养的规划和方案。例如,针对技术研究而言,可以对学生的基础理论提出较为轻松的要求,因此,该专业往往更加侧重实践的经验的理解,如果学生进行了长期的实践工作,自身的工程技术能力也会达到较高的水平"。

1978年后,国内工业界和教育界针对通才教育还是专才教育的问题再一次展开讨论。此次大讨论的原因是工业企业和高校高等工程教育脱节,许多企业招不到专业对口的学生,而许多专业的毕业生却供不应求。据1983年高等工程教育刊载的一篇文章统计,1983年机械类专业以"机械制造工艺及设备"就业形势最好,用人单位普遍欢迎该专业的毕业生。第二重型机器厂的管理者指出,对于机制专业的学生,他们在实践工作的过程中具备一定的专业素养,可以迅速适应现场的操作条件。相比于产品类专业的学生而言,他们对于设备和机械的认识度更高,因此对于的工艺的提升有很大的积极影响。首先,机械制造能够在很多的行业领域中的到应用,因此市场对这一专业的人才需求也是很大的。其次,这一专业的口径较宽,能够适应多种环境条件,它有明确的主干学科机械学和机械制造工艺,辅之以必要的自动化方面的知识。掌握了这些主干学科以及相关专业,就可以到一切机械制造行业从事有关工艺及设备工作,也可以与自动化方面的工程技术人员合作从事制造工艺及设备方面的自动化工作。相反,一些仅针对某种产品类专业的毕业生开始逐渐被冷落。

　　讨论因此展开,有工科专业教师认为,对于工科来说,为了适应科技的迅速发展,通才比专才更加适用,并举例,计算机专业的毕业生对本专业知识掌握深入,但是横向来看,对相关机械装置的知识是不熟悉的,对很多基础技术也不够了解,不具备专业性,分配到单位需要再培训很久才能上岗。也有的教师认为,专才教育的实行是国内大学生在校期间不易出成果,创新能力差的重要原因之一,因此呼吁改革。国内教育学者潘懋元提出比较温和折中的观点:通才教育是更适合美国国情的教育模式,在中国并不能适应,而专才教育的优势在于"国家政府能够进行统筹和规划,制定出符合社会人才需求的人才培养方案,进一步提升社会中人才结构的科学性,基于合理的比例来培养专业人才,提升高等教育的实际质量。要在专才基础上适当加强通才教育"(潘懋元,2003)。

三、课程设置中基础理论课与专业课

　　针对课程结构,关键性的问题是怎样协调和优化基础课和专业课的关系。苏联的工科培养模式中,课程设置体现了其基础理论与专业课并重的特点。而在中国在照搬苏联工科人才培养体系的过程中,却刻意弱化了理论基础课的教学。导致在之后的很长一段时间,中国的工科教育模式下,二者关系一直没有得到很好的平衡。

　　为何在照搬苏联模式的过程中会出现弱化理论基础课的问题? 其一,在移植苏联的人才教育方案的过程中,邀请了很多专家和学者参与其中,为教学

的改革和创新提供了人才资源。基于对苏联的教学方案的翻译和分析,找出苏联教材的优势,同时结合我国的实际情况,构建出更加合理的课程体系。1954年高教部审定公布了119份统一教学计划,修订了210种工科基础课、技术基础课和部分专业课的大纲,是各个高等工科院校设置各自的教学计划的指导性文件。课程体系涵盖了公共课程,即政治和体育等;基础课程,即数学和物理等;专科课程,俗称"三层楼",基于这种课程的设置方式,能够满足我国的教学特点和需求。此外,工科生课业非常繁重,课内共有3800~3900学时,课内最高周学时36学时,课程设置35~36门。针对公共课程,通常学校都会设立思想政治、外语和体育这三种课程。针对思想政治,包含了马列主义概论和中共党史,两者共计190学时。针对外语,学生可以自主选择一门外语课程,需要达到240学时的标准要求。而针对体育课程,一般情况的标准是每周2学时。然而,基于对实际实施情况的分析,可以发现,在借鉴和学习苏联的教学模式的过程中,为了加快人才培养的速度,我国将五年制的学习时间进一步缩短为四年制。因此,很多学生的学业压力很大,日常学习中的学业负担严重。因此,很多学生也只能集中精力于专业知识的学习。这就造成了他们整体的综合素养较低。虽然教育行政部门多次发文欲纠正轻视基础课程的偏向,而效果一直不明显。造成这一问题的核心原因是大学本科教育更加关注的是专门人才的培养,基于社会的需求来进行人才培养,因此往往就会更加重视目前社会中稀缺的技术性人才,忽视了其他专门的课程。

在1957年,我国教育部正式召开了改革高等工业学校教学计划的会议。很多研究人员指出,为了增强学生的综合能力,首先需要打好基础,促使学生可以具备充足的理论知识。此外,研究人员李惠亭指出,在进行教育改革的过程中,要避免出现过度重视数理化的问题,同时也要避免过度重视专业性。否则,大学的教学就会直接等同于中等的专业技术学校。而陶葆楷的研究指出,对于建筑工程专业的学生而言,无论是在怎样的行业领域中开展工作,都需要以充足的理论知识为依据,只有具备了较强的理论实力,才能够指导更多的实践问题的解决。而在设计专业课的前期,需要重视基础课在整体教学中的关键地位。以基础课为核心来进一步开展专业课。学生只有在掌握了基础理论知识的前提条件下,专业课的学习才能够达到较好的整体效果(陶葆楷,1957)。"然而,也有一些研究人员指出,针对矿产地质勘探等专业的学生而言,他们对于理论知识的需求是很低的,只有多进行实践工作,才能够提升专业素养。因此,如果过度重视理论知识,无法提升人才培养的效果。因为专业的特殊性,学生只需要掌握实践操作中的相关设备使用方法和注意事项即可,无须学习更多的理论知识。所以,技术基础课的数量可以适当削减。"(杨起,1957)而对主张削减专业课的意见,有人指出:"应以专业课作为削减时数的主要对象,理由是专业知识可以在今后工作中逐渐获得。这种看法事实上无异于把培养干部的年限延长到工作岗位上去,使毕业后已经就业的学生相对于就业要求来说还只是半成品,不能很快地担负其所应担负的工作,这是不能适应中国急需专业干部的要求的。"(杨起,1957)

针对1958年以来严重削减学科基础理论课教学课时的现象,1961年《高校六十条》指出:"重视基础理论的教学工作。在实践中,首先需要加强基础理论的教学,不能过度关注理论对实践的作用。在专业课程的教学之前,必须要做基础知识的教学工作。"(上海市高等教育局研究室,1979)

另一方面,专业课程分为技术基础课和专业课,具体而言,对技术性课程进行纵向设计,重视课程研究的深度。但是这种方式也存在较大的缺陷,即不同的课程之间缺少相关性。技术基础课的课时占很大比重,技术基础课的范围比较窄,学科内部各专业间课程差异较大。所以,学生往往会出现横向知识不足的问题,缺乏其他关联学科的知识,同时也缺乏更多的经济领域以及管理等领域的知识理论。这样的课程设置在50~60年代显示了它培养人才的时效性,和国家分配制度的配合为企业迅速培养了技术对口的现成人才。

专业下设课程还需要进一步的专门化。比如,在1954年的铁道建筑专业教学改革工作中,规定指出:"如果其他课程和自身专业的人才培养目标的关联性较低,就可以进行取消。此外,因为四年制的时间限制,一些课程的开展是不成熟和不必要的,也可以直接取消。除此之外,专门化课程的强度不够的,学校要提升学时数,为学生增强专业能力创造条件。在铁道建筑专业中,实现了房屋与给水排水的专门化。首先,对铁道选线设计与铁道建筑进行了合并,对其学时进行了缩减。其次,房屋专门化中加入了铁道房屋结构等多个相关课程。而给水排水专门化中的课时数也进一步增多。因此,这两个课程的专门化目标得以实现。"在实践操作中,为了实现课程的专门化,也会出现相同专业、相同课程,但是专门化不同的现象。这就造成了人才培养的规格更加细致和具体。一些课程虽然在学时等方面是一致的,但是课程的专门化是不同的。随着专门化的要求的改变,相应的课程的教学大纲也会出现调整和变化(康全礼,2012)。

20世纪70年代末开始,这种单科的课程体系在实践中表现出了很多的问题和缺陷。比如,课程的内容设计不够科学,课程的形式较为的单一,课程结构不够科学,实践的教学质量较低,学生的参与度不足等。除此之外,需要重点注意到的是,因为课程设置上的一致性,课程都是千篇一律的,因此,学生也不具备自身的优势和独特的能力。这就导致了最终所培养出的人才存在很强的趋同性的特点。20世纪80年代中期,通才教育和专才教育在课程设置上的争论在工程界和高等教育界再次展开广泛讨论。大量关于专业调整的美国、联邦德国等的工程教育模式被广泛介绍到中国。而联邦德国的工程教育模式更是作为中国工程教育的改革方向被模仿。20世纪80年代国家给予高校一定

的自主权,一些高校开始将某一学科作为试点进行教学计划的调整。伴随着
工程专业口径放宽,课程设置也进行了逐步的调整。调整目标是加大学科内
不同专业方向相同课程的设置,把一些专业课由必修课改为选修课程,把另一
些技术专业课被放在研究生培养阶段学习。但是这些调整仍然只局限在某些
高校的某些学科领域,虽然引起了工程教育界的重视,但是仍然没有作为国家
高等教育改革方案被推广。

第三节　理论与实践:在工科教育中的地位问题

一、实践模式的建立

　　相比于其他的教育类型,高等工程教育表现出了对实践性的更高要求。
在培养工程技术人员的过程中,加强实践,重视实践经验的积累是非常关键
的,是提升工程技术人员整体水平的重要手段。1952年后学习苏联的工程师
培养模式,高等教育人才培养模式中加强了教学环节的构建,形成了重视实践
性教学的氛围。1953年,政务院通过一系列的文件和计划,明确提出了高等学
校的院系调整规划以及增强生产实践能力的政策要求。政务院提出"在高等
学校组织开展生产实习的过程中,需要指导学生将理论知识转变为实践工作
的推动力,在实践联系理论的基础上,增强学生的综合专业能力,达到学以致
用的目的。高等教育部基于这一标准要求,构建出相应的生产实习的规则和

制度,严格保障学校工作的科学性和规范性。无论是学校的管理者还是企业的管理者,都需要认识到生产实习的重要价值和意义,基于实际情况,制定出合理的实施措施和方案,确保学生能够通过生产实习,将前期掌握到的理论知识进一步运用到实践中。而中央高等教育部要加强与区域教育部门的合作,同时与地区的财政等多个部门相互沟通和协调,指导生产实习的工作。此外,工会等组织的代表人员和学校方的人员一共构建指导小组,并且安排生产实习的专门管理人员。最终在校长的全面统筹和领导下,组织开展各项生产实习的活动"。

1955年11月,高等教育部进一步提出了学生实习的相关原则和标准。具体而言,针对实习的时间安排,学校需要基于对学生情况的分析,适当增加实习课程在整体课程中的时间占比,促使学生有充足的时间来进行生产实习。工科学生在校学习四年,需参加认识实习、生产实习、毕业实习等3~4次,一般共占20周左右时间。其中,公益劳动、专业劳动的时间是一致的,都是10周。在实习的过程中,此时学生会作为现场的劳动工人,在明确生产目标的基础上,向其他工人进行学习,逐渐掌握生产的技术,提升实践能力。与此同时,通过实践活动,对自己所学的知识和理论进行应用,实现理论和实践的结合。学校和工厂共同拟订劳动大纲,按计划进行劳动。这段时间实践内容的特点包括:

(1) 实践教学理念:学习工艺知识,提高动手能力,转变思想作风。

(2) 实践教学基础设施:铸、锻、焊和车、铣、刨、磨、钳等热、冷加工的常规设备。

(3) 实践教学内涵:通过对各工种的实际操作,学习由上述常规工艺设备所体现的各种工艺方法,掌握制造的一般工艺流程。

(4) 实践教学方法:采用单机、手工,以及师傅带徒弟的常规教学方式。由于拥有4~6周,甚至6~8周的实践教学时间,单工种重复操作的机会比较多,因此熟练性较好。

(5) 实践教学对象:主要是机械类和近机械类的学生。

(6) 实践教学管理:由于实践教学的整体水平较低,所涉及的课程数量少,教学内涵仅局限于常规机械制造领域。因此,这一阶段的教学管理相对简单,仅按常规方法管理即可,所占的工作量较少。

苏联的教育专家提出了这样的观念,即"只有工程师才可以培养出工程师"。这就说明,针对教师团队而言,其要具备较强的工程实践的经历和能力。50年代的清华大学很重视工科学生的实践能力的培养,当时的清华大学是由苏联专家主管金工实习。苏联专家按照教学要求,亲临实习现场,监督实习教学的全过程。1956年苏联专家撤走以后,教研室的工作基本仍然按照苏联专家的模式进行。

1958年,我国的教育部门在学习和借鉴苏联教育思想的同时,也开始立足于我国的实际情况,积极进行着创新和改革教育方式的探索。教学、科研、生产三结合的校内基地的建设也蓬勃开展,将生产劳动纳入教学计划中。五年制教学计划中生产劳动、实习等周数约为55周,比原来的实习周数增加一倍。由于生产劳动时间的增加,基础课以及专业课的课时出现了减少。

毕业设计取得了不少成果,部分学生参加了国家重要工程的研究和设计工作。如1958年清华大学水利系各专业毕业班的同学在为祖国献礼的活动中联系国家需要,参与密云水库等工程设计、参与教学改革修订教学大纲。一方面"真刀真枪"毕业设计,一方面通过自己学习的体会和生产的检验参与教学工作拟出教学结合生产的教学规划,即"既要培养高知识的学生和科研人员,也要培养劳动工人的教学计划和教学大纲"。中国科学技术大学也开展了类似活动,在钱学森的支持和指导下,力学系成立了以学生为主要参与者的火箭研制小组,并将研制成果运用到了实际生产中,作为降雨催化剂的运载工具,成功实现了人工降雨(张瑜,2008)。这种方式取得的成绩得到了很快的肯定,于是生产实践的范围从高年级学生和青年教师扩大到低年级学生一同参与的层面。学生在理论学习上花费的时间大幅度降低,而生产实习的时间显著增多。

通过对实际工程的参与,把理论与实践相结合,既满足了社会生产的需求,同时也对学生的综合能力进行了锻炼,促使学生能够将理论运用到实践工作中,提升自己的专业素养和工作能力。因此,针对技术专业,就需要基于自身专业的特点,同时重视国家的相关科研项目和工程,从而带动专业和学科的成长。

二、实践模式的偏离

"教育大革命"后,学校的实践环节发生了偏离,各地开始开门办学,过度重视学生的体力劳动,导致专业生产实践变成了生产劳动,并没有为学生的专业实践经验积累带来任何好处,反而浪费了太多时间在生产劳动中,而忽视文化知识的学习和业务技能训练。

1978年,随着《关于高等学校理工科教学工作若干问题的意见》的正式出台和实施,其中明确提出了教学计划的优化和调整之处。针对理工类本科而言,学习时间为4年。以本专业为核心,主学时需要达到146周,而兼学的其他课程以及活动的学时要达到36周。在主学时中,理论教学与教学实验的占比不能低于80%。而这两者之间的比例需要严格控制在1:1.5。针对基础课教学,其要尽量简洁,内容精练,提升教学的效率,在课时上不低于总学时的70%。

　　1984年《教育部关于直属高等工业学校修订本科教学计划的规定(草案)》
中重新规定四年制工科大学本科安排实习工科学生的实践活动有军训、社会
活动、公益活动、课程设计、生产实习和论文等,至少需要达到10周。而针对五
年制大学,至少需要达到14周,同时适当增多公益活动。在进行生产实习的过
程中,需要促使学生能够应用所学的理论知识,实现理论和实践的相结合(如
表5.3所示)。

表5.3　实践教学环节的设置情况

年份	学制	学分	理论课	军事训练	志愿者劳动	计算机	测绘	设计	金工实习	生产实习	认知课程	毕业设计
1952	4	195	114	0	0	0	0	4	3	14	0	10
1957	5	256	144	0	5	0	0	3	15	16	0	21
1963	5	256	144	0	4	0	0	13	12	13	0	16
1979	4	202	133	0	2	0	0	3	6	5	0	10
1985	4	202	112	5	1	0	2	7	4	5	2	14

　　资料来源:《面向21世纪高等工程教育教学内容和课程体系改革计划》工作指导小组. 挑战·探索·
实践:面向21世纪高等工程教育教学内容和课程体系改革研究成果:第1集[M]. 北京: 高等教育出版
社, 1997: 147.

　　但是,80年代开始,工程教育中的实践性教育又偏向了另一种极端,科学
和理论的导向更加明显,工科教育逐渐"去工程化"了。一方面高校人才培养
目标逐步与企业需求解绑,另一方面学校不具备经济市场的开放性特点。在
实际的教学过程中,办学目标往往是学校的管理者以及相关的授课教师来设
计的,缺乏企业工程师的参与。与此同时,由于国家正处于经济市场快速发展
和变化的背景下,传统的实践教学所依靠的厂校合作模式已经不再适用,表现

出了较多的问题和缺陷。本科工程教育中实践学时被削减,一些实习基地的设备陈旧老化,而到对口工厂的实习难以落实,工科教师又相对缺乏实际工程经验,造成了很多学生不具备实践操作的能力,无法将理论知识运用到实践中。很多高校仍然实行的是传统的教学模式,尚未引入计算机等技术来进行创新和改革。(姜嘉乐,2006)孔垂谦的研究指出,目前我国本科工程的教学呈现出了"去工程化"的特点。(伍贻兆 等,2006),学校过度重视理论教学,忽视了工程实践的重要性,很多工程实践课程表现出了流于形式的问题,无法发挥出提升工程教学质量的效果。

无法平衡应用和实践在工程教育中的关系问题,与中国高等工程教育的形成历史有关,中国的现代高等工程教育体系是在缺乏自有工业基础的情况下,由国家引进西方模式兴办的。这种办学模式缺乏密切联系工程实际的文化传统,在国家技术发展多靠技术移植的现实情况下,工程人才缺乏对工程技术的敬畏和兴趣。同时,由于中国的工程教育并不是伴随工业发展而逐步建立起来的,因此缺乏与工业共同成长的密切关系,缺少自身发展的内在动力。这种内在动力的缺乏导致了高等工程教育的思路不清晰,定位也不够明确,容易盲目追随其他国家工程教育的风向而改变。

第六章
中国工程师的职业生涯

第一节　产业与工程师

　　工程师的职业活动是伴随着工业发展进行的,职业活动与社会分工的关系极为密切。每一种职业都是社会分工中的一定部门。职业随着社会分工的产生而出现,随着社会分工的发展而变迁。本章以工程师职业活动所在部门作为分类标准,探讨中国工程师群体在发展过程中处在不同行业内的职业角色和特征。

一、农业:群众科学家与农业工程师

　　土木、机械、电气等工程与农业工程的区别在于土木、机械、电气等工程的重点是设计制造,而农业工程的重点是应用,并要注意应用中的效率和经济效益。农业工程师是为特定农业生产部门服务的一类工程技术人才,他们的任务是充当农民的技术顾问。

　　1978年以前,国内对农业工程师并没有较为完备的认识,农业工程师更多

的是由服务于农业的机械工程师、土木工程师以及生物学家、植物学家等科学技术人才组成的。虽然在我国没有农业工程的事业管理部门和学科,各有关事业管理部门、研究所和高等学校有关的专业事实上已经进行了大量的农业工程工作,如农业机械化、电气化、水利化,农村建筑,农产品的贮运、保鲜和加工,畜牧、水产、森工的机械化等。

中国向来是农业大国,但在农业科学化和技术化方面程度较低。1945年,民国政府与美国有关方面签订了帮助中国发展农业工程事业的协议,主要内容包括由美国派布朗利·戴维逊(J. Brownlee Davidson,美国农业工程学科创始人)为首的4名教授到中国,在原中央大学和金陵大学建立农业工程系,在国内培养农业工程人才;同时,由中国派20名在国内工作3年以上的大学毕业生到美国的爱俄华大学和明尼苏达大学两所大学的农业工程系攻读硕士学位,为期3年。这20名留美的农业工程师在中华人民共和国成立后的农业机械化、农业工程科学发展、农业工程人才培养等方面发挥了重要作用。

农业工程学家陶鼎来就是这一时期美国明尼苏达大学农业工程系的毕业生之一。彼时中国的农业机械化和农业综合化开发工程还十分落后,中国的绝大部分人口完全依靠农业为生,但农业的增长受制于耕地不足和现代农业技术的缺乏。人口的增长速度已经逐渐超过耕地面积的增加速度,人均耕地面积小,传统的劳作方式等都使得农业人口的温饱问题难以解决。陶鼎来在亲历两国农业之差别后,深感美国农业生产力的先进,一个美国农民一年生产的农产品是一个中国农民的数百倍。而当时中国的绝大多数人仍对农业工程师深感陌生,更不知农业机械工业和农业机械化能给古老的耕作模式带来怎样的冲击。

作为留美的农业工程师,陶鼎来认为应当把这种情况告知国人。随后,他和一起留美的农业工程系毕业生李克佐、高良润、陈绳祖、张德骏、水新元、王万钧、徐佩琮等8人共同署名撰写了《为中国的农业试探一条出路》发表于1948年9月13日出版的《观察》杂志上。文章介绍了美国的农业机械化生产方式，表示要在国内试办机械化生产农场，呼吁要探索中国农业的新出路。

中华人民共和国成立后，党和政府十分重视农业生产的恢复与发展，强调"水利是农业的命脉""农业的根本出路在于机械化"，并且开始着手准备以农田水利与机械化为中心开展农业技术革命。1955年，国家在洛阳建立了第一拖拉机厂，逐步建立农机工业体系。

但事实上改变传统的农业模式并非易事。这一批留美的农业工程师们回国后发现，仅靠这不到百人的农业工程师是无法在短时间改变中国的农业状况的。中国农业的发展需要农业人才的积累和农业科学的发展。虽然多数农业工程师们希望能够在农业生产的第一线工作，但是出于全局的考虑，更多的人则留在了农业教育和农业科研的第一线。中华人民共和国成立后，出于国家的需要，陶鼎来首先考察了苏联国有农场、集体农庄和农业机械化科学研究院等机构，随后在国家的指示下调到北京农业机械化研究所，担任农业机械运用修理研究室主任。也在这一年中，国家开始制定"十二年科学规划"，由于学科的需要，他在专家组中负责农业机械化部分，组织编写关于农业机械的使用、维修、组织管理等计划。随后，他一直在研究院中从事相关的农业机械化的研究。1962年，他在国家合并组建的中国农业机械化科学研究院中担任副院长，主要分管农业机械化方面的研究室。在探索适合中国的农业机械化方式方向上做出了深入研究(中国科学技术协会，1996)。

农业工程学家崔引安代表着另一类工程师的选择。在他回国后，就致力于农业工程教育的发展。他主持筹建了国家最早的农业工程专业，由于师资匮乏，他为这个新专业开设了如"水土保持""灌溉与排水"等多门新的专业课。为主持创建农业机械设计与制造新专业和培养大批师资力量都做出了重大的贡献。

农业工程师所提议的,在工业化的基础上发展农业的观点得到了党内广泛的支持。国家很明显地倾向于能迅速展示社会主义优越性的工业。因此,如何借助工业发展农业也是农业工程师要考虑的问题。

在此之前,农业的增产并不是通过耕种的机械技术的革新,而是通过改变作为类型的方法来完成的。麦克法夸尔在谈到中国农业革命的兴起时就曾提到,中国农业经济的发展主要是依靠投入大量的劳动力以及尽量开垦未使用的耕地来实现的。但是,问题在于对农业科技的投入严重不足,因此,形成了农村经济增长的粗放型模式,农业发展缺乏后劲。事实上,国家从"一五"计划开始就意识到了这个问题,在建设和推广农业科技的时候也遇到了很多阻碍,最大的问题就是农业科研人员匮乏的情况。

从"一五"计划开始,国家就实行了产业技术政策,当时的主要目标是要实现"赶超"战略,农业方面开始组建农业科研机构。1956年党中央颁布了《1956~1967年全国科学技术远景发展计划》,这一规划的出台在农村掀起了农业技术革命热潮,各地开始探索改变传统"靠天吃饭"的局面,寻求农业发展的新途径。

1951年,国家在东北和华北两个大区首先试办农业技术推广站,尝试建立支持农业科技的工作网络。1952年,国家又把农业技术推广站深入到各地方县、区级,并且在各个行政村设立农业合作生产委员会。到了20世纪50年代后期,农村的四级农业科学实验网基本建立。该网络是由县级农业科学研究所组成,与上级农业科研机构合作,称之为"骨干"。其他三个级别分别是农村公社、生产大队和生产队级别的推广站、团队和小组。到1956年,全国共建立16466个农业技术推广站,有推广人员94219人(农业部科技教育司,1999)。该网络在促进农业发展科技化方面发挥着重要作用。但是,应该认识到网络的重要性,它可以解决生产和研究中遇到的问题。总之,该网络的价值在于它能够使专业农业科学工作者共同收集数据,研究育种和栽培技术,并最终在大范围内推广技术。如1974年美国植物研究代表团的一位成员所说:"如果能把印度和中国的农业研究和推广体系混合起来,就会有一个很好的体系。印度现在有一些非常复杂的研究能力、研究机构和农民,但是,研究机构和农民之间的联系非常薄弱,推广困难,与之不同的是,中国的研究机构和农民之间有着强大的联系。中国的问题在于基础研究比较薄弱,一旦中国发展起来,创建基层研究和推广机构,则可以很快得到发展。"(Sigurdson,1980)

农业的科研工作由于缺乏农业技术人员和工程师,而远远落后于农业技术的推广网络。

50年代中国对农业科技研发的认识并不足够,农业工程师也并没有被定义。农业工程师更多的是为农业工作的机械工程师、土木工程师以及生物学家、植物学家。而这批专家的数量太少,往往都集中在农学院和农业研究所内。农业技术的研发和推广缺乏足够的资金和人力,导致虽然有自上而下的农业推广网络,但是先进的农业技术仍然停留在研究所里。

国家也注意到了这个问题,因此,1958年3月,在国家科委第五次会议上,聂荣臻副总理强调了科学应该服务于"大跃进""科学必须为生产服务"的方针。他说:"为了实现我国科学事业的'大跃进',就一定要明确科学必须为生产服务这个根本方针。……科学是一定要为生产服务的,在今天就是要为生产'大跃进'服务。如果不明确这一点,我国科学事业就会迷失方向。"(胡维佳,2006)会议的号召首先得到农业科学界的积极响应。中国农业科学院立即召开对科学人员下基层的动员会议。该院便从各研究所中抽调三分之二的农业研究人员组成了6个科学工作队,参与到农村农业实际问题的解决和研究中去,切实用农业科学知识服务于农业生产。随着全国人民"大跃进"运动热情的高涨,中国科学院的其他一些单位也纷纷地加入到农业生产"大跃进"的队伍中来。即使是一些与农业生产毫无关系的学科,也在努力地寻找研究课题为农业生产服务,甚至有的科技工作者改行从事农业相关的研究。一个典型的例子就是,中国科学院动物研究所的研究员寿振黄本来是研究鸟类的,为了服从政府和人民的需要,就改行做了兽类研究。

除了科研人员为农业生产服务外,党的群众路线也被用在了生产领域。毛泽东提出了"敢想、敢干"等口号。主流媒体也对此进行了广泛的宣传和动员,广大农民的积极性被调动了起来,同时农业工程师和科学家自身价值的社会认同遭到严重贬损。主要体现在以下几个方面:

第一,体现在农业增产技术上的竞争,"大跃进"运动初期,农业科学界把耕种试验田作为贯彻"理论联系实际"方针的首要方式。浙江农学院的水稻栽培、水稻病虫害以及种子、土壤等方面的专家,组成水稻三熟丰产小组,计划把每亩(1亩约合666.7平方米)水稻产量从1957年的727多斤提高到1500斤,并争取达到1500斤。然而,令人尴尬的是,农民们不断刷新的"高产"记录,让专家们望尘莫及。化肥专家纳依金教授是苏联知名的老科学家,在浙江时,当地领导汇报说今年全省平均施肥量为2000担时,他委婉地说:"这比苏联高750倍。"又如,河北省农业厅召开座谈会,苏联专家感到十分尴尬,没法传授自己的技术和经验。败下阵来的科技研究人员转向对农民的丰产经验进行"科学"总结。此外,在全国各地的高产"卫星"竞相升空之时,中国科学院的科学家还奉命开展了"粮食多了怎么办"的研究课题(薛攀皋,1997),但不久后的"大饥荒"的现实宣告了"粮食多了怎么办"研究无果而终,并且给农业工程师等专业人员带来了"粮食少了不够吃怎么办"的研究任务。

第二,农业"土专家"走进学术研究机构。在走群众路线"拜农民为师"的号召下,农业工程师和科学家们走向田野,"土专家"为科技工作者传授农业种植经验。科学家拜"土专家"为师,向他们学习农业理论。李始美(1923~1904)

是当时的一个典型人物,他本是广东新会县(今江门市新会区)会城镇农民出身。据他自己介绍,其仅受过一年的初中教育。1953年开始,他由兴趣使然开始研读昆虫学和有关白蚁的文献书籍,1956年学成后便开始了除白蚁的实践。他跑过南方多省,对房屋、桥梁、水闸、轮船和木船中的白蚁进行了除治实验。在大量的实践经验的积累下,他总结了一套除治白蚁的有效方法。在研究出成功杀灭白蚁的方法后,李始美把研究成果在群众中推广开来,在各地人民政府举办除白蚁学习班中,他都毫无保留地把方法传授给其他人。1957年他还带领了防治白蚁小分队为全镇消灭白蚁。经过数月的工作,基本上消灭了全镇的白蚁。

1958年,35岁的他赢得了"防治白蚁专家"的称号。他的事迹被广泛传开,同年,李始美应中华全国自然科学专门学会联合会的邀请,来到北京为科学家传授灭蚁经验,受到了科学家们的热烈欢迎。生物科学家们在学习了他的方法后,也认为李始美的灭蚁方法是符合生物学的理论的,并且"是科学工作多快好省的范例,体现了社会主义的科学道路"。同年7月,经昆虫研究所领导的提议,中国科学院第8次院常务会议讨论并通过了聘请李始美任昆虫研究所研究员(张志辉,2009)。但是,后来的几十年中,李始美防治白蚁的技术方法一直没有得到理论的支撑,也没有明显的改进和提高,仍然停留在经验层面,没有形成防治白蚁的理论。这样的情况代表了"土专家"的一般特征,在实际问题的解决上,"土专家"通过经验的积累是可以达到专家的水平的,在当时也为解决一些实际问题找到了出路。

1956年,同样农民出身的王玉振响应上级号召,带领群众开始开发农田地下水道解决了农田灌溉的问题。1958年中国农业科学院派出专人,制作了地下水道模型,将其列入全国先进农业县展览会展览推广,并配备了4名工作人员和1名翻译人员。展览会期间,受到了党和国家领导人周总理等的表彰鼓励,接待了国内外许多专家、领导人的参观。此项改革还被评为全国先进农业县二等奖。1958年6月3日,中国农科院下达聘书,聘请王玉振为"特约研究员"。1958年4月25日,周恩来、彭德怀等中央领导同志亲临东寺庄村视察,给地下水道以高度的评价。同年12月份,王玉振代表东寺庄农业社参加了"全国农业社会主义建设先进单位"大会,受到了毛泽东等党和国家领导人的接见。1959年1月30日,河南省人民政府授予王玉振"农田水利红专工程师"证书(中国人民政治协商会议偃师县委员会学习文史委员会,1992)。

那一时期,各大报刊报道的"土专家"还有很多。如最高党刊《红旗》曾发表文章,介绍了陕西省礼泉县烽火农业生产合作社主任,27岁的丰产能手王保京。尽管他只上过两年小学,由于农业增产技术的推广被陕西省农业科学研究所聘请为特约研究员。文章说他"是名副其实的科学家,是我们党培养起来的新型科学家"(中国人民政治协商会议偃师县委员会学习文史委员会,1992)。1958年6月3日,中国农业科学院农业机械化研究所举行隆重的聘请典礼,一次聘请了21位"土专家"为特约研究员。

还有专门的歌谣歌颂和宣传"土专家"在农业技术革新中的重要贡献:

> 土枪土炮土专家,科学堡垒要攻下。
>
> 土法也能把钢炼,产量不比洋钢差。
>
> 土犁土耙土办法,农业战士土专家。
>
> 亩产小麦七千多,奇迹之中传佳话。
>
> 土专家,干劲大,困难见他缩尾巴。
>
> 技术花朵开遍地,洋博士也佩服土专家。(小阿毛)

应该承认,在农业人才匮乏的时代,由于农民群众对土地有着较深的了解,不乏有很多"土专家"靠改进技术解决了许多农业生产中的实际问题。但也应该看到,在对"土专家"低学历的强调和对技术改进成果的过分夸大上,存在着政治宣传的一种导向性。这种导向性产生了"土"和"洋"的对立。究其原因,如L. Orleans所说,虽然政治和社会变化已经渗透到整个社会之中,但大部分农村人口仍然没有受到技术变革的影响(Orleans,1967)。为农业服务的技术知识还没有在农村站稳脚跟的时候,那些符合政治宣传的农民能手就成了农村的农业专家、农业工程师。而真正的专家却因为政治的导向而集体失语。有的科技工作者被迫放弃了实事求是的科学态度。在特殊的社会环境中,不自觉地丧失了科学的理性。也有一些科学家表示出怀疑,在"竞赛"中,就有人再三强调:"农民可以随便讲,科学院可要实事求是,要有充分理论依据。"

群众的力量一直没有被忽略,《人民日报》在1978年的一篇社论中说:要继续巩固和发展以人民的科学研究为基础的四级农业科学研究网络和专业研究人员,高度重视并充分发挥其作用。大众科学研究成果和农业生产模式经验是专业研究人员科学研究的丰富资源。在扩大科技研究高度的同时,专业科研人员还必须为群众科学研究提供更多的理论和技术指导,使群众能够总结经验,提高科学研究水平。

但是,很明显的进步是科学的方法被采用了。1979年开始,中国加快了农业工程的发展。国家科委承认农业工程学科在中国属于应用技术科学,中国农业工程研究设计院在农业部的领导下成立。同年,中国科协批准成立了中国农业工程科技工作者申请的中国农业工程学会。学会还组织编制了农业工程发展规划。中国农业工程师认为,除农田水利和农业机械化外,还应扩大工作范围,开展和农业相关的各类科学技术研究任务,比如农业电气化、农业建设和环境控制、农村能源、土地利用工程、农业材料加工、农业工程经济学、农业工程推广、农业系统工程、电子计算机、遥感技术和其他农业新技术等。

  然而事情又走向另一边。中国工程院院士袁隆平,1953年毕业于西南农学院(现西南大学),是那个时代典型的农业科班出身。毕业后,他服从全国统一分配,到湖南省怀化地区的安江农校任教。随后,又被调到湘西雪峰山麓安江农校教书。1960年,在三年自然灾害之后,看到农业减产对广大群众带来的危害,袁隆平开始进行水稻的有性杂交试验。1966年,他在《科学通报》第17卷第4期上发表了第一篇关于有性杂交试验的文章。结合两年的试验和科学数据的分析整理,他提出通过进一步选育,可以从中获得雄性不育系、保持系和恢复系,实现三系配套,使利用杂交水稻第一代优势成为可能,从而给农业生产带来大幅度的增产。

  随后,袁隆平就投入到理论联系实际的试验之中。研究经历了近十年时间,他和他的助手一起用了上千种水稻,进行了3000多个杂交组合试验。经过大量的试验,1974年袁隆平的种子配制成功。一年后,他在湖南省委省政府的支持下,大面积的种植业获得了成功。试验的成功为随后大面积的推广做好了优质水稻种子的准备。

  1975年冬,国务院决定,大面积推广和实验杂交水稻的种植,同时,国家对此加大投入,一年三代地进行繁殖制种,以最快的速度推广。1976年,国家正式确定了杂交水稻种植的示范点,面积约为208万亩,而且遍布全国范围。1988年,我国的杂交水稻种植面积已经将近2亿亩,其在整体的水稻种植面积中约占40%,总产量约占整体水稻产量的20%。在之后的10年间,我国的杂交水稻种植面积不断扩大,产量也在不断提升,创造的经济效益和社会效益也在不断增加。

  1981年6月,我国在公布的《关于新中国成立以来党的若干历史问题的决议》中,重视并肯定了籼型杂交水稻在我国科学技术发展中的重要地位,并且将其列入了建党以来的重要科学成就。1981年6月6日,袁隆平和籼型杂交水稻获中国第一个特等发明奖。1983年8月,袁隆平再次被邀请到美国对杂交水稻的种植情况进行考察,并且被要求在技术方面进行指导。1984年6月15日,杂交水稻研究中心在湖南成立,这标志着中国杂交水稻开始了新的研究阶段,袁隆平当选为该研究中心主任。同年,在国家级突出贡献奖项的评比中,袁隆平获得了中青年专家的称号。1985年,湖南省安江农校聘请袁隆平为名誉校长,同时,西南农业大学聘请袁隆平为其兼职教授,不定期在校内授课。同年10月,袁隆平获得了联合国知识产权组织颁发的荣誉,即"发明和创造"金质奖章和荣誉证书。

　　杂交水稻研究属于创新性科研工作,不管是在理论层面、技术层面或者是实践层面,均具有创新性。袁隆平在此方面的科研获得成果,充分体现了科学理论与实践经验的结合,是从解决实际问题出发的工程方法的应用。也正因如此,在袁隆平评选科学院学部委员的过程中遇到困难。科学院的遴选标准是从分子生物学的角度,在较为强调生命学科前沿领域是否实现了方法或思想的创新进行考虑,袁隆平的实践成果主要基于已有研究成果基础上,采取传统杂交方法进行科学实验。此事在社会各界掀起了轩然大波,很多人认为袁隆平评选科学院院士的失败是学术界对农民科学家的不尊重和对实践成果的蔑视。最终在中国工程院成立后,袁隆平当选为工程院院士。从院士甄选这件事上,也可以看出科学与工程之间的关系,以及科学家和工程师的微妙关系。

　　农业作为第一产业在中国有着极其特殊的重要地位,农业的稳定增长和农村产业结构的改善,是整个国民经济长期稳定发展的基础。加强农业建设尤为迫切和重要,其中农业工程师又是实现中国农业工程现代化的关键。具有留学背景的农业工程师以及本土培养的像袁隆平这样的农业工程师和农业推广技术人员以及农业土专家组成了中华人民共和国成立后农业科技发展的工程队伍。他们各有分工,在农业人才培养、农作物增产研究和农业机械化和科学种植技术传播等方面做出了重要贡献。然而,农业工程师的重要性和其地位却并不相称,"一学理,二学工,三学文,实在不行进农校门"的观念在国民的心中有着根深蒂固的文化认同感。事实上,现代意义上的农业工程学科在中国是一门新兴的学科,与传统的农业技术有着很大的区别,农业工程学科需要在学科分类中找到合适的位置,农业工程师也需要尽快得到合适的定位和重视。

二、重工业:技术员与工程师

从技术史的角度看,一个国家的工业化过程需要配备两个条件:一是企业家,二是生产技术。在中国这两点都尤为薄弱,因此,政府担任了企业家的角色,决定了产品的生产和资源的分配,而掌握技术又能通过其活动使技术在现有的社会条件下得以生根的中国工程师的作用也显得尤为重要。重工业部门是"一五"计划之后重点发展的产业,因此,从毕业分配的角度看,在工业领域任职的工程师占工科毕业生中的绝大多数。工业领域的工程师数量庞大,这一群体可谓是现场工程师的主要来源,也是高等学校院校调整的主要培养目标。但是,在工业工程师的任用上,却产生了工程师的"技术员化"特征。

这种特征体现在以下三个方面:

第一,工程师经历背景上的"技术员化"。

50年代初期,受中苏关系及苏联援助的影响,国家确立了优先发展重工业和国防工业的建设方针,现了国民经济、国家安全和社会发展的需求。从"一五"计划开始,政府就将重工业定为经济政策的重点。1952年全面学苏和"156项重点工程"陆续实施后,苏联除了负责重大装备的安装和操作,还包括交付设计、供应设备、提交技术资料、派遣专家和接受实习生等五个方面。这一时期实现技术进步的主要手段是苏联的援助，主要体现在"156项重点工程"上。大型重机厂主要的技术任务都由苏联工程师承担，包括择厂址，搜集基础资料，进行设计(苏方承担70%~80%)，供应设备(苏方承担50%~70%)，无偿提供技术资料，直到指导建筑安装和开工运行。中国工程师则是作为苏联专家的助手对苏联提供的产品设计图纸、工艺和其他技术资料进行消化和吸收。很多企业初建时并没有对口的中国工程师，就由工人、技师跟着苏联专家边看边学。从长春第一汽车制造厂1953年筹建的第一天起，苏联专家就开始为干部职工讲技术课，到三年后工厂建成，186名苏联专家为2万职工讲授技术课1500余次，直接培养管理干部和技术人员470名，其中处长56人，工程师139人，科长、车间主任60人，技术员173人，技工90人(沈志华，2015)。

在苏联专家的带领下，一大批工人和技术员逐步成长为工厂中的技术骨干。1949年，17岁的陈茂进入鞍钢电修厂跟师傅学习电工。陈茂在学习技术上，碰到许多困难。各种仪表的真空管，有时算错就会爆炸，他也找不出原因来。他知道，要想提高技术，必须先提高文化。当1950年鞍钢举办业余初中班时，他就参加了学习。他还和厂里的技术员订立"包教包会"合同，在实践工作中学习。通过学习入厂3年就达到了6级工的水平，还学习了"电工学""电器计器"等工业理论。1953年，他完成了鞍钢教育处规定的18个月学习任务，经过考试合格被批准为技术员。同年，他进入鞍钢夜大学。陈茂在学习中善于把所学的理论应用到实际上。在他学习了工业电子学原理，了解电子管的性能构造以后，就创造一种新的设备——"配电箱"，解决工作上的问题。因为工作关系，他常到鞍钢厂矿去，有一次他看到测定各种轧钢机时所用的方法很复杂，往往3个人计算还得一星期，这种方法效率低又不精确，是在浪费资源。他想到在技术革新展览会曾看见过用于教学上的电子计算机，就想研究一个用于生产上的电子计算机。建议提出后就得到了党组织的批准。他同工人解玉生一起经过4个多月100多次试验,终于试制成功用于测定轧钢机的电子计算机。从此,在测定轧钢机时,只需几分钟就能得出准确的结果。由于他理论联系实际,技术进步很快,能熟练地掌握机器制造和修理技术,在技术革新运动中做出贡献,1960年他由技术员被提升为工程师,还担任了鞍钢计器厂自动化研究室主任(杜薇,2017)。

在中华人民共和国成立初期,由于专业工程技术人员的严重缺乏,在苏联专家和少数技术员的帮助下,许多工人迅速成长起来。他们的学习经历主要来自师傅带徒弟式的经验性知识的学习,也受过一定系统的培训,能够胜任本单位的技术工作。他们的学习以任务为导向,在实践中学会解决具体问题,比如读懂苏联专家的设计图纸,能够了解大机器的工作原理和运作模式,在实践中还能够有所技术革新。但他们的理论知识有限,从能力上看并不能达到工程师的标准。但是在特殊的国家需求下,他们迅速地满足了企业对技术人才的需要。

第二,工程师技术工作上的"技术员化"。

由于对苏联援助的依赖,重机行业过多地重视建设施工、产品仿制以及设备的有无、大小和多少,相对忽视研发和技术创新,技术发展的后劲不足。国家领导人也清楚这一点,毛泽东在1958年的一次讲话中提到:"重工业和设计、施工、安装,自己都不行,没有经验,中国没有专家,部长都是外行,只好抄外国的,抄了也不会鉴别。而且还要借苏联的经验和苏联的专家,破中国的旧专家的资产阶级思想。苏联的设计,用到中国大部分正确,一部分不正确,是硬搬。"如何让中国自己的工程专家在苏联援助的基础上开展本国的技术研发和创新是国家开展技术革新运动的主要目的之一。

中苏关系的破裂也给中国的工业建设和技术发展的自我探索客观上带来

了契机。此后,中国一方面通过与日本、西欧国家的接触,寻求西方技术,努力摆脱技术来源单一的困境;另一方面,通过自力更生,自行研发九大设备等重点产品,提高技术创新的能力,从此开始走上了自行研制重点产品的探索道路。20世纪60年代,中国工程师在重型机械装备制造上也进行了创新的尝试。

万吨水压机便是这个时期中国工程师研制的重大技术装备之一。这台水压机被视为中国工程师在装备制造业,乃至中国工业发展史上的一次标志性的成就。水压机由上海江南造船厂为主,结合全国各方力量。这个项目团队成员均为本土工程师,由被誉为"陕甘宁边区工业之父"的工程师沈鸿担任总设计师主持制造。从学历上看,沈鸿既没有在国内上过大学,也没有出洋留学的经历,而是在多年办厂的实践经验中成长起来的工程师。担任副总设计师的是1949年毕业于清华大学机械系,任职于国家经委机械局的林宗棠。整个设计团队的工程师均为年轻的技术人员,不仅有来自江南厂还有来自上海机电设计院等单位的不同专业的工程师。制造水压机的集中攻关模式也体现了20世纪50~60年代技术开发中各部门密切配合协作的精神。

工程师用工匠的技艺,用蚂蚁啃骨头的方式弥补了铸锻能力的不足。由于当时上海缺乏大型铸锻件、大型机加工和大型起重的技术能力,这台水压机在设备结构和制造工艺上,中国工程师采取了劳动集约的方法来完成:采用六缸、四柱、全焊结构,用电渣焊以小拼大,弥补铸锻能力的不足,用多台移动式小机床加工大件,用几百根枕木和几十个油压千斤顶,实现下横梁等部件的起重、旋转,弥补没有大型起重机的困难(孙烈,2006)。

这种"土洋结合"的技术方法在当时较为常见。"土洋结合"也是中国工程师解决实际问题中工程智慧的体现。"土"是指本土的现有技术,"洋"是指国外引进的先进技术。"土"办法往往是由工匠和群众的智慧,用现有的技巧来解决工程问题。我们可以从一则轶闻中区分出"土"和"洋"。1864年10月,左宗棠请一位60岁的中国工匠做一艘蒸汽机船。法国人日意格（Prosper Giquel）在他的日记中写道，根据宁波船制造，蒸汽船前后可容纳两人。这台机器一般都装配完成后，外表上看与真船无异，但不能开。当左决定在西湖试航时，他向我展示了这位老工人制作汽船的两种工具，并说："这种简单的工具表明中国工匠的智慧，同时也表明了落后的手工生产。"这件事情说明了中国工匠在技艺上的精湛，同时也说明了工匠与工程师之巨大区别在于对技术黑箱也就是技术原理的把握。

而这种在工艺上的精进被运用到实际中确实能弥补技术上的不足。茅以升曾在1962年全国人大上探讨过"土洋结合"的方法，他认为："本质上，洋法是科学理论的结果，土法是科学实践的结果。洋法在运用理论时需要实践，土法在运用实践时也需要理论，然而就它们的发展过程来说，洋法是从理论到实践，而土法是从实践到理论的。因此，所谓土洋结合，就应当是理论与实践的结合。"他还以赵州桥为例证明我国也有很多好的土法。赵州桥之所以能屹立1300多年之久，就因为它充分发挥了一个结构物的"整体性"和两端桥台的"被动压力"的缘故。整体性和被动压力是科学理论，但赵州桥的"总工程师"，隋代的李春，并不知这些名词。可以推测，他是从造桥经验出发，特别是在修桥时，观察出桥损坏的原因累积的经验，而做出赵州桥的设计的。他认为，由于轻视百工技巧的关系，在我国历史上，工业生产的文献远远不如农业或医学的多，其理论系统也更不完备，然而如建筑工程，也还有像宋代李诫的"营造法式"，用本行的语言和系统，流传下我国古代建筑的技术和理论，是建筑土法中的一部代表。现在的一般土法都还不如洋法好，这是由于它们多半还停在实践阶段，还有待于上升到理论。他认为，这个从实践上升到理论的过程需要靠现代学科的语言和系统完成，要发挥领导、专家和工人群众的"三结合"。用工匠、技术员的技术手段来弥补由于工程机械、理论基础上的不足，也是在苏联专家撤走后中国工程师还未能全面掌握苏联的工程技术时自我摸索、技术革新的方式。

第三,工程师职称评定体系滞后而造成的"技术员化"。

中华人民共和国成立以后,对工程师的职业评价体系处于初步的探索阶段。各个地区有着不同的工程师评判的方式。一般以任命制的方式进行专业技术职务评定,这种评定方式不设评审组织,经各级单位的人事部门考核后,由行政领导直接任命,并与工资挂钩。这个时期技术职务是根据实际需要和机构编制确定的,也就是说,是"设什么岗招什么人"的制度。这就产生了一个问题,就是当企业中工程师岗位和编制已经被占用后,再入职的工科毕业生很难得到工程师的职务。周恩来在《关于知识分子问题的报告》里也指出了这个问题:中华人民共和国成立以后的6年中,全国高等学校毕业生已经达到21.79万人。他们虽然并不都合乎我们所说的高级知识分子的标准,但是他们是知识界的新生力量,并且是专家的后备军。而且必须指出,有许多青年虽然在等级上还不是专家,却已经担任了专家的工作,并且一般地担任得不坏。在高等学校的4.2万名教学人员中,教授和副教授只占17.8%,讲师占24%,助教占58.2%,而一部分助教现在已经参加了教课的工作。在工程界也是一样。全国各级工程师只有3.1万多人,而高等学校毕业的各级技术员却有6.36万人,他们中间的很多人实际上是担任着工程师的工作,其中有些人早已应该被提升为工程师了。除此以外,作为高级知识分子的后备军的,还有其他知识分子的广大队伍,他们正在实际工作和业余自学的过程中不断地提高自己的知识水平。

虽然许多人早已经该提升为工程师了,但是由于人事制度岗位编制的问题,很多人还以技术员的身份在岗位上工作。"文革"之后的情况更为糟糕,1966年之后一切工程师的职务任命和晋升工作被叫停。这10年的暂停导致在

"文革"前就开始工作的技术员一直得不到晋升的机会,而实际上,他们的能力早已能够胜任工程师的职务和专业职称了。

工程师的"技术员化"一方面是国家在人才缺乏下的权宜之计,另一方面也体现了中国工程师制度的不完善;同时也可以看出,中国工程师在缺少技术援助的情况下,发挥自身的实践精神与工人配合解决实际问题的技术革新模式。

三、科研院所:工程科学家与研究型工程师

从产业分布来看,除了第一产业和第二产业外,第三产业的情况比较复杂,需要进行更加烦琐复杂的分析和剥离,它包括交通运输、仓储和邮政业,信息传输、计算机服务和软件业,教育、卫生、社会保障和社会福利业,科学研究、技术服务和地质勘查业等五个部分。改革开放以前,第三产业并没有得到重视,经济学家们认为服务部门并不能为社会创造更多财富,政府投入第三产业的资源很少,第三产业发展的速度非常缓慢。从产值来看,1958年第三产业的比重为30%,而到1978年这个产值比重下滑到了23%。因此,从事这个行业的工程师数量并不多,而且主要集中在科研院所和教育行业之中。

这个时期在科研院所和高校的工程师更像是技术科学家。技术科学的领域主要并不是"工业的"。在某些国家级的重要项目上,出于军事、公共卫生或国家声誉的原因,由国家机构领导时,它们就是"政府的"。由于国家掌握技术研发的决定权,对于企业来说,不承担产品开发的任务。因此,产品的研发和生产在一定程度上是脱节的。产品的研发则由以中科院、各部委的科研院所

中的工程师承担。但是由于国家在工程师培养上理工割裂,工学院对科研院所所需的研发型工程师的培养并不合理。1952年院系调整之后,我国按照苏联模式重塑了高校教育体系,其方针是整顿和加强综合型大学,以培养工业建设人才和师资为重点,重点发展工业院校尤其是单科性的专门学院。其特点是高等技术教育得到了加强,工科学校为引进苏联技术提供人才保障。就当时的人才培养目标来看,主要是为了适应苏联援助项目所需的师资和工程技术人才,对基础研究的重视不足,而理科、工科分家亦是这次院系调整的一大特点。具体从力学学科看,根据苏联大学模式,力学专业被放在综合性大学的数学力学系内,主要培养具有理科背景的力学人才,如北大数学力学系的人才培养目标。而工学院则把培养目标定位为工程师,按照行业或产品设置专业。力学学科虽是各类工科专业的必修课程,但由于工业发展急需工程技术人才,工科教育的专业被细化,学制被缩短,相应的基础课程如力学科目也根据专业需求被尽可能压缩和简化。这样的培养模式虽然以最快的速度为工业部门培养了工程师和技术人员,推动了工业的快速发展,但也导致了工科学生在基础学科上的薄弱。李佩教授在回忆中国科学技术大学建立时谈到了这个问题:"1958年4月,钱老与郭永怀先生、杨刚毅先生一起在北京西山讨论中科院力学研究所应承担的'十二年科学规划'任务时,都感到力学研究需要一批新型的、年轻的科技人员。郭先生是力学所的副所长,杨先生是力学所的党委书记,他们都感到近年来分配到力学所的大学毕业生使用起来不称手,北大的偏理,清华的偏工,而急切需要的是介于两者之间的科学技术工作者,也就是需要一批介于科学家和工程师之间的人才。"

事实上,对技术科学人才的培养,也是现代科学技术发展的趋势。从20世纪初期开始,科技的各个领域都有了突破性的进展,特别是第二次世界大战后,在各国对高科技的迫切需求下,科学基础理论转化为工程和技术应用的周期大大缩短。到了20世纪中期，科学和技术在相互刺激中迅速发展，逐步趋向于统一的科学技术体系。一方面，技术发明越来越依靠科学，在很多领域，基础科学的研究已经到达完整的阶段，其理论基础不断为技术的进步开辟新的方向，并且以更快的速度向应用开发和产业化方向转化。另一方面，现代科学的进步有赖于技术装备的支持。就当时国内的情况来看，随着"一五"计划任务的提前完成，国家进一步提出了"向科学进军"的号召。从经济发展上看，长远经济目标的实现有赖于科学技术的发展；而受国际政治环境的影响，是否能在短时间内掌握与国防相关的尖端科技关乎国家安全，这对当时还很薄弱的科技工作提出了很高的要求。"十二年科学规划"的制定把国家对科技发展的要求提上日程，旨在尽可能迅速地补足国家科学界最短缺的国防建设急需的门类，迅速赶上世界先进国家科技水平，并坚持"重点发展，迎头赶上"的方针。其中，国家在高技术产业和国防事业急需的技术，如原子能技术、航空航天技术、计算机、自动化等的发展都需要理工结合的人才。在继承哥廷根应用力学学派思想和长期从事科学研究与教学工作后，钱学森较早地认识到这一点。在他看来，20世纪科学发展的趋势导致世界工程技术发生了革命性变化，尤其是二战期间导弹、高速飞机、雷达、核武器等重要武器装备的发明和使用，从根本上改变了人类生产与战争的面貌。这些重大发明与以前的发明创造有着明显的区别，它们不是依靠工程实践积累和经验判断设计出来的，而是需要数学、力学、物理学等理论科学作为设计依据，是科学家和工程师密切合作的产物。在这个认识的基础上，钱学森提出了"技术科学"的观点，他指出技术科学是一个科学研究领域，是自然科学与工程技术结合的产物，他的研究对象是工程技术实际中具有共性和规律性的问题。他提出："能够综合自然科学和工程技术、要产生有科学依据的工程理论则需要另一种专业的人。而这个工作内容本身也成为人们知识的一个新部门——技术科学。

由此看来,为了不断地改进生产方法,我们需要自然科学、技术科学和工程技术三个部门同时并进,缺一不可。这三个部门的分工是必需的,我们肯定要有自然科学家,要有技术科学家,也要有工程师。"尤其直接服务于工程技术的应用力学,想要在航空航天等关键领域取得突破性的成就,技术科学家是不可或缺的。

特别是在1956年国家制定的"十二年科学规划"中,原子能和火箭技术被列为尖端技术。为此,围绕基础学科规划的部分,十分强调力学学科的发展,确定了发展空气动力学、建立物理力学等学科以支援航空工业发展的目标。并且,为了保证大量工程建设在理论上的要求,如固体力学、流体力学等学科均成为重点发展的学科。也就是说,力学的重要性被国家科技战略提到了前所未有的高度。然而,学科基础的薄弱和国家需求之间的巨大差距,随即被钱学森等力学专家们所认识到。此时"力学研究所高初研究员86人,全国能称得上第一流的(具有世界水平)力学专家仅5人,北大办的力学专业每年毕业的仅40余人,过一两年后连同其学校的毕业生亦不过300人左右。这样的人才状况显然不能满足国家工农业生产发展的需要,特别是'十二年科学规划'提出的科学任务对力学专业人才的巨大需求"。

力学作为工科专业的基础学科,是自然科学与工程技术之间的桥梁,是航空航天、机械工程、土木工程等诸多工程技术的基础,可以说一个国家的力学水平在很大程度上体现了一个国家的工业实力。中华人民共和国成立后,由于中国工业现代化和国防现代化建设的庞大需求,近代力学学科的重要性尤为凸显。但是,1949年之前,中国仅在如机械、土木、水利等工科专业里开展力学课程,没有专门培养力学人才的专业和研究机构,力学人才和研究基础都非常薄弱。

为了落实"十二年科学规划"中与力学相关的发展计划,从1957年开始,中科院与高等教育部已经合作在清华大学创办了工程力学研究班。随后,大连工学院、交通大学、哈尔滨工业大学等工科院校以及复旦大学、中山大学等综合性大学相继创办了力学系或力学专业。1958年,在全国"大跃进"形势的推动下,力学所提出了若干以任务为目标的发展方向,并按"上天、入地、下海、服务工农业生产"这四个方面的要求组织研究工作。同时,我国"两弹"研制任务正处于起步阶段,因此,中科院急需大批优秀的科研人才。

钱学森是技术科学的倡导者,早在1946年,他在《论技术科学》中就阐述了这样的观点:有科学基础的工程理论不是自然科学的本身,也不是工程技术本身;它是介乎自然科学与工程技术之间的,也是两个不同部门的人们生活经验的总和,有组织的总和,是化合物,不是混合物。

他认为工程科学家与工程师的区别在于能解决三大问题:

(1) 所建议的工程方案的可行性究竟怎么样;

(2) 如果可行,实现这个建议最好的途径是什么;

(3) 如果某一个项目失败了,那么失败的原因是什么,可能采取什么样的补救办法。

随着工程职业变得越来越复杂,存在着专门化的需要。为了较好地解决上述3个问题,对知识的要求应包括良好的培训:不仅在工程方面,也要在数学、物理、化学方面。

因此,结合"十二年科学规划"对研发型工程人才的需求,在钱学森、郭永怀、严济慈等科学家的建议下,趁着"教育大革命"蓬勃开展的形势,中科院党组于1958年5月9日向聂荣臻和中宣部呈送了由中科院开办大学的请示报告。后来,钱学森在写给朱清时的信中也提到了这一背景:"回想40年前,国家制定了'十二年科学规划',要执行此规划需要科学与技术相结合的人才;航空航天技术是工程与力学的结合,所以成立了中国科学技术大学。"

　　钱学森在中国科学技术大学实践了他的"技术科学"人才培养思想。在当时的条件下,钱学森提出了"理"的方面要像北京大学那样,"工"的方面要像清华大学那样的目标。为了完成这样的目标,在创系过程中的难题如专业如何设置,课程如何开设,甚至任课教师,钱学森都给出了意见和建议。钱学森在近代力学系开设了4个专业,分别是高速空气动力学、高温固体力学、岩石力学及土力学以及化学流体力学这几个反映力学学科发展方向的专业。钱学森亲自为近代力学系的1958级学生制订了教学计划,钱学森提出的培养目标是:"一个技术科学工作者的知识面必然是很广阔的,从自然科学一直到生产实践,都要懂得。"为此,钱学森在课程设置的多个重要方面做出了与其他高校不同的尝试。

(一)重视理论基础课与技术基础课

　　1959年5月26日,钱学森在《人民日报》发表文章《中国科学技术大学的基础课》,详细阐述了学习基础课的意义、内容和学习的方法。他认为,中国科学技术大学基础课除了公共基础课之外,还可以分为理论基础课和技术基础课两个方面,这样的安排是基于中国科学技术大学力学系的"技术科学"人才培养目标,"科技大学的学生将来要从事于新科学、新技术的研究;既然是新科学、新技术,要研究它就是要在尚未完全开辟的领域里去走前人还没有走过的道路,也就是去摸索,摸索当然不能是盲目的,必须充分利用前人的工作经验"。前人的工作经验即成熟的基础学科体系。"中国科学技术大学是为我国培养尖端科学研究技术干部的,因此学术必须在学校里打下将来做研究工作的基础",新科学、新技术的研究要求"理工结合"的人才,理论和技术并重是力学系课程的一大特点。

　　以高速空气动力学和高温固体力学两个专业为例,两个专业的基础课内容和学时是一致的,主要分为基础理论和基础技术两个部分,基础理论主要包括高等数学、普通物理和普通化学。从数学课的比重就可看出其重要性。强调基础学科,是因为力学作为技术科学中的典型学科,是根植于基础学科之上的,主要是以物理学的基本理论为指南,以数学为研究工具,物理学为力学提供了最基础、最根本的原理,而数学是力学研究中不可或缺的工具与手段,技术科学是工程技术的理论,有它的严密组织,研究它离不开作为人们理论工具的数学,这个工具在技术科学的研究中是非常重要的,每一个技术科学的工作者首先必须掌握数学分析和计算方法。因此,在中国科学技术大学建校的第三次系主任会议时,就重点讨论了关于基础课学时的分配问题,高等数学分两个类型:第一类型学习两年半,计430学时;第二类型学习一年半,计260学时,力学系即与应用数学和计算技术系等系一起被归为第一类型中。从高速空气动力学和高温固体力学两门学科来看,复杂的化学变化现象也是要被充分考虑的学科。特别是在尖端工程技术的发展的过程中,力学工作者为了解决生产中提出的问题,就需要充分利用目前物理、化学上已有的成果,掌握这些新的力学分支是与良好的数学、物理、化学知识基础分不开的。考虑到实际工程问题是复杂的,往往涉及多学科,因此,为了从中提炼和研究工程科学问题,研究者必须具备广博而扎实的基础科学知识。

基础课的另一个方面是基础技术课,包括工程设计技术(机械制图、机械设计)、实验技术(电工电子学、非电量电测)和计算技术(计算方法、电子计算机)。钱学森认为:"在新科学、新技术的研究工作中,常常要设计比较复杂的实验装置,例如研究高速气动力问题就得有超声速的风洞,研究基本粒子物理就得有高能加速器。要设计这些设备就不能用敲敲打打的办法,必须进行比较正规的技术设计。因此基础技术的训练就非常必要了。"机械制图和机械设计、实验技术和计算技术皆是工科学生最基本的训练,是工程实施的工具,如

物理、数学之于理科研究一样道理。因此,只有掌握了工程技术的基本工具,
才能在应用基础科学知识解决工程科学问题中考虑到实际工程问题,从而使
实验数据不仅仅停留在实验室,在实际工程中发挥其作用。尤其是钱学森提
到的"在尚未开辟的领域里走前人还没有走过的路",在探索的道路上无人领
航,那么尖端仪器、设备都需要自己独立设计、研发和制造,这就需要工程技术
知识的支撑,这也是创新人才所必备的条件。

　　这两类都包括在中国科学技术大学的甲型公共基础课之中,前三年的时
间,主要是以基础课为主。从学时上来看,公共基础课占总学时的一半,而基
础理论和基础技术两类课程都占较大比重。与综合类大学的力学系如北京
大学数学力学系和多科性工科学校的专业如清华大学工科专业相比,中国科
学技术大学力学系的基础理论课要比以工程设计为主的清华大学相关学科
课时量大,而基础技术课又远超过以数理计算为重点的北京大学数学力学
系,体现了"技术科学"教育思想中有别于基础学科和工程学科人才培养的
"理工结合"的课程安排特色。

(二) 重视专业课与国防科研重点的需求结合

　　专业课的学习时段,从三年级下学期开始成为重点。全系必修的有工程
力学(含材料力学)、理论力学、火箭技术概论,再加上各个专业的特殊专业课
程(总计约800学时);在当时而言,这些新专业在国内其他高校都没有开设
过,因此如高速空气动力学等专业的课程设置都是实验性的尝试。从课程设
置上,可以看出钱学森在为力学系各专业安排课程时注意从以下几个方面考
虑与国防科研重点需求的结合:一是强调专业课程的前沿性,钱学森亲自设
置并讲授了"火箭技术概论",这门课程在当时来说无疑是非常前沿的。通过
这门课的讲授,学生了解到所学的是将来的应用领域,以最为前沿的国家科

研重点激发学生们学习基础知识的热情。二是既有公共专业课,各个专业亦各有侧重,比如高速空气动力学专业,由于"十二年科学规划"中喷气和火箭技术的建立的规划需求。其中的高超声速问题是火箭技术中的一大难点,近年来高速飞行器的飞行速度已经突破了声速的限制,在气流接近声速的情况下,气体的压缩性便开始显现出来,这就使问题比低速情况下要复杂得多。到了超声速,气流就要产生激波,当飞行器以超过10倍声速的速度前进时,飞行器周围的气体的温度将高达几千摄氏度甚至1万多摄氏度,这时候一部分空气分子便会产生分离及电离,在分离及电离的情况下,飞行器的固体壁与周围空气的热交换如何进行是一个具有重要实际意义而至今尚待研究的问题。因此,在专业设置中,高超声速空气动力学是一门重点课程,为进一步研究高超声速问题做准备。又如高温固体力学专业,当时的火箭技术、原子能工业、动力机械中都会遇到不少固体在高温情况下的强度问题,比如如何解决发动机燃烧温度的问题从而提高喷气速度,如何控制超声速飞行时飞行器的表面温度过高、原子核反应堆中的构件温度过高所产生的问题。由于固体在高温下的力学问题与一般温度下的问题不同,因此,高温固体力学专业开设了热应力专题、高塑性力学、固体力学等课程。三是倡导交叉学科的发展,钱学森在专业课程的设置上也有意识地引导学生在更宽的学科领域内获取知识,比如固体力学专业需要修习空气动力学课程,但又比高速空气动力学专业所修习的空气动力学课程要简单和宽泛一些。四是由中科院的研究员和该领域的专家授课,如郭永怀开设了黏性流体力学,林同骥开设了高超声速空气动力学,李敏华开设了塑性力学,胡海昌开设了杆与杆系、夹层板结构专题两门课程等,这些专家都承担着国家最前沿的科研项目,对学科的知识体系都有比较成熟和特有的看法,对待解决的技术问题有着深刻的认识。他们的授课让学生能够接触和了解到该专业领域最前沿的研究成果和困境，如果结合自身所学和专家的启发，就能以最快的速度进入前沿科学研究领域。

（三）重视传授理工结合的精髓和方法

钱学森认为，虽然自然科学是工程技术的基础，但它又不能包括工程技术中的规律。而从技术科学的研究方法来看，也是自然科学与工程技术研究方法的综合。但是，要把自然科学的理论应用到工程技术上去，并不是一个简单的推演工作，而是应该做科学理论和工程技术的综合工作。因此，有科学基础的工程理论既不是自然科学也不是工程技术，而是两部分有机组织的总和。结合自身在麻省理工学院和加州理工学院的经历，他认为，麻省理工学院的培养模式是把基础理论与专业技术割裂开的，前两年是培养科学家的模式，而从第三年开始又变成了培养工程师的模式。因此，在中国科学技术大学力学系的课程设置上，钱学森刻意强调了如何做到真正的"理工结合"。如在参考书的选取上，"理论力学"课程采用钱学森建议的冯·卡门（Von Karman）和毛里斯·安东尼·比奥（Maurice A. Biot）合著的《工程中的数学方法》（《Mathematical Methods in Engineering》）作为参考书。这本书在方法上采取的是选取实际的、具有代表性的工程问题，并且通过解决这些问题来表明如何学习应用数学，从而引导学生运用科学规律和恰当的数学方法计算求解，得出具体的数据结果，然后和事实观测数据对比，以检验建立的工程技术理论是否正确。换句话说，这本书代表了技术科学的教学理念：从实际问题出发，用数学方法解决实际工程问题，即传授"实际—理论—实际"的研究方法的精髓。

同时，钱学森十分强调技术科学家要对工程技术有足够的认识与理解，要求学生学习有关的工程技术知识，并与工程师交朋友，要与他们有共同语言，要有工程观点,对工程问题要有数量的概念。这些能力都要从学习领会工程设计原理和实践的过程中逐步获得。

1964年1月,延期半年毕业的中国科学技术大学近代力学系1958级学生开始分配派遣。从分配方案看,将近三分之一的毕业生分配在中科院力学研究所,三分之一的毕业生分配到国防科研系统,其余三分之一毕业生的一半分配在部队,另一半分配在中央与省市机关或留校任教。第一届近代力学系毕业生留校的有21人,其中4人在学校机关工作,另有17人在力学系任教,较好地满足了力学系各教研室、实验室在筹建过程中对专业人才的急需(张瑜,2008)。在1958~1960级力学系各专业方向的学生中,先后走出了10多名科技将军、7名中科院院士和中国工程院院士以及许多国内外的知名教授、学者,他们在各个领域独当一面,成绩斐然。

钱学森从加快我国航天事业后备人才培养的战略高度出发,实践了其"技术科学"人才教育理念,即科学和工程相结合,培养能适应不断变化的工程技术前沿的、具有良好的自然科学基础和领导能力的研究型工程师。回顾这段建系历史,可以发现在当时的高等教育培养目标下,在以专才教育理念为主的时代里,强调理工结合和通才教育的培养模式是极具探索精神的,这种教学模式随后也在国防科技大学等学校进行了实践,为科研院所培育了大量理工结合的研究型工程师。

第二节　工程师的职业生涯和职业流动性

一、单位中的"体制内"工作

自中华人民共和国成立以来,国家通过行政机构,对技术的扶持包括对工程师职业进行了广泛的干预,与职业利益相关的所有政策都受到国家的监督。政府为了管理公有制体制内人员而建立的单位组织基础,对社会资源进行组织和分配,并对大多数城市社会成员通过体制和规章制度进行组织和管理。中华人民共和国成立以后,我国城乡逐步形成了体制完备、控制严格的单位体制。企业、学校和科研单位等公有制体制内的企事业单位都是城市社会的微观单元。国家的各种单位为广大的城市居民提供了相应的就业岗位。在建设单位制度的初期主要是为了通过单位形式来为部分人民做出表率,从而使得人民的生活福利得到保障,减少由于单位事业造成的工作以及生活的影响,为成为社会主义制度下的一员充满自豪感与责任感单位体制的建立,虽然可以有效地对我国资源进行合理的分配以及重点投入,对于中国短期的工业发展有着极为重要的作用。但是这样体制的不断发展也会对人们生活带来一定不利因素——使得个人对单位以及单位对国家的过分依赖。

单位曾经是国家建设的基本单元,对于国家政策的落实有着极为重要的作用,同时单位对于整个政治体系起着支撑以及资源分配的作用。这也就造成了单位对于国家的依赖性以及国家对于资源的需求性较强。单位对资源的控制以及单位的规模大小、行政层次，主要是受到国家的权利以及制度的供给与限制。同时单位作为我国重要的调控主体，对国家资源过于依赖的同时，对整个社会以及个人也有着一定的整合作用。单位为个人的生存和职业发展提供资源，一旦进入一个单位则意味着个人获得了充足、持久的保障机制。反之，单位对个人来说具有决定性的作用，一旦脱离了单位对于个人计划的设计与发展就很难受到一定的保障以及资源分配。从个人的实际价值角度来看，个人对于单位具有较强的依赖性，单位也就成了人参与到社会的主要途径。另一方面，在学习了苏联的人事管理经验后，国家实行了人事档案制度，单位以人事档案为核心使得工程师对单位产生依附关系。三大改造后，工程师作为"国家干部"被纳入单位之中。工程师这个职业现如今已经发展成为一个独家国有化的重要技术职业，国家已经基本掌握了所有的应用工程师专业领域，以至于不存在自主从业的形势以及相应的职业政策。国家也设定了工程师入行规定，并通过教学改革影响教学内容的选择。而教学的内容意味着职业的基础以及工程师所需要的社会活动空间。正如第五章所论述的，极端狭隘的学科设置造成了工程师在职业选择上的单一性，国家的统一分配也让工科学生在择业上自我的选择变得不再重要。国家还通过一系列的法律和法规来确定工程师在社会分配体系中的地位，其中涉及工程师的有不能自主从业、养老和工资制度。工程师作为个体的社会存在被单位、工会的存在所替代，工程师职业作为个体失去了自主化的能力。就连传统工程师群体中从事自由职业的最多的建筑工程师也被纳入了国家、地方所属的设计院单位。由于干部的单位的所有制以及部门的所有制，对于一些业务水平较强以及思想政治觉悟较高的工程师更是难以实现流动。甚至有的人选择了一生只在一个工作岗位上工作，在某一个特定的单位或者区域待上十几年甚至几十年，就如捧上了"铁饭碗"一样，终生避免了失业的风险。在单位的工作时间长短以及专业水平是考察工程师的重要标准,对于个人专业的提升不仅仅需要在理论上,同时也将职位与物质挂钩,这就不属于考察的范围之内了。

单位对工程师的工作范围和工作地点有绝对的控制权。比如,以我国最大的油田——大庆油田的工程建设作为例子。从20世纪50年代末开始国家对其展开大规模开发,除了需要调动解放军工程部队之外,国家还从一些老油田中调取出大量的专业技术人员以及操作人员进行指导与工作。60年代中期,大庆油田的发展逐步走上了正轨,又开始向一些新型的油田,如渤海沿岸的大港油田、山东胜利油田等地区专门派遣了5万多名管理人员以及专业技术人员。又如60年代的中期,四川省的攀枝花钢厂在初步建设时期,以鞍山钢厂为主要代表,从各个老的钢铁厂中调取设备,同时提供专业的工程师以及技术人员。同样在60年代的中期,在湖北省第二汽车厂的建设过程中,以长春第一汽车厂为代表的汽车厂商纷纷参与到了工厂的建设与援助过程中来,湖北省第二汽车厂向长春第一汽车厂临时借用工程技术人员为其提供技术支援和人员培训服务,双方单位所签订的为借用合同,需要借调的人员通过组织关系去进行技术援助,但是工资发放等一系列待遇、福利均归原单位所管。

1978年9月,我国的国家劳动局、财政部、教育部,共同颁发了《关于高等学校兼课教师酬金和教师编译教材稿酬的暂行规定》。同时这也是我国新时期依赖的第一份对专业人员兼职所创建的规定。1981年4月,中共中央办公厅、国务院办公厅所转发的《科学技术干部管理工作试行条例》中规定,国家的科学技术干部可以进行外部企业或者单位的兼职工作。1982年3月,国务科级干部局颁布了《聘请科学技术人员兼职的暂行办法》,这项规定主要针对兼职的方式、范围以及薪酬等方面做出了更加细致的规定。1985年3月,国务院、中共中央所提出的《关于科技体制改革决定》,再一次对于我国科学技术人员的兼职工作做出了肯定。在这些政策的安排下,技术人员的兼职活动得到了一定的许可,在高校和科研单位从事技术和应用研究的专业技术人员得到了较多兼职的机会。20世纪80年代开始试行企业员工聘任制度,在政府机构改革和企业改革方向的指引下,成为工程师市场化的良好开端。但是由于制度的不完善,聘任往往流于形式,缺乏竞争压力的终身制仍然是集体所有制企业和单位的主流。单位出于自身对技术的保护,对专业技术人员的兼职行为进行禁止和打击。比如,《人民日报》在1987年1月22日刊载的一篇报道称:广西梧州市运输部门的技术人员,利用自己工作以外的时间帮助外省的工厂设计浮栈桥船,获取了600多元的薪酬。同样,梧州市的另一位工程师也是利用自己的业余时间帮助近郊的农村进行水利工程的设计,获取了2000多元的薪酬。这些技术人员都被其所在的单位检举,并进行行政检查予以逮捕。

在旧的劳动人事制度下,工程师工作终身稳定,能进不能出,职称能上不能下,限制了个人选择职业的自由,工程师难以施其所长,积极性难以得到充分的发挥。从长远的发展角度来看,工程师自身的发展及其整个工作生涯的发展都是受到较大影响的。在一个单位长时间的工作,对各个方面都会极为熟悉,可以做到熟能生巧,比较容易解决问题。但是也存在一定的弊端,长时间接触相同的事物,容易墨守成规,产生一定的惰性,如果不加强业务学习,很容易使工程师变成一个没有创新性的人,这是不利的一面。

二、单位中的晋升机会

单位和编制的限制一方面便于国家对个人的管控,但也产生了负面的效应。尤其是对工程师,趋于终身制的单位人事制度是缺少竞争和激励机制的,这种终身制使得工程师对技术改进和技术创新缺乏动力。而在20世纪80年代以前,如何最大程度地调动单位内部人员的生产热情主要依靠的是政治动员。

为了能配合技术革新运动,增强企业技术革命的能量,国家需要采取一系列的措施,首先就是需要工业企业中具有专业的技术人员积极分子,令其成为先进工作人员。这是从基础上培育一种与企业家相似的发展精神,但是企业家精神绝大部分都注重资本主义制度,而培养专业技术人员积极分子是一种进步的制度。

在中国,许多有经验的工人被认为是技术积极分子,并被提升到了技术员和工程师的地位。确实,为了满足中国对技术人才的需要,这种做法的意义是重大的。如1960年,鞍钢党委批准300名又红又专、德才兼备的工人晋升为工程师;在这同时,各厂矿还选拔3338名优秀工人为技术员。鞍钢这次选拔工人工程师和技术员,都是在"大跃进"、技术革新、技术革命运动中涌现出的优秀人才。300名晋升为工程师的工人,他们的技术专业工龄一般都在15年以上。他们当中,包括出席被中国科学院辽宁分院聘为特约研究员和全国工业群英会的代表的孟泰、陈效法、王崇伦、徐连甲、詹建功、宋学文、孟庆春、许平融、王福义和马玉发等。孟泰(1898~1967)是中华人民共和国成立之后的第一批全国著名劳动模范,其先后担任了现在鞍钢第一炼铁厂的生产管理部和分配部副组长、技术人员、副高级技术员、设备制造检修加工厂代理厂长、炼铁厂副代理厂长以及鞍钢市总工会的常务副主席等重要职务。从教育的背景来看,孟泰并没有接受过专业的工程学科培训,他是在28岁之后进入到鞍山制钢所中担任了配管人员。在1948年鞍山在鞍钢铁厂正式注册成立之后,他亲自带领了部分的专业技术人员将钢铁生产工艺过程和其中的一些老化的钢零件处理设备以及废旧的原材料设备进行及时的回收整理以及归类,从而使他建立并发起了一个全国著名的"孟泰仓库",使得此后鞍钢在初始的经济恢复生产时期和其中的三座大型高炉在所配管的原材料中没有一次浪费过国家的任何人力资源,为此后鞍钢在短期之内经济恢复以及后期经济发展中做出了较大的经济贡献。在20世纪五六十年代初期,苏联停止了对目前我国大型鞍钢轧辊的生产供应,使得中国鞍钢在短期之内可能面临严重破产。王崇伦、孟泰等十余人快速组织集结技术人员,同时积极组织了五百多名钢铁专业生产技术积极分子共同展开了从炼铁、炼钢到铸钢的一系列的分工协作生产技术专题攻关,在这个攻关过程中成功解决了数十项的关键技术难题,终于在短时间内成功制作生产出大型炼钢轧辊,从而彻底使得当时我国钢铁冶金的技术空白领域得以充分填补。1960年5月18日,经鞍山钢铁公司经理办公会议研究决定,孟泰由副技师破格晋升为工程师。同年,数千名业余大学毕业生被立即任命为车间主任或工程师。仅在上海,就有1000人成为工程师。

早期工程师的晋升通道是较为"直线型"的,类似于苏联的国家干部职务名单制度。干部担任职务管理名单主要就是按照各级党委领导的所谓担任干部职务重要性和程度可以进行职务分裂式的整理,从而最终确定并列出在各个领导阶层的下级党委业务主管以及其他下级基层党委需要协助进行管理,对于主管人员的内部调动、任免、提升以及其他奖惩主要都还是通过党委主管的下级党委进行审查之后再对其进行综合处理,同时党委协管下级党委的还需要定期进行实地的调查考察,将真实情况可以进行及时上报,并且也可以及时做出相应的指导意见,但是最终的职务管理权仍然属于党委主管下级党委。在此之后,在1953年又一次做出了细致的改革,决定建立起以中共中央为首,各级党委分部为辅的分级统一组织领导,从而逐步实现中共中央与各级党委直属组织的分部统一综合管理,实现党委分部负责分级的有效组织管理制度。即党的干部群众工作指导需要坚持做到全局统一,由中共中央以及党的各级党委主要领导共同负责中共中央所提出确立的各项政策、方针以及党的干部群众路线工作的统一安排。各级党委组织部门通常需要按照制度制定出统一的领导干部责任管理工作计划以及完善的管理制细致的系统划分分别由各级工作部门以及各级党委进行细致管理方案指定。如在工业系统中,干部需要由党委的工业交通部门进行管理,农林系统中,干部需要由党委的农村工作部进行管理等一系列的管理部门进行划分。同时还需要各级党委管理的职务和中共中央的职务做好表格数据,将领导阶层的重要程度,开列出职务表以及所担任的职位分别需要各级党委以及中共中央进行管理。现如今工程师已经成为我国重要的干部序列。对于总工程师、副总工程师、主任工程师以及副主任工程等方面都是对其技术管理职务的分配属于行政方面的授予,主要进行技术管理的任务。同时将责任的分配做好各个部门之间的协调管理。在此基础之上,需要将全体干部的部门做好细致的系统划分,分别由各级工作部门以及各级党委进行细致管理方案指定。例如在工业系统中,干部需要由党委的工业交通部门进行管理,农林系统中,干部需要由党委的农村工作部进行管理等等一系列的管理部门]进行划分。同时还需要各级党委管理的职务和中共中央的职务做好表格数据,将领导阶层的重要程度开裂出职务表以及担任的职位分别需要各级党委以及中共中央进行管理。现如今工程师已经成为了我国的重要干部序列。对于总工程师、副总工程师、主任工程师以及副主任工程等方面都是对其技术管理职务的分配属于行政方面的授予,主要进行技术管理的任务。这种干部管理体制几十年来虽然有多次调整,做过很多重要的修改和补充,但其基本框架一直沿用。

第三节　工程师的职称与职务

一、职务和职称

中华人民共和国成立以来,我国的工程师制度变革历经了以下的几个发展阶段：

1. 1949~1966年的技术职务任命制

在中华人民共和国建立的初期,我国政府采用的这种管理模式主要的就是通过借鉴的前苏联将一些专业的管理技术人员管理纳入应用到现代国家党政干部的管理行列中,更加严格便于管理,其主要管理职务与其他党政干部相似采用的干部任命制,工资福利不但是与其主要职务资格有着直接分配关系,同时也是终身可以享受。工程师作为我国重要的技术人员其主要被划分为十六个级别,对于各个级别都有着严格的选取条件,只有达到标准之后才可以由上级任命,其级别是与当下的工资登记制度相关联的。更加便于管理其主要职务与党政干部相似,采用的任命制,工资福利是与其职务有着直接关系,同时终身享受。工程师作为我国重要的技术人员,其主要被划分为十六个级别,对于各个级别都有着严格的选取条件,只有达到标准之后才可以由上级任命其级别是与当下的工资登记制度相关联的。在1954年7月我国的政务院颁布了《国家机关工作人员工资、包干费标准及有关事项的规定的命令》。《命令》中指出技术人员的工资标准、包干费标准,均由中央人民政府各主管部门参照上述国家机关工作人员的标准和包干费标准拟定方案,经劳动部同意后办法执行(如表6.1所示)。

表6.1 机关技术人员工资和包干费标准

人员类别	制度	数目	工资和包干费标准(元)
机关技术人员	工资制	19	130~840
	包干制	19	100~520

制定的职务工资标准中,政府机关技术人员职务含:工程师、技术员、助理技术员、实习生。1956年制定的《国家机关工作人员工资标准》中,工程技术员的职务名称分别为:总工程师、副总工程师、工程师、技术员、助理技术员。总

共5类16级,技术九级以上为工程师,技术9级至13级为技术员,技术14级至16级为助理技术员。大学生分配后的职称转正定级为11级技术员;中等专业学校毕业生转正定级为14级助理技术员。1957年1月以后,大学本科毕业生和中专毕业生,转正定级均往后降低两级,技术职称不变,大学专科毕业生比大学本科毕业生转正定级低1级。在这一阶段,我国主要采用的是计划经济体制,政府对于我国有企业或者集体企业采用单位资格管理,同时单位对于工程师所在的职务以及工薪福利待遇进行管理,工程师是一种国家职务,属于国家的干部。但是在20世纪60年代初这种称号与其工资待遇不挂钩。"文革"期间,工程师技术职称称号任命制度完全停止。

2. 1978~1985 的技术职称评定制度

在1978年的全国科技大会上提出了对技术职位恢复建立起技术岗位责任制。在1979年正式的设立了专业干部以及科级干部的职位评定,但是此时的职位制度与中华人民共和国成立初期还有所区别,是根据20世纪60年代所提出的技术思想。在20世纪50年代技术职务的任命逐渐成为技术评定,对工程师职位做出了明确的划分,并由专家进行评定,同时对于岗位没有限制,一次获取就可以终身拥有(蒋石梅,2009)。

3. 1986年以后的专业技术职务聘任制度

技术职称评定制度的设立可以说是一个过渡。1986年2月,国务院发布了《关于实行专业技术职务聘任制度的规定》则确定了新的评聘制度。规定指出,专业技术职务是根据实际工作需要设置的有明确职责、任职条件和任期,并需要具备专门的业务知识和技术水平才能担负的工作岗位,不同于一次获得后终身拥有的学位、学衔等各种学术、技术称号(李殿君,1993)。这次的改革明确把职称评定和职务聘任做出分割,把过去没有严格区分的职务和职称体系做出切分。职称属于专业技术称号;而职务则是职位规定应该担任的工作,由行政聘任上岗,有任期。然而,在实际操作的过程中,由于各个企业部门的情况不同,这样的规定并没有得到严格实施。但是,这种"职称评定"的方式在很多行业内仍然沿用至今(李殿君,1993)。

二、职称评审办法

人事部颁布关于职务职称评审办法,规定了"依其现任职务,结合其'德''才',并适当照顾其资历"的原则。在对各级干部管理的过程中,经常遇到的问题之一就是如何对工程师的素质和能力进行综合评价。凡申请晋升技术职称的工程技术人员,要向评定委员会提供考核评定所必需的工作成果、工作报告、学术论著、译文等材料,以供评审研究。但工程师考核晋升具有一定的复杂性,正、副教授的考核晋升,以教学效果和科研论文的质量与数量为主;正、副研究员的考核晋升,以科研论文的质量与数量为主,而工程师分布的部门较广,环境差异较大,工作情况往往很不相同。因此,考核晋升的具体标准不易制订,考核的具体方法评审方法比较复杂,涉及的因素较多,往往采用定性描述的方法进行评价,即召开一个有关领导和专家参加的评审会,对工程师进行评价,最后形成一个定性描述的评价意见。如"某工程师,基础理论很好;实际动手能力较差;外语水平一般化;自学能力较强,责任心较强,职业道德一般化"等等。然而这样一位工程师,就总体而言,究竟属于"好""较好""一般""差"的哪一个范畴?如何对其进行综合评价?另外参与评价的人员由于受学术水平、阅历、职业道德等因素的限制,对每个具体因素的评价结果也不尽相

同,往往离散性较大,这就给综合评价带来困难。为此,单位相关人员也想出
一些办法,包括定量的办法。例如采用体育运动会中五项全能运动的评定办
法进行评价。该方法的缺点在于把各个因素等同看待,而在对工程师的素质
和能力进行综合评价时,一般不能把各个因素等同看待。于是人们又想到能
否在录取研究生时采用对考生成绩进行加权的评定方法。但是困难在于对于
工程师素质和能力进行评价时难以制订出能实际反映工程师素质和能力的试
题与评分标准。企业和单位中不同岗位的工程师的专业标准也不尽相同,造
成单位对不同岗位工程师评估的专业性遭到质疑。当时只能根据评价人员的
主观认识对某一因素评定出"好""较好""一般""差"等用模糊概念表示的模糊
等级。如某单位科学技术委员会召开评审会,对其单位的工程师进行素质和
能力的综合评价,从而决定是否可以晋升技术职务(比如,评价为"好"的可晋
升技术职称和级别,评价为"较好"的晋升技术级别,评价为"一般"的不予晋升,
评价为"差"的调离技术岗位等),以此向单位领导提出人事任免建议。共有30名
评价人员参加,包括单位领导、技术人员和一般工作人员,对工程师评价包括五
个方面:基础理论、实际动手能力、自学能力、外语水平、职业道德和责任心。

　　80年代开始,工程师群体对于这样的评价方法提出了从自身专业素质出
发的改革方案,在多次全国性现代工程师素质与能力学术讨论会中,各行业的
工程师针对工程师素质和能力的评价模式进行了探讨。比如山东淄博机械厂
工程师张国亭认为可以用系统工程方法对工程师能力进行评价,并提出评价
模型;化工部北京化工研究院高级工程师吕立新提出可以利用现代模糊数学
方法对工程师的素质与能力进行综合评估,上海造船工艺研究所甘次地提出
美国的人才预测的特尔斐评议法可以应用于我国高级工程师考核晋升等(上
海市科技干部进修学院,1982)。

第七章
中国工程师组织

工程师作为职业群体一直就是多样化的,其成员的资历不同,身份也有不同。他们可以是教育学术界人士,可以是国家公务员,职务也有高有低,在不同的技术部门从事不同的工作。多样化也意味着利益的多元化。纵观各国的工程师协会即表明了这一点,因为任何专业和职业的划分总要通过协会这种组织形式表现出来。工程师协会大体上可以分为两类,不过相当部分协会兼跨两个领域:一类是科技类综合协会或者专业类专门协会,如德国工程师协会(VDI);另一类是与职业相关的咨询机构和荣誉组织,如德国国家科学与工程院(Acatech)。

科技类协会一般以某个专业为中心,追求技术和科学进步的理念。这些协会通过组织会议、进修班、讲座和讨论,出版书籍和杂志,促进专业学科的发展,提高成员的专业水平。很多协会会刊发展成知名的专业刊物。这些协会的活动是国家创新机制的重要组成部分,当然协会的工作也为国家减轻了负担。因此,带有一定的政治性的往往是大部分协会不可避免的。

职业组织对工程师的社会地位有着决定性的影响。因此,在中华人民共和国成立之后,由哪个组织来代表工程师的职业政治利益就具有重要的政治意义。

在中华人民共和国成立初期,国家就有了成立科技协会的设想,国家的

领导人希望能够确立与意识形态一致的新的民族科学传统的组织,从具体上
看即是希望把整个从事科学技术工作的知识分子群体纳入一个统一的组织
进行管理(茅以升,1995)。1949年后,作为国家科技干部的工程师,是科技
工作者的一部分,其所在团体变成了中华全国自然科学专门学会联合会的
组成部分,其性质也随之变成了群众组织的一部分,原本的中国工程师学会
作为"旧社会遗留下来的科学团体"被迫解散。随后1958年初,由于职能和
性质上的相似性,中华全国自然科学专门学会联合会与中华全国科学技术
普及协会合并成为中国科学技术协会。这样,全国统一的大众科技组织
成型。

　　我国在参考了苏联经验和模式之后,选择建立一个庞大的科学院作为全
国科学中心。1955年学部成立,233名在各个学科领域有突出成就的中国科
学家和工程师被选为学部委员,组成包括技术学部在内的学部委员会。学部
对科学实行计划管理,把科学家组织起来,众多科学家实质上也就进入了计
划轨道。

　　50年代末,通过由中科院作为工程师和科学家的精英组织和作为大众科
技组织的中国科技协会,国家便把在不同岗位的工程师群体顺利纳入统一的
组织进行管理。

　　因此,在本章中,我们需要关注两个主要的协会或组织,探讨从40年代
到80年代中国工程师参与中国科学组织建设的一些细节。工程师群体机构
作为相互指导的组织能够维持进入职业的标准,鼓励成员提高技能以攀升成
绩等级,促进工程师的具体培训计划,并监督其成员的行为,必要时采取规范
措施。

　　20世纪初,中国的工程事业开始颇具规模,这主要获益于以下几个原因:

一是国家的经济政策的鼓励。民国成立后,南京临时政府设立实业部,颁布了保护工商业的法令政策,鼓励兴办实业,工程师成为急需的人才(陈旭麓,2006)。二是工程技术人才队伍的壮大。晚清前往欧美、日本学习工程技术的留学生陆续归国,在洋务运动和戊戌维新期间由清政府创办的军事和实业学堂所培养的工程技术人员也逐步成长起来。由于工程技术人员的队伍的逐渐壮大,为了更好地团结工程师群体,发挥工程师的作用,发展工程事业,有必要成立一个工程师自己的学术团体。值得注意的是,与大多数协会成立的动机不同的是协会组织进入中国并不是由于当时国内科学技术发展的需要,而更多的是以知识分子救国图强为动力的。这一时期相继建立的科技团体很多,如中国土木工程学会(1912年)、中国工程师学会(1912年)、中华医学会(1915年)、中国科学社(1915年)、中国农学会(1917年)、中国林学会(1917年)、中国矿学会(1919年)、中国天文学会(1922年)、中国气象学会(1924年),中国植物病理学会(1929年)、中国化学会(1932年)、中国物理学会(1932年)、中国航空工程学会(1934年)、中国电机工程师学会(1934年)、中国数学会(1935年)等。到1948年底,全国性科技社团达到136个。(何志平,1990)这一时期解放区的综合和专业科技社团加在一起也有30多个。其中,工程师人数最多的当属中国工程师学会。继1913年2月1日三会合并为中华工程师学会后,留美的中国工科学生和工程师于1917年决定组织成立了"The Chinese Engineering Society",在经历了各自发展后的一段时间,1931年8月26日,两个协会在南京举行联合年会,正式通过合并案,定名为中国工程师学会。两个协会合并之后,中国工程师学会就成为国内唯一一个综合性的工程学术团体,起到了指导工程事业发展、加强工程师群体内部交流的作用。中国工程师学会历时近40年,基本贯穿了整个民国时期,是中国

近代人数最多、规模最大的科学技术团体,学会由詹天佑、颜德庆等中国最早
的职业工程师创立,并长期接受凌鸿勋、茅以升等这些著名工程师的领导,是
近代工程师自己的组织,发挥着领导工程师群体发展的作用。中国工程师学
会一直致力于推动中国工业化进程,建会以来工程师群体利用《工程》杂志、
学会年会等平台进行学术交流,推动近代工程学术研究的发展。比如工程名
词的编译与审定,促进工业标准的制定与实施,配合当局开展各项工程统计
和计划工作。如主要是编辑《中国工程题名录》①和《中国工程纪数录》②,为中
国的工程事业发展提供参考,也为工程教育界造就人才提供方向。同时,中
国工程师学会还和政府之间保持着一定的联系,在一些工程建设上也保持了
良好的合作关系,如合作开展工程技术研究、进行工程知识的普及、工程师职
业资格的审核和认定等等。在学会各时期的领导群体中,大多数工程师都在
政府的重要部门任职,如陈立夫、华南圭、夏光宇、黄伯樵等。尽管如此,中国
工程师学会始终政府保持着相对独立的关系,强调了学术团体自身的独立
性,避免在工程项目中出现腐败的现象。在涉及学术团体内部工程师自身利

---

　　①《中国工程题名录》的内容主要包括:全国各工程机关重要工程职员
录(中央、地方及事业机关)、全国各工厂商行及自由职业工程界名录、全国
各工程洋行外人及客卿名录、全国工程学术团体职员录、实业部技师登记名
录(分科)、全国各工科学校毕业生名录(分校、分年),附录为中国工程师学
会会员资历简表及姓名索引。在编辑过程中,为了保证信息完备,工程师职
别(技正、技士、技佐;工程师、副工程师、助理工程师;专员、专门委员、设计
委员),服务机关之管辖、系统、组织、地址、电话等均有收录。
　　② 中国工程师学会决定利用学会优势,组织各行业工程技术专家,编
辑较为完整、准确的工程统计数据。统计内容包含了铁道、公路、水利、建
筑、电力、电信、机械、航空及自动机、采矿、冶金、化工、教育、商厂、杂类等
14个行业和种类,每个行业都统计详细,记述齐全,成为当时工程技术人员
必备的参考书。陈广沅称赞该书"内容丰富,补以往工程界之缺憾,遗未来
工程界以楷模,继往开来,诚为中国工程界之福音"。

益时,学会站出来,为工程师争取应有权益。

中国工程师学会具体的工作和目标就是建构产、学、研以及政府之间的整合平台,推动各界的合作交流;促进工程师之间的合作与交流,为工程师群体服务;其最终目的都是为了组织和领导工程师开展工程学术和工程技术研究,推动工程事业发展。经过近40年的发展,学会不断发挥着一个专业学术团体的作用,为近代中国工程师的职业发展和中国工程技术的进步做了重要的贡献。直到1949年中华人民共和国成立后,由于学会的性质等因素,学会的工作被迫停止。一些工程技术人员随迁台湾,中国工程师学会于1951年3月在台湾复会,积极开展会务,时至今日仍在为工程学术和工程技术的进步作出贡献。

第一节　职业化的大众科技团体:中国科学技术协会

从名称的变化就能看出工程师团体在1950年前后的变化。中国工程师学会把自己定位为同行业代表、职员组织或者专业协会,它是独立于政府的民间专业技术协会,而非国有的职业团体。因此在命名上中华工程师学会用"学会"(institute)这个词有意区别于传统"会""党"。与此不同的是,在50年代后所有的学术团体都带上了强烈的政治意味,1950年后取代中国工程师学会的中华全国自然科学专门学会联合会到中国科学技术协会的发展过程,也体现中国工程师群体追求群体内外合作和发展的努力。

50年代初,中国为数很少的几个专门科技团体对中国科技进展的主流几乎没有或者说完全没有影响。中华人民共和国成立后,这些团体变成了中华全国自然科学专门学会联合会的组成部分。但是,学会特别是专门学会的作用还是受到了质疑。党内有关干部认为:很多业务部门与高等学校研究机关可以直接联系合作,用不着学会,很多业务部门对学会还没有什么接触,同样有上述的质疑。比如化工学会想取得对口业务部门重工业部的支持,化工工程师侯德榜几度出面直接或间接向重工业部提出了化工学会的具体工作和诉求。重工业部也表示支持并指定化工局与学会联系,但化工局仍然迟迟不表明态度,并问侯德榜"学会究竟有什么作用"(何志平,1990)。1949年前科学技术人员相对分散在各个企业和研究所中,学会可以起团结交流作用。而1949年以后,各门学科的人才大体集中在一个或几个业务部门和研究机构里内部交流,这样一来学会在同行交流中的作用就弱了许多。"交流研究生产经验,业务部门自己会做,一有先进经验马上通报全国,学会做起来还慢得多。"(何志平,1990)这样的观点在党内普遍存在。

　　1950年,吴玉章主任委员在科代会筹委会第十次常委会议上对科学团体的设计提出了4点设想:(1)科学团体以后的主要任务是配合国家的经济和文化工作;(2)科学团体要向人民政府有关部门靠拢,成为其有力的辅助;(3)科学团体今后主要的组织形式应该是与政府有关部门密切结合的专门性学术团体;(4)要从旧团体中彻底地转变到新团体中来(何志平,1990)。1950年8月中华全国自然科学工作者代表会议在北京正式召开。在这次会议上,中华全国自然科学专门学会联合会(以下简称"科联")和中华全国科学技术普及协会(以下简称"中华科协")成立,著名地质学家李四光和著名林学家梁希分别当选为两个团体的主席,吴玉章同志担任两个团体的名誉主席。工程师群体也希望通过科联在今后对工程技术人员的团结改造工作中可以起到重大的组织作用。参考其他社会主义国家科技团体所发挥的具体作用，比如苏联在1932年技术改造时期就已经成立了25个工程学会；匈牙利、波兰等国都有类似的科学与技术学会联合会或技术总会。因此，有必要成立一个团体来配合政府业务部门进行技术人员的组织工作，有计划地组成各个工程学会按照国家各个五年计划开展工作，来接替民国时期中国工程师学会的工作。随后，中国科学技术团体的历史上，诞生了两个新型的全国性科技团体——中华全国自然科学专门学会联合会（简称"科联"）和中华全国科学技术普及协会（简称"科普"）。

但是，新型的科技协会仍然不能完全满足工程师群体的需要。从1950年中国工程师学会被迫撤销后，科联逐渐向群众组织的特点靠拢，而且领导关系一直未能得到明确。这导致很多学会在改组后逐渐陷入停顿状态，使很多学会活动的开展面临困难，包括：学会要专职干部，学会的活动要求政务院通报各部予以支持，各单位批准会员参加活动的时间等等。而科联主要发挥的作用只包括"政治上号召团结""国际活动中出面"的作用，更多的只是名义上的存在。为了解决这一矛盾，范长江同志和时任科学院副院长的张稼夫亲自主持与科联党委恳谈会。肯定了科联的作用，说明今后科联还有重大的任务，前途将是苏联的"科学家之家"（何志平，1990）。

1956年开始，专门科技团体的作用似乎发生了有意义的变化。这一时期典型的活动就是召开会议，这些会议成了来自同一学科，但不是同一工作单位的工程师相互影响、相互合作的学术讨论会。例如，1956年第一届土木工程学术年会在武汉市举行，主题是结合苏联援建的"156项重点工程"，对武汉长江大桥建设开展学术讨论。会上汪菊潜总工程师做了关于长江大桥基础施工新方法的报告。力学专家张维教授做了关于出席国际桥梁及结构工程协会第五届大会情况的报告。国家建委负责同志到会讲话,并传达了12年科学发展规划的制定情况。

在学会内部工程师和科学家的倡导之下,1957年开始,这些专门学术团体参加学术文献的出版工作,并将此作为工程师和官方沟通的渠道。

1958年后,出于团结群众的需要,中央政府对科联和科普的领导工作有所加强。同时,由于"大跃进"的影响,科联和中华科协的部分工作出现了太多的交集。在这样的社会背景下,科联与中华科协的工作性质越来越相似,另一些不适合建立群众性组织的学会则被迫取消,比如航空工程学会。中共中央认为,"作为科学技术的群众团体科联和中华科协的工作,一个专门搞科学的提高工作,一个专门搞科学的普及工作的形式,已经远远落在'大跃进'形势发展的需要之后"。在当时的形势下,科联组织已向工农敞开了门并开展了科普工作,而中华科协也在大搞群众性的科学研究,两个组织在实际工作上已开始走向汇合。1958年9月,经党中央批准,全国科联和全国科普合并,正式成立全国科技工作者的统一组织——中国科学技术协会(以下简称"中国科协")。

中国科协章程中将其定位为:在中国共产党领导下的各种科学技术工作者群众团体的联合组织。根据关于建立中国科协的科技协会分为全国性专业学会、特别委员会以及各地方分会、各地区地方委员会。从中国科协所属学会来看,横向涉及理科、工科、农科、医科、交叉学科等学科,纵向可以分为全国性学会、省级学会、地(市)级学会以及区(县)级学会等4个层次。中国科协系统横向覆盖了绝大部分自然科学学科和绝大多数的产业部门,形成了覆盖面较大的网状组织体系。而特别委员会则主要涵盖科学普及工作、发明与专利、技术与职业、规范以及有关劳动科学等方面。

中国科协是由中央政府直接领导的中央政府体制。中央政治局委派一位领导同志代表中央政府分管、协调科协的工作,国务院领导则负责作为协会工作的联络。协会每年向中央秘书处做工作总结汇报,并安排下一年工作。协会每5年召开全国代表大会、全国委员会和常务委员会则是常设领导制度。常设的委员会包括学术交流专委会、企业自主创新专委会、国际合作和对外联络专委会、科学技术普及专委会等等,协助讨论和审定由科协负责审查和批准的相关科技工作。书记处在常务委员会领导下主持中国科协的日常工作。

一批资深工程师在中国科协中担任了重要职务。50年来,中国科协先后召开了7次全国代表大会,李四光、周培源、钱学森、朱光亚曾分别担任第一届到第四届全国委员会主席,周光召为第五、第六届全国委员会主席。1991年1月,全国政协七届十二次常委会议决定,恢复中国科协为全国政协组成单位。协会的常务委员包括工程科学精英。桥梁专家茅以升是早期工程师协会成员,作为科技协会的倡导人之一,先后当选中国科协第二届副主席、名誉主席,北京市科协主席,中科院技术科学部委员,中国土木工程学会第三届理事长。

各专业学会组织实行挂靠制,附属于科协。学会不但在行政归属上是科协的组成部分,同时也要接受科协的业务领导;并且,学会应隶属产业部门或科技部门,研究所办公室应接受所属单位的"党,政府,财政和文化"的领导和支持。在具有中国特色的科协的领导下实行学会挂靠,有利于加强党对学术团体的领导,使学术团体与相关业务部门和产业部门紧密结合,并得到社会各界的支持。在这一时期,各个工业行业的学会基本上都由国家产业部门设立,一个行业部委就有一个相应的学会,例如机械、纺织、轻工业学会等。值得注意的是,当时行业性的协会组织是非常少见的。

　　中国科协会员涵盖范围较广,不仅包括学术机关中的研究人员,还有各产业部门中的工程技术人员和管理人员。中国科协对会员的学术水平要求也较高,规定会员必须是国内实际从事科学技术工作两年以上之人员。

　　在会员方面,1949年以前,各学会根据自身情况曾对会员资格有具体的规定如延安自然科学研究会的会员必须是"国内外专科以上学校学习自然科学者",有相当理论水平及工作经验者,对自然科学有特殊贡献者。科技社团性质和地位的变化也引起了科技社团成员的变化,会员资格的共同标准是"高等学校本科毕业或具有相当于高等学校本科毕业的学术水平,从事本门科学工作两年以上,对本门科学工作有一定表现者"。但中国科协成立后,学会成为中国科协开展专业工作的一种组织形式,但是以科技人员为主,把群众排除在外的组织形式受到了批判。因此,部分学会开始吸收一些技术革新能手加入学会,中国科协会员和学会会员之间也没有了明显界限。凡是拥护共产党的领导,拥护社会主义,对科学技术的发明创造或在技术革新方面有成就的,或积极参加各种群众性科学技术活动的工人、农民和知识分子,不拘学历,都可以自愿申请,经所在地区或单位的中国科协基层组织批准,成为中国科协的会员(竺可桢,2004)。到1959年发展会员控制比例在全国人口的3%左右,即2000万会员。1961年中国科协在北京召开全国工作会议,时任中宣部副部长的周扬对学会会员组成提出了自己的看法,他认为,学会要有会员,而且要有一定的标准,要知道够全国水平的会员到底有多少。会员不要太多,多了就没有界线了;工农先进分子可以吸收的应当吸收,但要有标准,全国性学会会员要有条件,有一定的水平,一定的工作,一定的表现,加入全国性学会应当成为一种荣誉,这样才能衡量一个国家的科学水平。但是,这里所说的"一定的水平""一定的工作""一定的表现",并没有具体化。结果导致的情况是中国科协为了体现群众性,群众团体的特征越加明显(韩晋芳,2012)。

中国科协成立后,下设的各专门学会在性质上是学术性的群众团体,目的是通过群众性学术活动来团结科学工作者提高思想业务水平。全国学会等科技社团的性质也起了根本变化,不再作为独立的人民团体存在,而是成为中国科协领导下的开展科学技术专业活动的一种组织,是中国科协的一个组成部分。

中国科协以服务于社会主义改造为目的的工程师组织的工具化趋势越来越明显。一方面,中国科协本身也是计划经济体制的一部分,参与了国家科学规划和五年计划的制定;另一方面,在中国科协的各个特别委员会中,代表国家经济利益的党员力量始终占据主导位置。中国科协这个包含工程师组织在内的科技工作者联合会成为配合社会主义制度的技术知识分子的大众组织。它强调会员们应该为共产党的科技政策奉献力量,同时它也站在学术民主的角度提出中国科协内部要克服行政化倾向,摆正机关与团体的关系,真正做到对党政领导负责与对科技工作者负责相统一。

这一阶段,工程师群体所倡导的学会精神如"学术交流"和"社会服务"功能并没有得到充分发挥。除了制定协会具体规则之外,中国科协的绝大部分工作在于完善地方科协体系、培养工作积极分子以及科普工作的推广。值得一提的是,1961年,针对"大跃进"而制定的"科学工作十四条"中提出了学术界需要"百家争鸣、百花齐放"的口号。工程师大受鼓舞,再次积极地参与中国科协的活动之中。并提出了一些要求,比如:希望参加活动的时间计入工作时间之内,科技协会内部科技工作者分层问题,专职干部、兼职干部的配合问题。但是,随着"文革"的迅速到来,这些建议最终都被作为"反动权威""反革命"的罪行受到批判。而中国科协和各学会被称作"修正主义的裴多菲俱乐部"被迫停顿中断。

1978年12月召开中共十一届三中全会后打开了改革开放的新局面,从重工业化路线转向推动关键性技术和加快科技进步。1977年开始,钱学森约访周培源,讨论了加强中国科协和学会作为部门之间科技人员交流的桥梁,其存在具有一定的合理性。随后,几位科技专家做简报呈送邓小平,使中央及时了解几位著名科学家和工程师对中国科协与学会建设的意见。在国家和科技界对学会建设的关注下,中国科协的组织和活动逐步得到恢复。党内技术政治路线的转变使得各类工程学会的地位有所提高。1979年2月,财政部统一中国科协事业经费、外事费单独立户。同年5月,国家计委同意中国科协基建、物资、外汇等单立计划户头。

1978年以后,由中国科协牵头举办的学术活动越来越多,范围也越来越广泛。政府逐步将一些适合科技社团的职能转移到科技社团。特别是行业学会,把教育认证、专业培训、职业资格认证、职称评定等职能均转交到学会的职能之中。但是,并非所有行业学会都可以承担所有业务,政府把这类职能下放时需要认定承接学会自身职能完善和调整的能力,否则会带来管理的混乱。这样的做法更有利于把学术专业工作交由专业部门承担,如工程技术人才的资质问题,比如中国水利学会承接了政府的水利人才的评价业务;同时,一些行业的职业教育任务也做了适当转移,如中国机械工程学会、中国化工学会等承接了相关专业的教育认证等职能。

值得一提的是,在改革开放后,中国科协的科技咨询工作得到了发展。1980年3月,中国科协召开"二大",大会通过了《中国科学技术协会章程》,正式把科技咨询列为中国科协的主要任务之一。1981年2月,中国科协发出《关于在学会和地方科协建立科技咨询服务机构的通知》。要求中国科协所属学会和地方建立科技咨询服务机构,发挥中国科协人才荟萃以及跨行业、跨部门的优势,动员组织科技人员,开展技术咨询服务工作。比如在1978年开始的宝钢计划中,由上海市科协组成的"宝钢顾问委员会",顾问委员会由力学、机械、电机、土木、建筑、炼钢等19个专业的30位专家组成,由李国豪担任首席顾问,在参与宝钢重要决策的讨论和论证中起了关键作用,其中,组织专题讨论80次,提出重大建议56项。

1982年2月4日,中华人民共和国财政部和中国科协联合颁发了《科协及所属学术团体科技咨询服务收费的暂行规定》,规定了收费的标准,第一次以政策性文件的形式肯定了科学技术的价值和工程师劳动的价值,极大地调动了工程师和技术人员的积极性。中国科协终于开始得到工程师群体的青睐。虽然学会的学术职能和社会服务职能在80年代后得到了前所未有的发挥,工程师群体通过中国科协的活动,形成了同行承认的本学科的学术权威,但是,中国科协和学会之间的关系,权责和义务的分配等并不够明确,学会仍然属于挂靠性质,这些问题使得工程师群体在追求"宽松、自由、平等的学术环境,活跃学术思想,激发学术灵感"的精神道路上仍然有漫长的路要走。

第二节　科技专家的组织:中国科学院

　　中华人民共和国成立之前,民国政府就建立了如中央研究院和北平研究院的国家学术研究机构,其中也设立了负责工程研究的研究所比如冶金陶瓷研究所等。两大研究院汇集了当时中国最杰出的科学家和一部分工程专家从事学术研究。但由于经费不足、各所间缺乏协调以及科学任务的分散性,研究体系较松散。1949年,中央政府在整合两大研究院的资源之后,作为全国最高学术机构的中科院成立了。成立后经过一段时间的探索,中科院的任务逐步明确,那就是有计划地利用近代科学研究成就以服务于工业、农业和国防建设。从负责筹备中科院的人员名单上可以看出,虽然该计划的负责人多为党内人士,但是科学精英的参与是必要的。中科院的成员调配程序相当简单,从旧的中央研究院的成员里,选出35名科学家担任新成员的选拔者。这一选拔小组选择各个不同学科的新成员,选择以科学家取得的成就作为基础。1949年11月1日,中科院作为政务院下的一个政府职能部门正式成立。这种既是学术研究机构同时也是政府机构的做法和设置,在世界各国科学院发展历史上是罕见的。它必然是为实现国家经济发展目标和增强军事能力服务,是积极从事科学研究的机构。另外,中科院作为负责自然科学和社会历史科学一切事务的一个政府部门,又具有行政职能。

　　由于中科院肩负着国家科技发展的两项主要职能,科学家和工程师需要花费大量时间去做学术研究以外的科学组织和规划等行政事务。钱三强曾在1949年底,在写给自己老师约里奥(Joliot-Curie)的信中,表露了自己对这种脱离一线研究工作而忙于科学组织工作的担忧与矛盾心理:"有一阵我感到有些担忧,因为我不知道是否还能重新回到我的科研工作中,但另一方面,我知道人民的胜利不是件容易的事,为了能取得彻底的胜利,人人都有责任贡献出一份力量。有很多爱国同胞为此献出了自己的一切,如果我能够用我一生中的某个阶段来参加国家的重建工作,这将也是为胜利而牺牲。"应该说,钱三强的这一想法,是中华人民共和国成立初期不少工程师和科学家心境的一个缩影。

这样的要求似乎并不是科学家和工程师所想。1954年1月,在第204次政务院会议上,郭沫若院长就中科院的工作所做的报告中,提出了中国科技发展中的两个基本问题——人才的补充和科学院的自主权。他说,从中科院科学家的观点来看,科学家们似乎想说,如果给予时间和自主权,科技工作者的数量和质量都会提高。但是,事实上,中央认为中科院刚成立,条件还不成熟,不宜作为民国政府时期中央研究院院士之类性质的组织,科学家和工程师的事权还不宜太重。

中科院就成为科技管理和科学研究的双重功能组织,在后来实践中形成了以中科院为中心的科研中心兼国家科研领导机构的体制模式延续到1954年底。1954年新的宪法和国务院组织法公布后,中科院不再是政府的组成机构之一,而是"在国务院领导下的国家最高的学术机关"。新的宪法更明确地规定了中科院的职责,那就是推动组织形式的改变以保证能倾听中科院系统之外的研究机构的意见(促进学术民主),保证中科院逐渐成为团结全国科学家、领导并推进我国科学事业的中心(王忠俊,1995)。但是,就如何实现中科院在科学领导方面建立一个有效机制展开了反复的讨论,最终中科院党组向中共中央提出了设学部的主张。希望通过学部和学部委员,将科技发展目标相关的总的政策指令转变成可以具体实施的科研项目。

中科院技术科学部与其他三个学部一起成立于1955年6月,当时有委员
40位。严济慈为主任,茅以升为副主任,赵飞克和钱志道先后任专职副主
任。1957年第二次学部大会上增补了3位委员。学部委员共有43位。中科
院中包含了几乎中国所有最有声望的科学家和工程师。但并非只有在中科
院工作的科学家和工程师才能担任学部委员,学部委员也包括大学教授、工
程师以及生产单位的研究人员。学部委员中包括不属于中科院的科技人员,
这点在技术学部尤为突出,这也表明了学部的建立就是要使学部成为实施研
究计划的工具,保证能倾听中科院系统以外的研究机构的意见,保证中科院
"逐渐成为团结全国科学家、领导并推进中国科学事业的中心"。

技术科学部的定位是为直接解决生产和工程中出现的科学技术问题提
供理论基础和实验数据,也为生产和工程不断开拓新的技术方向。例如,半
导体科学技术的发展促进了电子装备的效率、可靠性、微型化以及经济性等
方面的研究进展顺利。技术科学的门类与国民经济和国防建设的关系密切,
技术科学部担负着国家重大工程项目的制定和咨询工作,以及技术研究由实
验室向企业转化过程中的相关工作。

据国家统计局和中科院编印的《全国科学研究机构调查资料》,1956年全
国研究机构和高等学校共有科学技术人员77771人,其中高等学校58346人,
占78%,科学院4808人,占6%;高级科学技术人员9879人,其中高等学校
7895人,占80%,科学院605人,占6%。从人员构成上来看,技术专家主要集
中于技术科学部。从技术科学部来看,1955年及1957年增补的学部委员总
数为43人,占自然科学类三个学部总人数的17%。从所受教育来看,其中有
过留学经历并在国外取得过学位的为38人,占总人数的88%。由此可见,学
部委员的主要来源为留学欧美的工程技术人才。这也反映了当时流行的到

国外接受硕士、博士学位教育的作法。未出国留学,仅受国内教育的共6人,占17%。这43位委员在国内的主要毕业学校是清华大学、北京大学、交通大学、同济大学、北洋大学等。这些学校在一定程度上代表了中国二三十年代大学教育的最高水平。吴仲华(1917~1992),1940年毕业于国立西南联合大学机械工程系,留校任助教。1944年考取公费,留学美国麻省理工学院,1947年获博士学位,任美国航空咨询委员会路易斯喷气推进中心研究员、布罗克林理工大学机械系教授。1954年夏回国,任清华大学动力机械系教授、燃气轮机教研组主任和系副主任。1956年任中科院动力研究室研究员兼力学研究所副所长、工程热物理研究所所长等。创立叶轮机械三元流动理论。1957年入选中科院技术科学部委员,著有《径向平衡条件对轴流式压气机和透平的应用》《轴流式、径流式、混流式亚声速和超声速叶轮机械三元流动通用理论》等。汪胡桢(1897~1989),1917年毕业于河海工程专门学校。1920年任教于河海工程专门学校,讲授高等代数、解析几何、微积分等课程。1922年留学美国康奈尔大学,习土木工程,次年获硕士学位。1924年任教于河海工科大学。1927年起,任太湖流域水利工程处副总工程师、导淮委员会工务处设计组主任工程师、浙江省钱塘江海塘工程局副局长兼总工程师等。1950年后,任淮河水利工程局副局长、佛子岭工程总指挥、水利部北京物测设计院总工程师、黄河三门峡工程局总工程师等。1955年当选中科院技术科学部委员。1960~1978年,任北京水利水电学院院长。后任水利部顾问、华北水利水电学院名誉院长等。

另外,在43位技术科学部委员中,获研究生学位的占绝大多数。学部委员多数受到了较高的学术训练并拥有多样的教育背景,这也反映了中国20世纪上半叶高等教育的潮流以及中国工程师专家的教育水平。

1955年技术科学部仅有8个研究单位,包括冶金陶瓷研究所、化工冶金研究所筹备处、仪器馆、土木建筑研究所、水利工程研究室、机械电机研究所、石油研究所和煤炭研究室。这些研究所都是在接收民国时期的科研院所的基础上建立的,形式比较单一,并没有和国家需求结合起来。到了1956年,随着国家"十二年科学规划"的制定,以严济慈主任为首的技术科学部委员会组织了有关项目的起草和审订工作,许多委员还参与了规划总纲的起草。经过对国家工程建设的需求,把建立和加强国家的无线电电子学、自动化、半导体和计算机等新兴技术领域作为四大紧急措施。技术科学部逐步开始负责具体的工作。李强、华罗庚等委员分别主持了电子学、自动化、半导体和计算技术4个研究所的筹建工作。1962年,国家制定1963~1972年科学技术发展的10年规划后,根据技术科学部委员们的建议,专门编写了中国第一个技术科学规划纲要以及采矿学和选矿学、冶金学、腐蚀与防护、化学工程学、硅酸盐化学与物理、机械学、电工学、工程热物理、土木工程学与水利工程学、应用光学及红外技术、电子学、自动化技术、声学、燃料化学、润滑化学与物理等15个学科规划。接着,国家科委委托技术科学部主持上述学科组的工作,组织协调各科规划的执行。1979年后,学部活动逐渐恢复,并于7月开始了增补学部委员的工作,同年增补62位委员。

1981年后,技术科学部的工作主要围绕7个方面展开:

(1)全国自然科学奖的审核,自1979年起改由国家科委颁发,受国家科委委托,各学部负责审核获奖项目,技术科学部向国家科委推荐了5个授奖项目。

(2)评定自然科学基金。第四次学部大会以后,中科院设立了面向全国的自然科学基金,各学部负责评定资助10万元以下的项目,并向院基金委员会推荐资助10万元以上的项目。为此,学部成立了基金组。1982~1985年4年内共收到申请2470项,按照评定程序,同意资助了其中1055项,资助金额为3792万元。1986年，这项工作移交给国家自然科学基金委员会。

（3）建立学科分组。技术科学部委员们划分为4个小组活动。为加强对学术的领导，常委会决定再分设冶金、材料、半导体、计算机、电子、自动化、应用光学、机械、电工、工程热物理、土木建筑、水利及工程力学等13个学科分组，由学部委员和聘请的专家组成，共188人。学科分组在各自的学科范围内进行国内外动态的调查研究并提供建议，主持有关学术活动，评审基金项目，参与评议研究所等。

（4）为国家重大决策提供科技咨询。如1982年8月，关于国家现代化建设中的两项关键科学技术集成电路和计算机的发展问题，学部向国家领导部门提出《关于发展我国集成电路和计算机的建议》并被采纳。

1986年12月，技术科学部委员会扩大会议中心议题便是充分发挥学部委员的作用，积极主动地为国家重大决策提供科技咨询，委员们讨论认为国家的现代化建设过程中有许多重大问题需要决策，决策的正确与否，在很大程度上取决于决策是否民主化和科学化。学部委员会作为一个智慧的集体，有能力分析研究跨行业、跨部门的综合性问题，提出有价值的科学论据和切实的方案，会议选定了一批咨询项目。

会后，各咨询项目组成了专家组，深入到矿山、工厂、学校和科研设计单位调查和考察，邀请科技人员座谈收集资料分析研究。张维等委员负责"高等工程教育问题"，于1988年3月写出《关于试行公开招聘重点高等工科院校学术带头人的建议》并交由国家教育委员会着手选择学校进行试点。叶培大等委员负责的"通信的合理结构"项目，已完成了第一份报告《按照经济规律，改革通信管理体制》送国务院和有关部门。王之玺等委员负责的"发展钢铁工业原料路线的探讨"、罗沛霖等委员负责的"促进我国计算机发展的良性循环"、林兰英等委员负责的"创促进我国集成电路发展的良性循环"以及朱亚杰等委员负责的"能源发展战略"等项目都已着手开展。

(5)评议所属研究所。1981~1985年,学部邀请学部委员和国内知名专家共300多人次,先后评议了金属所、上海光机所、上海冶金所、长春光机所、上海技术物理所、电子所,电工所、半导体所、自动化所、沈阳自动化所和合肥智能机械所等单位。评议内容包括研究所的科研方向、成绩、水平、学风、培养干部和管理等方面。通过评议,促进研究所进行一次全面检查,总结历史经验和教训;明确了发展方向,推动调整和改革;增进了学部委员和同行专家对研究所的了解,有利于研究所的开放及与兄弟单位的联系合作。

(6)为大型科学工程和重大科研项目做方案论证和技术审查。学部邀请专家对10^{12}瓦级激光等离子体物理实验装置和海洋机器人两大项目进行了方案论证和技术审查。

(7)学部常委会代行学位委员会的职责。学部审批各所报送的学位申请书,以学部名义授予硕士和博士学位(王大珩 等,1989)。

在没有专门的工程院前,技术科学部一直承担着与国家工程技术发展相关的各项工作。学部委员中有三分之二来自全国和高等学校和工业部门,通过他们加强了科学院与其他工业部门的联系合作,共同建立研究机构,组织和主持了许多全国性的学术活动,学部成了与产业联系的桥梁。

第三节　追求工程师的权益:国家工程院的呼吁与筹备

在中科院下设的技术科学部在工程技术学术领导上有诸多限制,比如由于没有独立的工程院,中国一直没有适合的身份,无法作为正式代表加入国际工程科学技术联合会参与国际工程技术学术交流;另外,由于中科院技术学部委员的名额有限,许多在工程技术实践方面经验丰富且贡献卓著的工程师无法进入学部。

从中华人民共和国成立伊始,中国工程师就在为成立自己的职业组织奔波,而最初的科联通过各个学科的专门学会在工程师之间形成了广泛的横向联系,在工程技术科学界内部,许多工程师认为科联是工程师自己的组织,以至于很多工程师否认中科院的最高学术团体地位。但随着学部和学部委员的诞生,工程师逐渐发现,与科联逐渐成为大众组织相比,处于中科院的体系中则能为技术科学的研究和工程项目的实施谋求到更多的资源。技术科学专家和工程师开始希望能够在中科院中寻求到更多的席位来发展工程技术学科。但是很多因素导致工程技术专家在中科院中并没有受到足够的重视,其原因包括:中科院建立的前身是中研院和北京研究院,而两院自创办以来主要从事基础研究。中科院传统上植根于基础科学,如数学、物理学、化学、天文学、地球科学和生物学,并在其领导下拥有这些领域的许多知名学者,而技术科学则一直在很大程度上被忽略。

情况在中华人民共和国成立后的五六年中发生了转变。随着1956~1958年国家科技任务重点的变化,技术科学受到的关注越来越多。1956年,党中央、国务院提出"向科学进军"的口号,制定了"二十年科学规划",明确提出"四个现代化"的建设目标。在这个至今认为较为成功的"十二年科学规划"中,技术科学和工程技术占据了绝大多数。特别是在1958年以后"两弹一星"成为政府在20世纪60年代重点支持的项目,由此而来的是政策上的全面倾斜。为了适应这种变化,先后成立了第七机械工业部和第二机械工业部,分别承担了导弹和原子弹的研究任务。而和国家科学家精英集中在中科院不同的是,技术科学部的学部委员多来自产业部门,工程技术的精英人才主要集中在承担国家重点项目的产业部门。80年代初,工程科技领域内取得的重要成就以及工程技术专家的队伍的壮大,更希望通过建立相关组织使工程技术人员得到如科学家相似的地位认可。师昌绪对80年代初有关工程院问题研讨的进展也有较具体的回顾:"中国科学院学部的成立对中国工程院的建立应该说是有促进作用的,因为科学院学部的成立确定了科学院在我国的学术地位,从而联想到工程技术人员在我国也应有相应的地位,而提出成立中国工程院的倡议。"(杜澄,李伯聪,2004)

基于工程师们的诉求,在1981年中科院技术科学部召开的学部大会上,学部委员提出了关于成立中国工程与技术科学院的问题。会上中科院副院长兼技术科学部主任李薰当即责成学部常委包括张光斗、吴仲华、罗沛霖以及师昌绪对成立独立的中国工程与技术科学院进行方案的论证。1982年9月17日光明日报刊登了四位常委的文章——《实现四化必须发展工程科学技术》。文中重点论述了大力发展工程科技的必要性,但该提案在当时并未得到官方回应。

在此后一段时间的探讨中,工程界就形成了一种共识,就是工程技术发展的需要受到重视,工程技术专家的地位也应该得到提高。此后,每年的全国人大和政协会议上,都能听到来自工程技术界代表的声音,呼吁要建立以工程师为主体的全国最高工程学术机构。

1982年,在中华人民共和国第五届全国人民代表大会上,大会代表、真空电子技术和微波真空电子器件专家胡汉泉发表"建议成立国家工程院,以有力地发展技术科学,促进现代化建设"的提案,提案由其余几位代表包括张柏麟、李嗣尧、乔石琼、王迁、杨嘉附议,提出宪法修改草案中讲到今后国家的根本任务,是集中力量进行社会主义现代化建设,逐步实现工业、农业、国防和科学技术的现代化,把我国建设成为高度文明、高度民主的社会主义国家。为了进行现代化建设,宪法第20条又提出国家发展自然科学、技术科学和社会科学事业。领导科学技术发展的机构目前有科学院,但其侧重点是自然科学,在学部中代表我国广大工程技术的技术科学部仅占整个学部的五分之一。这个设置给予人们的概念也是技术科学不如自然科学重要,放的位置较低。这样的局面与经济建设的发展是不相称的。提案中进一步阐释了工程技术的重要性。新技术产品的开发大体要经历三个阶段:

(1) 创新原理的证明包括理论和实验;

(2) 工程样品研制;

(3) 生产技术研究,降低成本,工序间实施质量控制,成批生产产品供应市场销售。

从三个阶段看创新可以是自然科学范畴的新现象,也可以是技术科学范畴的创新结构、新设计。后两个阶段是技术科学性质。自然科学的新现象具有重大的意义,但为了取得经济效益,后两个阶段也是同样重要的。正如宪法第20条所说的两者的位置应摆平。技术的发展需要有一个专职熟悉技术管理的办事机构来支持,因此成立国家工程院是必要的。并且国家每年拨给国家工程院技术科学基金,用以支持技术科学领域中新技术开发的研究。工程院的成员可以为使科学基金的使用和新技术的开发起到专业的智囊团的作用。国家工程院还可以担负根据生产发展的需要,围绕着有重大经济效益的项目把各种科技课题配套起来,发挥指导联合攻关的作用。国家工程院对于这些项目可以按项目的性质组织有关部门的技术人员进行技术经济论证。

20世纪80年代开始,工程师群体普遍认为,重视工程技术应该与提高工程技术人才和工程师的地位联系起来。杰出的工程师通过担任各种行政职务来行使科研体制的部分管理职能,推动工程科学体制化的向前发展。这也可以被看作工程师群体在谋求工程学科的话语权的一种方式,这种方式在价值观念上也是合理的,正如钱三强所说:"如果体制上不好马上动,可以先选拔几位有才干的科学家到领导岗位上来,参加领导工作,这会很有力地推动科学事业的发展。"因此,中国工程师为工程院的成立做了大量工作。1982年提案提交后,每年的全国人大和政协会议上都有一些工程技术界的代表和委员提交提案,呼吁建立以工程技术专家为主体的国家最高学术机构。1986年全国政协会议上,茅以升、钱三强、侯祥麟、徐弛、罗沛霖、顾毓秀等83位政协委员提出"关于工程技术工作在国家事务中的地位"的提案;美籍华裔学者、美国工程院院士田长霖也曾向当时的国家领导人提出应重视发展工程技术和应用科学的建议,之后他还一直关心建议采纳的情况;诺贝尔奖获得者杨振宁教授和李政道教授,也不止一次书面和口头提出过中国应重视应用科学的建议。

但是,由于科技界内部认识存在分歧等,以上呼吁和建议迟迟没有取得突破性进展(杜澄,李伯聪,2004)。

不过,通过工程师群体和各方面力量的共同努力,在第一次倡议成立中国工程与技术科学院10年之后,在1993年11月12日,国务院批准了《关于成立中国工程院的请示》。请示明确了机构名称是"中国工程院",成员的称谓是"院士","既与其荣誉性质相符合,又便于国际联系,有利于交流"。并规定中国工程院,应当是由在工程技术方面做出了重大贡献的科学家和工程师组成的学术团体,而不应当成为一个行政机构;建立中国工程与技术科学院方案的酝酿讨论和提出,应当主要依靠科学家和技术专家来进行,并在广泛听取有关方面意见后,提请中央和国务院决策;中国工程院是一个虚体,中国工程院建立后,隶属国务院,为国务院的直属事业单位,其办事机构挂靠国家科委。

中国工程院的成立也表明了,中国科学界对工程技术精英的认可和对工程师为中国科技发展所做出重大贡献的肯定。

第八章
中国工程师的基本情况分析

中华人民共和国成立的半个多世纪以来，由于国家建设的需要，工程技术人才的需求激增，中国工程师前辈们在培养科技人才和扩展技术知识方面，取得了非常大的成就。国家逐步建立了较完备的工程学科体系和工程教育体制以及工程师职业评聘机制，逐渐拥有了一支在数量上十分庞大的工程师队伍。据人力资源和社会保障事业发展统计公报显示，至2019年，中国高技能人才人数已经达到3234.4万人，是1952年16.4万工程技术人员的近200倍。[①]中国工程师的群体一直在不断地扩大，是中国成为"工程大国"过程中不可或缺的主体。通过逐步发展，形成了中国工程师群体特有的职业形象。

然而，对工程师群体的研究并没有深入展开。这可能涉及多方面的因素，包括工程师群体的界定、工程师职业的复杂性等，目前的科技史与工程史对工程师群体都缺少具体的研究。在文献的整理中不难发现，中华人民共和国成立后，工程师往往被包含在各种职业群体当中。除了早期如周恩来1956年的

---

① 2019年的统计数字来自2019年度人力资源和社会保障事业发展统计公报，1952年的数字来自1959年9月国家统计局编写的《伟大的十年——中华人民共和国经济与文化建设成就的统计》。

《关于知识分子问题的报告》中曾经提到工程师的相关情况外①,国家对工程师数量、工作状况、教育水平的统计一般被包含在其他一些政府术语之中,包括如科学家、科技知识分子、科技干部、科技人才、科技工作者等。在一般性政府工作报告和年鉴统计资料中,工程师一直未被作为一个独立的职业统计,这也反映了国家在早期对技术人才职业认定规范上的缺失,工程师职业规范并没有从国家意义上被肯定下来。这种情况造成了学界对中华人民共和国成立以来直到80年代的工程师群体的状况并没有具体把握。研究上的缺失和工程师群体在中华人民共和国成立后的重要贡献之间存在巨大差距,中华人民共和国成立后中国工程师群体究竟经历了怎样的发展历程?群体的总体规模、教育状况、工作状况及工程师的能力究竟如何?这些问题目前科技史界缺乏具体的了解和研究。

出版于1989年《中国工程师名人大全》(以下简称《名人大全》)一书所提供的20世纪80年代中国工程专家的资料,为把握中华人民共和国成立以来中国工程师专家的群体状况提供了数据上的支持。通过对该书收录的1.5万余条各行业工程师名人的统计,利用科技人才政策上较常用的科技人员个人履历分析法——CV(Curriculum Vitae)分析法结合历史背景,分析从中华人民共和国成立到90年代初,经过40余年的人才培养和工程发展,中国工程师群体的职业特征、教育以及任用的具体情况。

---

① "……有些部门(工程师的人数)增加得特别快。例如,地质工作人员在中华人民共和国成立初期不满200人,而在1955年,根据地质、重工业、石油工业、煤炭工业等四个部的统计,仅工程师就已经增加到497人,而高等学校毕业的技术员就达到3440人。"

第一节　《中国工程师名人大全》编写的背景

"名人大全",是在信息数字化技术没有普遍应用前,主要收集某一群体中人物的简要传记。最早出现在19世纪,《英国当代杰出名人录》(《Who's Who:Contemporary Prominent People in Britain》),收录了历年英国社会各界的知名人士。"名人大全"的形式多为当时在某领域或者某地区的名人信息的汇编,以促进领域内外交流、宣传时代名人等,也是群体研究中非常重要的汇编资料。

中国工程技术人才"名人大全"的编写在近代史上有过两次。第一次是在1936年国防设计委员会举办全国专门人才调查后由商务印书馆出版的《中国工程人名录》。该书收录了1940年以前"国内及留学国外各工科专门以上学校历届毕业生",或"其非工科毕业生而在工程有相当成就者"2万余人,是民国时期较为全面的技术人才统计资料。第二次就是1988年由张光斗等工程技术专家组织编撰的《名人大全》,以期收录"中华人民共和国成立后对中国科学技术发展产生重大贡献工程师,以弘扬他们高尚的道德风范"。

中华人民共和国成立以来,随着我国国民经济和国防建设的发展,工程技术领域取得了重要成就,工程技术专家的队伍逐渐壮大。特别是改革开放以来,全国科学大会召开以后,邓小平动员全党全国重视科学技术,加速中国科学技术的发展,并阐述了"科学技术是生产力"这一马克思主义的基本原理,强调了实现"四化"的关键是科学技术的现代化需要一支"浩浩荡荡的工人阶级的又红又专的科学技术大军,要有一大批世界第一流的科学家、工程技术专家"。随着《1978~1985年全国科学技术发展规划纲要》的逐步实施后,工程技术人才的重要性受到关注。工程技术界期望成立"中国工程与技术科学院"作为国家工程咨询机构,并扩大工程技术人才的影响力。随后的整个80年代,工程界通过舆论宣传、多方调研、专题研究等活动强调"工程技术与工程师"的重要性。如1982年9月,工程专家张光斗、吴仲华、罗沛霖、师昌绪四人在《光明日报》上刊登了一篇题为《实现"四化"必须发展工程科学技术》的文章,阐明工程科学技术的重要性。20世纪80年代中,在第一技术科学部副主任刘翔声的支持下,由金属所组织力量先后编辑出版了两本有关国外工程院及工程与技术科学院的情况介绍。《名人大全》也是为中国工程院的筹建而做出的舆论准备之一,正如书中前言所提:"我国有数以百万计的工程师,其中不乏在工程技术界享有盛誉者,更不乏兢兢业业作出杰出贡献者,但是,一直没有为他们树碑立传的巨卷大册出现,使其在世界名人的丛林中占据应占据的一席。"而编纂此书的目的正是为了"重视工程师,提高工程师的地位"。

第二节 《中国工程师名人大全》的编撰体例

经过短期的筹备,1988年6月6日经《人民日报》报道,当代中国科技人才库《名人大全》由国家科委技术市场管理办公室和中国科协科技咨询中心联合组织编纂。6月6日是原中国工程师学会拟定的工程师节,并于1943年被民国政府确定为国家法定工程师节日。工程师节的活动对于调动工程技术人员建设国家,增强工程师的职业认同,推动工程事业发展上发挥了积极的作用,亦可见工程师群体期望恢复工程活动、增强工程意识的汇编初衷。全书拟收录著名工程师2万名,内容上包括工程师的个人教育经历、专业方向、科技成果、主要业绩、发明及专利、所获荣誉、经济效益及通信地址等方面,每条约300字,整书共计约600万字。

《名人大全》的编撰得到了工程师专家们的支持,时为中科院学部委员、水利工程专家张光斗出任该书的主编,中科院学部委员、技术学部主任严济慈出任该书的名誉主编,编委会还邀请各界工程专家如茅以升、郭维成、陆达、李宝恒等人以及全国总工会领导同志作为顾问。原计划成书后拟请张爱萍、严济慈等为其题词,成书后时任国家主席的杨尚昆为该书题写了书名,亦可见各界人士对《名人大全》的重视。编辑部设在北京白石桥路54号首都体育馆内,挂牌"中国科学技术咨询服务中心《中国工程师名人大全》编辑部",编辑委员会由各部委21位工程技术专家担任。另由近20家出版社的几十名编辑人员组成的编写组负责编辑整理工作。筹备开始,编辑部就计划向全国各相关企业事业单位发函,以各单位推荐工程师专家的形式组稿,截稿日期为1988年底,计划1989年6月成书。

事实上拟于1989年出书的计划并没有按时完成,显然收录和整理的工作十分繁复,《名人大全》在前言中也提到:"收录是一项十分困难而复杂的工作,由于各技术专业和生产行业之间的不可比性,在宏观上只能有个大致的数量平衡,对每一位工程师,也只能根据业绩贡献、著述和知名度,作出初步的判别。"《名人大全》编辑部期望"凡在工程技术界有一定知名度或取得重大科技成果者本书尽力收录,同时也收录了少量与工程技术有关的基础理论研究或工程技术管理方面的人物"。

经过编辑委员会的反复筛选和整理,《名人大全》于1991年由湖北科学技术出版社出版,比预期晚了2年时间。全书按照27个产业门类、122个方向,以姓氏笔画顺序排列,共收录了15227个条目(其中有25个条目重复,因此实际为15202个有效条目)。每个条目介绍一位工程师,内容包括姓名、性别、民族、出生年月、最高学历及专业、主要职务及主要社会职务、主要工作经历及所获荣誉称号、主要业绩及著述、通信地址及电话号码。

例如:中国工程师界较早的水利专家麦蕴瑜的资料信息为:

> 1897年6月生,1920年毕业于上海同济大学土木系,1922~1925年留学德国,在汉诺威工科大学进修水利工程。现任水利电力部珠江水利委员会顾问。

> 1928年起,曾任广东省立勷(勤)大学教授7年,1947~1949年曾任广州市工务局局长,1960年至今任广东省水利科学研究所所长兼省水利学院院长、广东工学院长、中国水利学会名誉理事,兼任广东省科学技术协会副主席,广东水利学会副理事长、顾问、名誉理事长。

> 著有《实用平板代测量》《长流水灌溉防寒育秧》《广东省低产田的水利改造》《祖国的南疆——南沙群岛》等。

> 通信地址:广州市盘福路盘福新街2号2楼。

从成书可以看出,该书的编写时间还是稍显仓促,抑或"条目内容均由推荐单位核准",因此这一版本的《名人大全》出现了一些内容上的疏漏和错误。诸如人名在校对上仍有疏漏,出现了错字、别字;名字索引与正文名字不对应,以及姓名重复等等。

尽管如此,该书还是成为90年代工程师评价的一项指标。工程师本人把能否入选《名人大全》作为衡量其工程界声誉的一项标准,如在工程师的简历和介绍中,入选《名人大全》和"享受国务院特殊津贴"等殊荣被特别提及。

　　喻秉文:男,1938年12月出生,湖南浏阳人,汉族。1965年毕业于湖南大学物理系金属物理专业,教授级高级工程师,享受国务院政府津贴的专家,1989年收录于《中国工程师名人大全》。

　　×××,汉族,中国长江轮船总公司南京公司高级工程师,江苏省人,1936年5月出生,1957年毕业于上海交通大学,现从事船舶工程专业。主持设计多种船舶,承担多项重点技术改造和节能项目,为国家创经济效益几千元。多次获部、省、市奖,其主要业绩于1991年编入《中国工程师名人大全》及《中国工程师大辞典》中。

同时,一些单位也把技术队伍中能够入选《名人大全》的人数作为该单位科研实力的硬指标。比如,石油勘探开发科学研究院实验中心在单位人员构成中就特别指出:

　　目前共有各类人员85人,其中技术人员占90%,具有高级职称的37人,占42.5%(其中8人列入《中国工程师名人大全》);中级职称23人,占27.1%。

《名人大全》的编撰在工程技术界产生了一定的影响,其基本涵盖了各部委、企业等各界有卓越贡献的工程师代表,能够在一定程度上展现中华人民共和国成立后工程师职业群体的基本状况。

第三节 依据《中国工程师名人大全》的资料统计

虽然调查表包含个人基本情况、工作和任职情况、主要贡献和获奖情况以及通信地址四个方面的内容,每个条目均保持在250~350字,编者也严格按照格式要求筛选信息和排版。但是,由于各人填表的情况不同,内容上或多或少均有遗漏和不明确之处。从1.5万余位工程师的信息来看,条目内容基本包括姓名、性别、民族、出生年月、最高学历及专业、主要职务及主要社会职务、主要工作经历及所获荣誉称号、主要业绩及著述、通信地址及电话号码等。

为了统计的需要,《名人大全》中的12项信息被提取制表,其中包括:姓名、出生年代、性别、毕业年代、学历、毕业院校、专业、职称、单位信息、所在省份或地区以及留学经历和国别等(如表8.1所示)。但从表中不难发现,《名人大全》在信息统计中也有一些不同程度的信息缺失,如毕业时间和院校,由于数次高校的调整和拆并,各人对填写的学校名称存在不统一的现象,有的因为无法确定原学校的现有名称,因此没有填写毕业院校信息。另外还有一些疏漏的情况,比如:作为《名人大全》顾问的桥梁工程专家茅以升的信息中就缺少了通信地址。另外,收录采取的是由各个单位推荐的形式,而各单位寄送的材料详略不等,也给编辑词条造成了很大的困难。

表8.1　《名人大全》统计表(部分)

姓名	出生年份	性别	毕业年份	学位(或学历)	毕业学校	专业	所在单位	省份(直辖市)	留学经历	留学国别
权　勇	1892	男	N/A	本科	N/A	工程化学	吉林省交通科学研究所	吉林	否	—
茅以升	1896	男	1919	博士	美国	土木工程	中国科学院	北京	是	美
傅道伸	1897	男	1922	本科	美国北卡罗斯纳州农工大学	纺织化学	西安中华人民共和国成立路陕西省政协	陕西	是	美
麦蕰瑜	1897	男	1920	硕士	德国汉诺威工业大学	水利	水利电力部珠江委员会	广东	是	德
汪胡桢	1897	男	1923	硕士	美国康乃尔大学	土木工程	北京水利水电科学院	北京	是	美
曾世英	1899	男	1918	本科	苏州工业专门学校	土木工程	国家测绘局测绘科学研究所	北京	是	美
靳锡庚	1900	男	1932	本科	河南焦作工学院	采矿	北京910信箱	北京	否	—
严济慈	1900	男	1925	博士	法国巴黎大学	物理	北京中国科协	北京	是	法
恽　震	1901	男	1921	硕士	美国威斯康星大学	电机系/电机专业	北京2703信箱	北京	是	美

第四节 中国工程师群体分析

一、工程师群体基本状况分析

《名人大全》除了年龄和性别外，并没有对收录的工程师的个人情况有过多的涉及。从入选工程师的年龄结构上看，该书收录了1900年以前出生并且当时仍在世的6位工程师，分别是权勇、茅以升、傅道伸、麦蕴瑜、汪胡桢和曾世英。最早一位工程师是从事工程化学专业的权勇，工作单位在吉林省交通科学研究所，并于1985年获国家科技进步二等奖（崔承章，1991）。他们都是各自领域的资深工程技术专家，在国家建设和专业人才培养上都有突出贡献。

入选的工程师主要出生于20世纪20～40年代，尤以30年代出生的人数最多，也就是年龄在50～60岁之间的入选工程师共计8921人，占总人数的59%（如图8.1所示）。60～70岁工程师占总人数的20%，70岁以上工程师占总人数的6%，50岁以下占总人数的13%。这个分布与历年来工程院院士增选的年龄比例大体一致，可见20世纪30年代出生的工程师在80年代应该是各行业的主要领导者，80年代也是工程师在成就取得的高峰时期。而40年代的人数明显过少，不足2000人。造成这种情况的原因可能是年龄和资历尚不足以成为各行业的总工程师。另一方面，工程师职称评定制度在停止后十年才逐步恢复，在此期间,工程师的评聘工作受到很大影响。1978年3月,随后10月、11月中组部先后召开两次落实关于知识分子政策的座谈会,会后发布了《中共中央组织部关于落实党的知识分子政策的几点意见》,国家开始逐步落实知识分子政策,通过开展全国专业技术人才普查,恢复知识分子评定技术职称工作。1986年后,专业技术职务聘任制度才逐步开始试行。因此,60~70年代的很长一段时间,工程师职称评定工作的缺失,也造成了此段时间工程师无法参与考评、定级。尤其是40年代后出生的工程师受到了较多影响,导致长时间无法在职称上得到晋升。

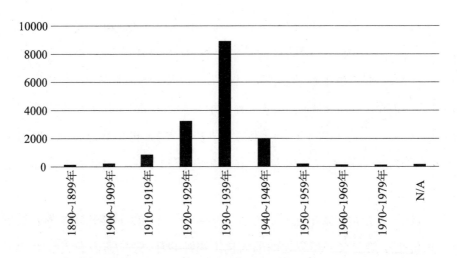

图8.1　工程师年龄结构图

从工程师培养角度来看,从接受工程教育开始到能够从事工程技术的实际应用,其间存在一个时间差(方黑虎,徐飞,2003)。基于对《名人大全》工程师基本状况的分析可以看出,从选择学科、留学状况等可以看出,最早的一代中国工程师出生于清末戊戌变法之后,主要修习冶金、矿业和铁路。1949年后,这部分工程师是社会主义建设的中坚力量,在国家工业化建设的50年代,他们发挥了中流砥柱的作用,并为国家建设培养了大批工程师。出生于20～30年代的工程师成长于50～60年代,绝大多数毕业于国内各大学。经过50～60年代跟随资深工程师专家和苏联专家承担国家各类大型工程的经验积累,80年代的他们已经是各行业的资深专家,是《名人大全》中数量最庞大的群体。40～50年代以后出生的工程师还没有完全接过上一代工程师的重担,虽然从年龄上看90年代初正值他们40～50岁的科研黄金时期,但真正已经取得工程成就的工程师比例不高。

从男女比例上看,其中标注女性的人数为883人,占总工程师人数的5.7%,女性工程师的数量占比较低,这也与20世纪以来女性教育程度总体偏低有关。值得注意的是,1930年以后出生,1950年以后毕业的女性工程师约占9%,这个占比更大,说明在中华人民共和国成立后,女性接受高等教育的人数增加明显。但是,从总量上来看女性工程师在高级职位上的人数比例仍然很低,这一方面反映了女性享受与男性同等教育的历史还很短,另一方面,也反映了那个时期女性在工程技术职业上的短板以及一定的"天花板效应"。

二、工程师的工程教育背景分析

对教育经历的统计是《名人大全》中较为重要的一项,分为学历、毕业院校和留学经历。通过对这三项内容的统计,可以大致了解中国工程教育发展的一些状况。

首先是关于学历的统计。如图8.2所示可以看出工程师群体的学历背景主要以本科为主。即便在我们统计的这15202个样本中,以高级工程师及以上职称的拥有者为主体,最高学历为本科的工程师也占到了绝大多数(79%,近

12000人),专科人数比例占12.6%,而持硕士、博士学历人数占比为4.5%和1.7%。

这样的一个绝对占比可以印证几个问题:

(1)中华人民共和国成立早期工程教育层次上的缺失。国家建设对大量工程技术人才的需求,以及20世纪50~80年代初的高等教育学制问题也导致了在高等工程教育的层次上,研究生以上学历的人才较少。

(2)工程教育是理论培养和实践培养两方面的结合。对工程师的训练除了在本科阶段的基本理论知识和初步实践知识的训练外,其实践经验显得更为重要,这也是工程师职业的一大特点。20世纪50年代,钱伟长曾对院系调整后的工科培养目标有过一段讨论,他认为"高等工业学校的毕业生虽然具备了工程师的基础知识,在校期间也受到了关于工程师的基本训练,但是,毕业后,还需要经过一定时期的生产锻炼才能胜任工程师的工作,这是明显的了。"(钱伟长,2012)

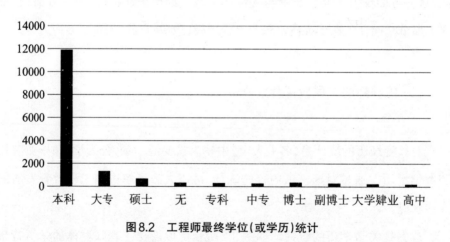

图8.2　工程师最终学位(或学历)统计

从毕业院校来看,1952年前后毕业的工程师主要来自以下院校,包括三所交通大学、浙江大学、清华大学、北京大学、北洋大学、同济大学、中央大学、西北工学院、重庆大学、西南联合大学、上海大同大学、武汉大学、中山大学、厦门大学、复旦大学、上海圣约翰大学、南京大学、南开大学、湖南大学、之江大学等。而1952年后培养高级工程师较多的20所学校包括：清华大学、上海交通大学、浙江大学、天津大学、北京大学、哈尔滨工业大学、东北工学院、同济大学、北京地质学院、重庆大学、唐山铁道学院、大连工学院、华南工学院、北京工业学院、南京工学院、长春地质学院、南京大学、中南矿冶学院、西安交通大学、武汉大学、北京航空学院、北京石油学院、华中工学院。很明显，在院系调整中，加强了为工业建设发展急需的专门人才的培养，专门化的单科和多科性工科院校成为培养工程师的主力。

从留学背景上来看，比较集中的留学时期在30年代以前和50年代。30年代以前毕业的工程师有留学背景的占了较大的比例，留学国家以美、英、德为主，主要修习冶金、矿业和铁路等专业领域。在实业救国的背景下，他们充当了工程技术传播的媒介，是中国工程学科体系建立的基础。50年代以后的留学教育主要集中在以苏联为主的社会主义国家，留学人数达到近8000人，专业以工科为主，涉及国内奇缺的40多个专业。其中，获得苏联副博士学位的1400人（李鹏，2016）。从国家需求上来看更具有规划性，这批留学生极大地缓解了我国这些领域科技人才短缺的问题。

但整体而言，有留学背景工程师在全体中占比并不高。工程师人才主要以本土培养为主，即便是工程专家，也多是在实际的工程实践中成长起来的。这一现象与科学家群体的学习经历存在着较大差别。这样的差别也反映了工程师和科学家在职业上的不同特点：工程师更需要实践的土壤，而科学家在学科前沿的研究中，需要更多的知识储备。

三、工程师专业及职业分析

《名人大全》对工程师的学科背景也做了详细的统计。但是,统计中我们发现,专业名称不统一,专业类目十分繁杂,仅与机械相关的专业就达718项。这种情况由以下几点原因造成:第一,由于《名人大全》中工程师的受教育的时间跨度较大(从20年代到80年代),每个时期都有不同的专业学科目录,导致了专业名称的变化。从20世纪初工程学科的建立到80年代,工科的学科名目经历了四次主要调整。癸卯学制规定高等工业学堂分为13科,包括:应用化学科、染色科、机织科、建筑科、窑业科、机器科、电器科、电气化学科、土木科、矿业科、造船科、漆工科、图稿绘画科。壬子学制后《大学规程》中规定,工科分为土木工学、机械工学、船用机关学、造船学、造兵学、电气工学、建筑学、应用化学、货要学、采矿学、冶金学11门。1952年"院系大调整"后,高等人才的培养目标是"根据国家需要,培养各种专门的高级技术人才",为了尽快实现这一目标,从1952年开始学习苏联的人才培养体制。1954年7月,高等教育部制定了一份《高等学校专业目录分类设置(草案)》。1963年9月,国务院批准发布了《高等学校通用专业目录》。多次调整中,对专业与学科的划分不同,造成学科名目和种类繁多。第二,20世纪50年代院系调整后,为了迅速培养毕业即能上岗的工程技术人员,工科专业和专业方向逐步细化,从而造成了专业统计上的困难。因此,为了便于统计,该书采用1986年7月1日国家教育委员会发布的高等学校工科本科专业目录(含通用专业目录、试办专业目录和军工专业目录)的分类标准,把工科通用专业分为21个大类,173个专业方向,具体如图8.3所示。

机械类的工程师人数最多,其次是土建类,电子、电气、化工以及地质类随后,在前十类的专业类目中,轻工类仅纺织一项上榜。物理、数学、化学等应用基础型学科对工程科技的发展起到重要作用。

《名人大全》把工程师行业分成了以下几类,包括:工程技术基础、地质工程与测绘技术、核技术、动力工程、电力工程与电机工程、电子及通信技术、自动化与电子计算机、轻工业、化学工业、石油天然气工业、矿业工程、冶金工业、金属加工与设备、机械工程、建筑工程、水利工程、交通运输、车辆工程、舰船工程、航空和航天技术、武器及军舰装备、计量技术和仪器仪表、试验技术与设备、通用技术、材料工程、环境工程、气象、航洋、地震及生物工程。由此可见,经过40年的发展,工程行业已经形成了较为全面的行业体系。

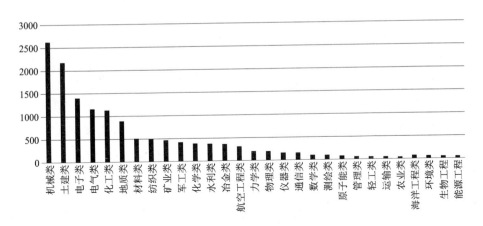

图8.3　工程师毕业专业统计

工程学科的应用指向性非常明显,工程师所选择的专业与日后从事职业的相关性非常大,这一方面与工程学科本身的学科特点相关,工程学科是面向社会需求解决实际问题的学科。中华人民共和国成立后,国家对工程人才的需求主要以应用型与现场型的工程师为主,对技术上的模仿与操作更加注重,因此,在人才培养上的计划性极强,而对研发型、管理型的工程科学人才培养主要是在工科训练后在分配的职业岗位上才逐步分型。另一方面也与20世纪50~70年代专业细化和分配制度相关。企业和高校的定向培养,特别是部委下的专门学院与企业的人才需求一一对应。

值得注意的是,传统行业虽仍然占大多数,但一些新兴行业如自动化与电子计算机、能源工程等已然开始发展,这些行业中的工程师专业呈现多元化的趋势,工程师的专业背景更加复杂,交叉学科在这些行业中需求较大。这也是20世纪80年代之后工程学科的一个新趋势。

四、工程师的任用分析

从《名人大全》统计的时段来看,工程师职业去向主要以国家分配为主,因此,对工程师职业去向的具体分析可以侧面反映国家对工程师需求。从工程师的工作单位的统计可以看出,除去3854名未标明单位的工程师,其他11348名工程师中,来自研究所的工程师有4044名,其中来自中科院各学部的工程师有342名,来自地方科研机构、各部委科研机构的工程师有3702名,来自高等学校、学院的工程师有1056名,来自国家机关的工程师有1558名,来自军队系统的工程师有133名,来自企业包括工厂、公司的工程师有2953名(如图8.4所示)。这表明,拥有高级职称的工程师主要来自各部委和地方的研究所、工业企业以及国家机构,从工程师的分类来看,由于研发并不在工业企业中进行,所以,工业企业的工程师更多代表着现场类的工程师类型,研究院所的工程师则以设计和研发为主,高校的工程师的主要工作则以人才培养与研发为主,国家机构中的工程师可纳入管理类型的工程师类型。通过这样的分类,可以看出工程师虽然在工程教育阶段并未有明显的层次分类,但在国家职业分配的过程中已经基本确定了工程师的职业类型,这种分类是由国家和单位决定的。

《名人大全》是在20世纪80年代中国工程师群体追求职业的社会认同感的背景下编写而成的。全书统计了1.5万余名有突出贡献的杰出工程师的生平和成就,在彰显工程师在国家建设中的重要性,凸显工程师群体的自我认知方面有重要贡献,受到了来自国家领导层和工程专家们的支持。该书为研究在90年代前工程教育、工程职业改革前工程师状况提供了宝贵的人事资料。但该书也存在一些问题,比如编写过程稍显仓促,出现了不少细节的错误,比如有不同单位选报同一人、信息统计不全等情况。另外,受入选标准的限制,该书无法包含各行业所有的杰出工程师代表,根据1985年开展的第二次工业普查的数据显示,来自工业企业的拥有高级职称的工程师已达到6448人,对比收录的工业企业的数据,还有半数工程师未被包含在该书之中。

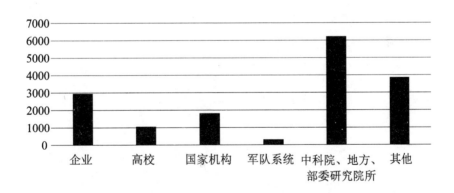

图8.4　工程师任职单位分布

尽管如此,该书还是基本体现了20世纪80～90年代初中国工程专家们的基本状况。通过近百年的工程发展,中华人民共和国成立后工程师群体的迅速扩大,这个时期的工程师队伍形成规模,但拥有高级职称的人数占比较低。由于工程教育层次单一杰出工程师以本科学历本土培养为主,工程师职业角色在工程培养阶段比较单一。工程师职业类型的转换多在其职业发展过程中得到转变,专业与职业对应度较高,多与国家需求结合密切,并朝着世界工程发展趋势的方向逐步探索。这个时间节点也正是工程师职业从各个方面,包括工程技术的变革、工程教育、职业选择等方面面临变革的时期,通过对20世纪90年代前工程师代表的群体研究,可以为前后两个时期工程师群体的不同特点的比较提供一些实证的依据。

结　论

　　本书回顾了中华人民共和国成立到20世纪80年代近40年间中国工程师群体在新中国工业化进程中所逐步形成的群体特征,探讨了工程师作为技术转移的载体,在其职业化的过程中所经历的教育、职业发展中所形成的特点,以及影响工程师职业在社会主义中国发展的因素,为中国工程师群体描绘了一幅清晰的历史群像。

　　在结论部分,笔者仍然想从中国工程师群体的特征出发,探讨他们的培养方式、职业模式、专业能力、社会责任感以及文化传统等多方面的特点,以及这些特征下的中国工程师形象。工程师和工业是同时出现的相关词汇,中国工程师群体对中国工业化的发展起到了哪些作用? 有哪些成就? 遗留了哪些问题? 也是在结论中需要探讨的。最后,通过整本书对中国工程师全面的介绍,尝试更好地理解对中国工程师的发展。

第一节　中国工程师群体的代际分析

　　从第一次工业革命开始之后,世界技术史上的工程师群体从技术的发展和职业的分化的角度,可以分为5代。第一代工程师是第一次工业革命期间逐步由工匠转型而来。正处于社会转型时期中的工程师主要来自工匠,其特点是技艺上的精湛,从设计、制造、维修一个工程师负责工程项目的全过程。除了师徒制的工厂式培训,第二代工程师逐渐有了新的培训方式,工程学校的出现使工程师有了系统的培训,专业上也进行了简单的分工。从20世纪初到20世纪中期是第三代工程师,科学和技术的融合使工程几乎就是工程技术的同义词,而整个工程技术发展到非常专门化的程度,专业设置越发丰富。从20世纪中期到20世纪70年代之后,新的技术手段的加入,特别是计算机技术的高速发展,工程师群体的特点变化开始越发迅速。借助计算机的应用,工程师的工作效率和研究层次都大大得到了提高,创新能力也越来越强。(孔寒冰,2011)工程师职业开始呈现全球化的趋势,各国工程师在能力和质量上趋于用同一个标准来衡量彼此。世界性的工程师组织开始繁荣,在促进全球工程标准化和项目协作中起到了极大的作用。

中国工程师在19世纪末才赶上世界工程师职业发展的班车,中国的第一代工程师出生于清末戊戌变法之后,出于富国强兵的渴望,青少年学生被派往日本或去西欧国家、美国求学,包括最早的留美幼童计划、庚款资助、稽勋留美生等,其中产生了很多近代工程师。他们大多数在国内受过基础教育甚至高等教育,出国后继续深造获得了在自己领域内的专业知识和经验,接受了良好的工程学训练,其代表人物如中国铁路工程师、中国工程师学会创始人之一的詹天佑,卫生工程工程师、中国工程学会重要领导人徐佩璜,曾任中央研究院工程研究所所长的冶金工程师周仁,矿冶工程师胡博渊等,他们回国后成为中国近代各专门工程学科的先驱。

在学用关系上,当时社会思潮着眼于建设,知识的重要性得到凸显,知识分子容易得到社会承认。因此,这一代工程师也容易获得学术至上的价值自信。从思想的转变上来看,第一代工程师幼年均受到了良好的国学教育,青年时代大多出洋留学,对西方先进思想有较为完整的直接认知,使得他们获得了两种文化的冲击,中西汇通的思想在他们的一些工程作品中亦有体现。他们多数都跟着外国工程师做过一些大工程,经历了从学习到独立的过程。知识结构的亦中亦西决定了这一代学人同时具有开放扩大的视野与中国文化的传统精神,学术基础极为雄厚。一方面,这一代人接受教育的阶段,正值国家危亡的紧迫岁月。忧国情结成为这一代人最重要的驱动力。另一方面是受到了的实学思想的影响,寻求"科学救国""实业救国"的抱负在他们身上展露无遗。

这一代工程师以修习冶金、地质、铁路以及土木工程为主,这符合20世纪初世界工程发展的主流。1949年后,留在大陆的这部分工程师是建设社会主义的中坚力量,在国家热火朝天搞建设的50年代,他们发挥了中流砥柱的作用。但是由于经历了意识形态的变迁,因此在反"右"斗争扩大化、反学术权威和"文革"等政治运动中受到了一定的打击和排挤。80年代后,他们普遍受到了平反和尊重,大部分工程师都成为本领域的权威人物。

20世纪20年代后出生且在1949年以前大学毕业的工程师列为第二代工程师。这一代工程师成长在社会动荡的时期,整个学习生涯几乎都在社会动荡和战火中度过。不过,此时国内高等学校的纷纷建立以及第一代工程师的培养,他们在国内就能接受到较系统的工科教育培养。但是由于社会的动荡和战争的影响,国家对军工投入增大而对民用工业投资锐减。这样的社会背景导致他们在青年时代并没有受到重视,也失去了锻炼的机会,也有很多工程师转行。由于各个方面条件所限,他们当中留学国外的不多,绝大多数是国内各大学毕业的。但是,得益于政府对教育的重视,这一代工程师在人数上大大超过了第一代。他们真正发挥作用的时期是在中华人民共和国成立之后,他们在国家十分困难的条件下,沿着第一代工程师开辟的道路前进,为展示社会主义优越性做出了历史性的贡献。在共产党大力发展高等工程教育事业的方针下,培养了人数众多的第三代工程师。

中国的第三代工程师主要是20世纪30~40年代出生且在中华人民共和国成立后大学毕业的。他们在中华人民共和国成立以后上了大学,受到了良好的德育和专业教育,一心为祖国的建设而读书。在学苏的号召下,他们的知识结构主要是来自苏联的工科模式,学习内容专而精。他们是实践能力最强的一代,本科毕业之后便参加工作,在工作岗位上不断学习提高。他们读大学时的理想是在大规模的经济建设中为祖国奉献出自己的一切。值得注意的是,女性的解放及科技人才的缺乏使得女性得到了前所未有的工作和学习机会。女性在所有学科领域的参与度普遍提高,其中包括工程学科,特别是轻工业领域。这一代工程师中,女性工程师的比例较前两代要高很多。

从学历上看,这一代的工程师普遍学历不高,这是历史原因造成的。那时国家的经济建设刚刚起步,国民党统治时期没有积蓄足够的科技人才,第一、第二代工程师人数甚少,难以应付大规模的国家工程建设任务,当时的学历制度还不成熟,比如1949年和1950年入学的大学生,不得不提前毕业,在大学里只读了3年书。当然,提前毕业的人数不多,多数还是念完了4~5年的大学。由于研究生制度的不完善,而国际局势以及后期与苏联断交导致这一代工程师缺乏获得更高学位的留学通道,虽然他们当中许多人现在已经是教授级工程师,但是学历并不高。只有少数人能够由于自身的品学兼优,被政府选作公费留学生,去苏联和东欧一些国家深造,并取得副博士和博士学位。因此,从整体上看,他们在学习期的知识构成和知识来源比较单一浅薄,并且缺乏系统的传统文化根底。因此,这一代工程师与前两代在价值观念上必然会表现出重大的差别。最明显的一点即是前两代工程师追求个性独立,对人事比较宽和容纳;而第三代工程师,由于国际环境所限,他们对西方的科学技术的传统和文化了解较少,追求的是共性划一的"同",而不敢追求个性的自由。这种求同的思想也导致了这一代工程师在技术创新上表现较弱。

在知识结构上看,由于西方科技的封锁,他们所学的专业知识体系主要来自苏联,可读专业书籍较少,由于工程教育偏向专才教育,他们对知识的掌握相对比较狭窄,往往能胜任的工作并不多。在参加工作后,由于国际封锁,他们除了能看到苏联的一些书刊外,其他国家的出版物几乎读不到,知识更新的速度较慢,更多是经验的积累。至于出国考察的机会更是稀少,即使偶尔有出国开会或者考察的机会,也是安排第一代和第二代著名的工程师。他们在中学时代没有条件静下心来攻读,尤其是英语水平不如前两代工程师。中华人民共和国成立后,又都改学俄语,且对外语教学也不够重视,这影响了这一代工程师与外界的交流和对西方最先进的科技理论与经验的直接吸取。

这三代工程师受各种政治经济因素制约。年纪稍长的,刚刚开始做设计不久就遇上"大跃进"和三年经济困难时期,紧接着就是十年"文革",受到知识青年上山下乡的号召,大学毕业后绝大多数人都响应号召去农村参加劳动或者在基层工作,因此真正参加的工程项目很少,自身专业的实践能力不足。就群体来说,这一代工程师真正出成果的,还是改革开放以后的80~90年代。这代工程师的历史责任感来自尽快将第四代工程师推向工程前沿,尽快弥补第三、第四代工程师之间由于"文革"形成的断层现象。

第四代工程师出生于中华人民共和国成立以后,毕业于"文革"以后重新兴起的高等工程院校当中。从人数上来说,超过了前三代的总和。从学历上看,第四代工程师当中具有硕士、博士学位的也比前三代所有的硕士和博士人数的总和还要多出许多倍。

第四代工程师年龄差别较大,部分年龄稍长的恰恰赶上中学是在"文革"中荒废的,上山下乡,误了学业,但他们有较为丰富的社会生活体验,他们是经过刻苦攻读补习功课才艰难地考取大学的。还有一部分是"文革"以后念的中学和大学,比起之前的"教育大革命"时期,他们有良好的读书环境,但大多缺少社会生活的锻炼。在温室中成长,又赶上市场经济浪潮的冲击,受到浮躁的社会条件的影响,心态和敬业精神不可避免地受到负面影响,扎实做学问,精心设计的精神略显不如前几代工程师。但这一代工程师相比上一代的外文水平有了较大提高,对国外情况了解及时,思想比较敏锐,接受新鲜事物的自觉性也较强,掌握的知识面较宽。随着电子工程、信息工程、网络工程和生物工程等新兴工程的出现与发展,相应的新兴工程师也不断产生,如电子工程师、信息工程师、网络工程师与生物工程师等。在一些新兴科技领域的工程师知识的综合性和复杂性更强。在计算机等新兴领域中,中国工程师的能力和优势已经在国际上崭露头角。这一代工程师的中国传统文化底蕴远不如第一代、第二代,比起第三代也稍差。他们接受的大学教育大都是在相对开放的80年代后的中国社会里,因此他们的思想也比较多元化。

综上,四代工程师在能力和知识结构等方面都有很大差异,这与工程和工程师更强烈和深刻的社会性有关。这也证明了工程师在不同社会环境影响下,所承担的工程、自身的能力以及职业标准都不尽相同。由于这种差异性,导致着几代工程师之间也有着奇特的关系。这种代与代之间的关系体现在:(1)存在着与年纪相仿的群体间的差异。这是由不同代中的工程师在专业社会化过程中起不同主导作用的科技传统而造成的。比如:第一、第二代工程师和第三代工程师间"西方资本主义传统"和"苏联社会主义传统"以及中华人民共和国成立后本土传统的不同。(2)由于年龄方面的差别,存在着组织"单位"中上下级的差别,再加之传统文化中"尊敬长者,听从上级"的文化传统,这种以年龄论资历的情况在中国就体现得特别明显。

这两种差别在中国有着非同寻常的重要性。在激进的年代的历次政治运动中,科技政策倾向于以"反孔孟之道、反崇洋媚外"的名义助长代与代之间的冲突。因为这种冲突,造成了代与代之间的不连续性,导致了工程师在技术知识和科学精神延续过程中的障碍。但是,即使在激进分子的大肆批判下,这两种差别背后的文化和政治对工程师的影响也是根深蒂固的。这造成了中国工程师的另一些职业特点。

第二节　中国工程师的群体特征

真正意义上的中国工程师群体出现于20世纪初,随着中国工程师学会的成立,逐步开始了职业化的进程。工程师群体在不断寻求自我价值和社会价值的过程中逐步壮大。1949年中华人民共和国成立后,随着经济建设的展开,优先发展重工业的工业化进程使得工程师队伍得到前所未有的重视。工程师人才培养计划也被国家摆在了突出的位置。在20世纪90年代以前,中国的技术发展经历了全盘学苏、自力更生、自我探索、转向欧美的过程。工程师作为技术转移的媒介和载体,其职业发展随着技术转移的方式、技术转出地的技术开发模式等不断转化;同时,工程师又有其社会性,工程师改善世界的终极目标使其受社会需求的影响而不断调整自己。在多个因素的影响下,中国工程师在配合国家任务的同时逐渐形成了一些自我特色。

一、中国工程师的培养方式

中华人民共和国成立以后,中国工程师的培养是建立在一种"应急型的培养模式"的基础上的。

这种模式分为高校培养和工厂的现场培养两种。实际上,这两种模式也是传统的工程师培养的两种途径。由于国家工业化的急迫需求,高等工科学校的培养模式带有"精而专"的特点,建立在苏联工程师教育的基础上并在目标能力上有所弱化。因此,中华人民共和国成立后工程师的一代与前几代的工程师的能力上都有着明显的区别。这种"应急型的培养模式"在解决新中国科技人才需求上起到了很大的作用,但也带来一些弊端,比如工程师培养的"技术员化"、工程师的专业能力过于狭窄等等。但这样的模式为中国的工科人才培养奠定了基调,随后的多次改革都是在50年代的培养模式上的微调。另一方面,传统的工厂式的"师带徒模式"更快地解决了企业尤其是中小企业和工厂的人才需求。相当多的工人在工作岗位上经过多年的实践和职业培训教育,也能胜任技术骨干或工程师的职责。在群众路线的鼓舞下,大量的学历较低的工人通过这样的途径获得了职业上的提升。在这个阶段工程师的培养目标主要还是以现场型的工程师为主,由于教育水平、师资等各方面的原因,中国还没有能力大量培养高层次的研究型的工程师。研究型的工程师培养主要还是依赖其他国家,比如苏联和东欧国家等。

二、中国工程师的职业化模式

由于国有化和单位制度的限制,中国工程师在职业选择上的局限性非常大。高校毕业后的分配制度、定向培养等都限定了工程师的自我选择。除了高校和研究所,工科毕业生的主要就业去向就是各个国有企业。通过较单一的晋升途径,受到编制和资历的限制,工科毕业生从技术员到高级工程师一般也需要较长的时间。也是由于制度性的因素,工程师社会流动的机会少,工作的流动性也很小,绝大多数人从分配到退休都是在一个单位内。这些情况都使得工程师的竞争压力偏小,一方面造成人力资源的浪费,另一方面也会造成工程师的后劲不足。许多工程师已经禁锢在职业和等级的任务范围内,只会运用专业知识解决技术细节问题,忽视了作为工程师理应具有的工程思想和方法,从而逐渐失去了对工程师职业的认同。

三、中国工程师的专业能力

一般我们说工程师的专业能力分为专业知识和专业实践能力两个方面。知识是能力的基础,实践能力是知识运用的结果。所以讨论中国工程师的专业能力,可以从三个方面来总结:(1) 学历:我国工程师从学历层次上来看研究生学历极少,大学本科学历占50%左右,大专及中专学历也占有很大比例。这说明,低学历者所占比例较大,与工业化较成熟的国家的工程师学历比较,国外工程师基本上都具有大学本科以上的学历。换句话说,工程师的理论基础知识能力偏低。(2) 创新能力:50年代以来,中国工程师从培养到职业化都是建立在苏联工程师职业模式的基础上的。工程师承载了技术转移的任务。因此,中国工程师集中精力在做模仿和仿制上的工作。通过模仿和仿制,初步建立了国家工业发展的基础,确定了发展的方向。但是,由于研发型工程师缺乏,理论知识的缩减,工程师的创新能力普遍不足。60年代后,工程师在探索自我发展之路时,技术革新和技术革命运动的兴起使得工程师和群众在创新上做出了诸多努力,也取得了许多成绩,比如第一台数控重性双柱立式车床、第一台双水内冷汽轮发电机、第一台万吨水压机等等。但是这种革新运动多停留在技术上和工艺上的改进,在缺乏"宽而全"的理论知识的情况下,创新能力很难得到提高。(3) 国际竞争力:通过苏联一位专家来看,"一五"计划实施前,中国的工程师人数和能力"与非洲一些国家无异"。直到80年代,中国工程师的职业在工程师评价上也未能与国际有所接轨,在工程师执照互认上并没有交流。应当承认,80年代中国工程师尚不具备国际竞争力,也未对国际工程技术的发展有所影响。但80年代的中国工程师已经初步显示了其在中国工业发展中的重要工作和不小的推动作用。并且该群体通过多方努力,朝着国际认同的方向发展。

四、中国工程师的工匠特质

在中国工程师群体的发展中,也受到了一些传统文化的影响。化工专家孙学悟认为:"工业的基础在科学,科学的根本在哲学思想。我国过去哲学思想偏重人与人的关系,只需略微一转,即可进入人与物的关系上去。再加吾人历史背景的灌溉,则自信力有所依据,'人能宏道',乃中国治学的铁律,何患近代科学不在中国生根而构成我国将来历史之一因素? 固有哲学思想既不患其脱节,更大的创造,自必应运而生,毫无疑义。"也就是说,科学和工业以哲学思想为基础,要使科学与工业在中国生根,则哲学和科学的关系需要辨析。作为工程技术专家,孙学悟早就认识到了中国古代哲学思想对中国近代科学技术发展所产生的影响,因而要想发展科技,在认识上必须有所改变。

中国古代农本工末的思想根深蒂固,如孔子就指出禹、稷就是靠在农业上的杰出贡献才能得到天下的;与治国平天下的大道相比,工匠技术活动需要掌握的则是技艺小道[①]。技艺小道也有可取之处,只是怕它妨碍治国大事,所以君子不从事于它[②]。正所谓:"有机械者必有机事,有机事者必有机心。机心存于胸中,则纯白不备,纯白不备,则神生不定。神生不定者,道之所不载也。"而在"形而上者谓之道,形而下者谓之器""德成而上艺成而下"这种"道与器"的主流思想影响之下,知识分子只有做官才是受人崇拜和尊重的,而只有读书才能实现目标,所以在"万般皆下品,唯有读书高"的思想下,真正掌握技术的工程技术人员被排斥在知识分子之外成为备受歧视的体力劳动者。读书人中对工程技术创新有兴趣、有作为、有记录的人仅墨子、沈括等极少数。工匠的社会地位较低,受到了很多的限制。比如,北魏时期规定不许工匠读书做官,不许私立学校教其子女读书;唐代政府也规定工匠不许做官。因此,古代工匠技术是在同当时的科学相互隔离的状态下发展的。这种科学和技术的相互隔离的发展,导致工匠的技术多来自技术的模仿和改进,而并非创新,工匠能力的高低来自其造物的技艺。工匠们在从事工程时往往是采取先实践再理解总结经验的方式,对新工艺往往采用的是"试试看"的办法,在摸索中实现技术上的

---

① 孔子主张:"君子谋道不谋食,君子忧道不忧贫。"(《论语·卫灵公》)儒家以"兴灭国,继绝世,举逸民"(《论语·尧曰》)为己任,致力于探求治国大道。

② 子夏指出:"虽小道,必有可观者焉;致远恐泥,是以君子不为也。"

创造。近代中外工程技术落差,中国工程师依然采用了一种技术来自经验,科学对技术和工程发展起到辅助作用的模式。这种模式似乎像近代以来西方的工匠群体靠技术革新引发第一次工业革命而逐渐向工程师演化的过程。同时,在模仿和学习西方先进技术的过程中,对理论的掌握往往滞后于实践,这样的过程使工匠气质得以在中国工程师身上延续。但是,正是由于这种工匠气质的传承,也在国家科技发展极不平衡的时代,利用工匠技艺的思想改进和完成了许多不可能实现的工程奇迹。

五、中国工程师的科学精神

这种模仿而非首创的特质里似乎也包含着另一个问题,那就是科学精神的缺乏和实用主义精神的延续。中国古代人文主义在精神气质中的功利性一直非常明显,儒家主张的"经世致用"就是一种实用主义的体现。这种精神延续到近代的"中体西用"和"师夷长技以制夷",正是儒家文化实用精神的典型体现。中华人民共和国成立后,由于工业化的需求,一种更为实用主义的态度用在了工程师培养上,而这种经世致用的态度,使工程师倾向于实用主义的目标,更加使"职业性"和"学术性"相对立。在这种被动学习和移植技术的原始推动力下,工程师群体作为工程师职业立足的社会认可程度极低,工程师本人的自我角色意识也不明朗,进行科学技术研究活动更主要的是为了实用服务。中国工程师在自我意识的形成过程中也发现了这一点,除了实用性之外,科学主义精神也影响了工程师的发展。

六、中国工程师的社会责任感

中国工程师有着强烈的家国情怀和社会责任感。中国主流文化一直把不计个人利益,为人民和国家造福作为一种个人品德的标杆。对工程师的要求亦是如此。传说大禹改革治水方法,用疏导的方式把洪水引入大海,从而解除了水患,为人民带来安定的生活环境。在传说故事里,大禹为了治水,历经13年,三过家门而不入。从中可以体现中国式英雄人物的道德标准。自古就有"天下兴亡匹夫有责"的古训,这种责任感在历代的中国工程师身上都有体现。近代工程师职业更是在"实业救国"和"工业救国"历史使命的催生下诞生。那些立志成为工程师的学子选择工程的初衷可能并非是为了科学也并非是对职业的向往,而是为了民族的兴亡。中国工程师学会也以"遵从国家之国防经济建设政策,实现国父实业计划;认识国家民族之利益高于一切,愿牺牲自由贡献能力"为信条[1]。中华人民共和国成立后,在集体主义的高度认同感下,工程师群体中的每一个成员都感到"国家利益与个人的努力紧密相关、国家把重大使命交给了自己"这种强烈的政治荣誉。这种责任感在中国工程师身上体现得更加强烈,这也可以解释中华人民共和国成立伊始,留学海外的中国科技人才纷纷回国投身建设,也可以解释长时间处于脑力劳动和体力劳动分配不合理状况下的工程师队伍仍然日益扩大的这些问题。钱伟长曾说,他一生当中的所有重大选择都是为了祖国的繁荣富强。他一直强调:"我没有专业,国家需要就是我的专业。"这种中国工程师在思想上的高度认同,体现在大工程的建设中不计个人名利,自愿为集体的利益无私奉献,才保证了国家在物质条件

---

[1] 1941年中国工程师学会第10届年会通过的"中国工程师信条"。

匮乏的时代能够集中力量办成大事,国家的任务能顺利完成。

　　但同时我们也可以发现,中国工程师的责任感主要来自对家国民族利益的重视,而对本身职业技术发展所带来的伦理责任的思考往往不足。对征服自然的努力大于与自然和谐相处的考量,往往以牺牲环境和生态来换取经济发展,而未有过多反思。

七、中国工程师政治现象

　　Joel Andreas 在他的《Rise of the Red Engineers：The Cultural Revolution and the Origins of China》一书中提到80年代中国工程师在国家重要管理岗位上任职的现象。他认为:从80年代开始,中国共产党逐渐从"革命范式"回到了"经济建设范式"下,革命派逐渐退出主要的行政岗位,而接替他们的是技术精英,他将之称为是红色工程师的崛起。早在20世纪30年代初期,技术专家(technocrat)一词就已引入中国。1933年,在《新中华杂志》上一篇题为《斯科特和技术专家》的文章中,其作者将其译为技术专家(Zhang,1933)。在中华人民共和国历史的前三十年,"technocrat"被翻译成"技术专政"。但是,这种情况并不符合当时的中国工程师的情况,在大多数情况下,工程师没有足够的信心成为社会和政治问题的重要参与者。1958年,时任清华大学党委书记的蒋南翔提出清华要成为"红色工程师的摇篮",他在当年的毕业典礼上号召大家要成为"政治运动和生产劳动中的先进分子和积极分子。他们表现了政治和业务的统一,'红'与'专'的结合。他们在毕业实习和毕业设计的工作中,已经表现出了他们的独立工作能力。他们优秀的成绩受到群众的欢迎。工农群众已经给他们做了鉴定,认为他们是工人阶级的知识分子,可以很好地为人民服务,以完成国家所委托的任务。"(唐建光,2011)此后,"红色"与"专业"成为工程师的能力标准。80年代,当经济建设重新成为国家的中心任务之后,党的领导人强有力地表示,"要使干部在革命化的前提下,实现年轻化、知识化和专业化"。从那时起,工程师群体在处理国家事务上的地位越来越突出。

这对于中国工程师来说是一次机遇,尤其是中国的第三代工程师。他们在中华人民共和国成立后大学毕业,受社会主义的文化熏陶,对社会主义的未来有美好憧憬,他们是中华人民共和国成立后培养出来的一批兼具"红"与"专"的一代。他们在政治上可靠,又在基层做过很多年的工作,有着多年技术工作积累下来的对工程的认识;同时,工程师的要求使他们工作脚踏实地、负责尽责,这些特征都使他们有着非常好的领导和管理经验。

从工程师从政的经历也可以看出,国家对工程技术人才的重视。特别是50年代留苏的工程师,由于他们的技术专长以及政治上的可靠,在回国后经历了多年基层的实践经验后成为党的干部,进入政府任职。例如,国家科学技术部长宋健是一名控制论和航空航天技术专家,1948年入党,50年代留苏获得了莫斯科鲍曼工学院的副博士学位,学成归国后他先后在多个国防部、机械部研究所单位担任负责人、总工程师等职务,并身兼国内外数个大学的教授,在最优控制系统理论方面获得一系列重要成果。80年代后他担任航天工业部副部长,国家科委主任,党组书记,国务委员等职务,90年代出任第九届全国政协副主席。这样的职业路径在中国工程师专家中具有一定的代表性,在国务院中,几位部长的职业发展和职业格局与宋健较为类似,如冶金行业部长齐远景、建设部部长林汉雄、副总理邹家华等(Andreas,2009)。

除此之外,笔者认为,技术专家作为领导人所作出的科技规划和决策与革命派所作出的科技决策相比有哪些不同,哪些体现了技术专家的特点? 工程师作为政治上的领导对其有何影响? 这些都是值得更深入研究的问题。

第三节　寻求对中国工程师群体更好的理解

综观中华人民共和国成立后近40年的发展,中国工程师在社会主义建设中取得了很多举世瞩目的成就,为建设我国的工业和国防做出了很大的贡献。"两弹一星"工程、众多的基础建设工程等都表明国家能够培养和任用最优秀的工程师人才,也是他们的努力才使新中国逐步有了赶超世界先进水平的可能性。

中国工程师群体的发展是复杂而矛盾的,也是一个不断吸收和发展的过程。在扩展技术知识和培养科技人才方面,中国取得了非常大的成就。中华人民共和国成立后,建立了完善的工程学科体系和工程教育体制。50年代院系调整中整合的工科院校现今几乎都成为了国家重点工科院校。不过,在技术知识的转化过程中,中国的工程师却遇到了各种各样的困难。其中既有体制内部固有的阻碍创新的原因,也有波折的政治因素,比如50年代对苏联"一边倒"的政策以及后来的政治封锁技术禁运;50年代末的"大跃进"运动的冒进以及60~70年代"文革"的干扰。尽管如此,中国工程师的群体一直在不断地扩大。同时,在学习和发展的过程中,他们也积累了大量的技术知识和经验。一方面,有些领域研制出了最尖端的科技成果,如核技术、空间技术和运载火箭技术等;而另一方面,中国在技术选择标准上,优先的是国家的目标,而不是能够继承以往的技术积累,并适应本国生产要素的天赋。中国选择的目标是尽快赶上工业发达国家,避免陷入技术上的从属地位。中国政府认识到由于过去引进先进技术不适合"天赋要素",造成了大量无效引进,对"适用技术"的观点基本接受。

值得庆幸的是,体制的改革和科技政策都在趋向给予工程师一个更加宽松和自由的环境,而中国工程师群体不断在摸索符合国家经济发展需要的模式。在探索发展途径的过程中,中国工程师的整体专业素质也在不断提高。值得注意的是,工程中的能力问题是一个世界性的现象,但中国工程师群体自身还存在一些问题,如对工程师能力质量监管短缺,缺乏体验式培训机会,缺乏科学精神,政治决策干预,工程师年龄结构的断层问题等。这些问题在中华人民共和国成立后中国工程师寻求发展的前40年里都有所体现,并在不断寻求改进。

从技术史的角度看,尽管中国工程师在一些科学技术领域取得了耀眼的成绩,但总体看来,他们对世界科学技术发展的贡献并不大。在面对新技术革命时,中国工程师一方面继续进行机械化和电气化的补课,另一方面则在信息化方面奋起直追。这个赶超的过程或许能给中国工程师带来在世界科技史上崭露头角的机会。中国工程师职业的发展,仍然会在国家工业化进程中继续探索和融合而加速前行。

参考文献

/

Andreas J, 2009. Rise of the red engineers: The cultural revolution and the origins of China's new class [M]. Stanford: Stanford University Press.

Armytage H, 1961. A social history of engineering[J]. British Journal of Educational Studies, 10(1): 95-96.

Beder S, 1998. The new engineer: Management and professional responsibility in a changing world[M]. [s. l.]: Macmillan Education AU.

Buchanan R A, 1989. The engineers: A history of the engineering profession in Britain 1750~1914[M]. London: Kinsley.

Collins S, Ghey J, Mills G, 1989. The professional engineer in society[M]. London: Jessica Kingsley Publishers.

Crozier M, 2009. The bureaucratic phenomenon[M]. Piscataway: Transaction Publishers.

Garrison E, 1998. History of engineering and technology: Artful methods[M]. Boca Raton: CRC Press.

Harms A A, Baetz B W, Volti R, 2004. Engineering in time: The systematics of engineering history and its contemporary context[M]. London: Imperial College Press.

Hill D R, 1996. A history of engineering in classical and medieval times[M]. London: Psychology Press.

Hofstadter R, 2011. The American political tradition: And the men who made it[M]. [s. l.]: Vintage.

Kaiser W, König W, 2006. Geschichte des ingenieurs Ein beruf in sechs jahrtausenden[M]. München: Hanser Verlag.

Kemper J D, Sanders B R, 2001. Engineers and their profession[M]. New York: Oxford University Press.

Layton J, 1986. The revolt of the engineers: Social responsibility and the American engineering profession [M]. Baltimore: Johns Hopkins University Press.

Levy J C, 1987. Engineering Council: Five years of progress[J]. Agricultural Engineer, 42: 61-63.

Morkov V I, 1961. Planned regulations of the wages of engineering: Technical workers and employees[J]. Joint Publications Research Service, 11 (992) : 28-29.

Orleans L, 1967. Research and development in Communist China: Mood, management and measurement [M]//An economic profile of mainland China. Washington: US Congress Joint Economic Committee.

Pan M Y, 1984. The new technology revolution and the guiding principle of higher education[J]. Front of Higher Education(11): 2-5.

Reynolds T S, 1991. The engineer in America: A historical anthology from technology and culture[M]. Chicago: University of Chicago Press.

Sigurdson J, 1980. Technology and science in the People's Republic of China: An introduction[M]. British Library Cataloguing in Publication Data: 103-104.

Suttmeier R P, 1974. Research and revolution science policy and societal change in China[M]. Lexington: Lexington Books.

Toit D R, Roodt J, 2009. Engineers in a developing country: The profession and education of engineering professionals in South Africa[M]. Cape Town: HSRC Press.

Yao S P, 1989. Chinese intellectuals and science: A history of the Chinese academy of sciences (CAS) [J]. Science in Context, 3(2).

Zhang S M, 1933. Scott and technocracy[J]. New China Magazine，1(4)：28.

Zheng Z，1967. Scientific and engineering manpower in Communist China：1949-1963[R]. Committee on the Economy of China，Social Science Research Council.

Zhuang Q D，1991. Sound engineer：Research office for Tsinghua University history，selection history material of Tsinghua University[M]. Beijing：Tsinghua University Press：278.

《工程师论坛》编辑部，1988. 现代工程师素质与能力[M]. 沈阳：辽宁科学技术出版社.

《中国教育年鉴》编辑部，1984. 中国教育年鉴：1949~1981[M]. 北京：中国大百科全书出版社.

《中国科学院》编辑委员会，1994. 中国科学院：上[M]. 北京：当代中国出版社：17.

《中国总工程师手册》编委会，1991. 中国总工程师手册[M]. 沈阳：东北工学院出版社：1274.

白瑞琪，1999. 反潮流的中国[M]. 北京：中共中央党校出版社：86.

薄一波，1991. 若干重大决策与事件的回顾：上卷[M]. 北京：中共中央党校出版社：290.

蔡乾和，2008. 从工程史到工程演化观：《工程与技术史：艺术方法》读后[J]. 工程研究：跨学科视野中的工程，4(00)：198-206.

常平, 2002. 20世纪我国重大工程技术成就[M]. 广州: 暨南大学出版社.

陈伯达, 1952. 在中国科学院研究人员学习会上的讲话[M]. 北京: 人民出版社.

陈昌曙, 2004. 重视工程、工程技术与工程家[M]. 大连: 大连理工大学出版社: 28.

陈立夫, 1940. 中国工程教育问题[J]. 工程, 13(4).

陈旭麓, 2006. 近代中国社会的新陈代谢[M]. 上海: 上海社会科学院出版社.

陈悦, 孙烈, 2013. "工程"与"工程师"词源考略[J]. 工程研究: 跨学科视野中的工程, 5(1): 53-57.

陈真, 姚洛, 1961. 中国近代工业史资料: 第4辑: 中国工业的特点、资本、结构和工业中各行业概况[M]. 北京: 生活·读书·新知三联书店.

崔承章, 1991. 吉林交通改革十年[M]. 长春: 吉林文史出版社.

董宝良, 2007. 中国近现代高等教育史[M]. 武汉: 华中科技大学出版社.

董辅礽, 1999. 中华人民共和国经济史: 上[M]. 北京: 经济科学出版社: 74.

杜澄, 李伯聪, 2004. 工程研究跨学科视野中的工程: 第1卷[M]. 北京: 北京理工大学出版社: 55.

杜澄, 李伯聪, 2006. 工程研究跨学科视野中的工程: 第2卷[M]. 北京: 北京理工大学出版社: 36.

杜澄，李伯聪，2008.工程研究跨学科视野中的工程：第3卷[M].北京：北京理工大学出版社：42.

杜澄，李伯聪，2009.工程研究跨学科视野中的工程：第4卷[M].北京：北京理工大学出版社.

杜薇，2017.科大通讯高校校报优秀作品集[M].北京：光明日报出版社：9.

方黑虎，徐飞，2003.中国现代工程技术专家群体状况研究[J].科技进步与对策，20(9)：39-41.

方一兵，潜伟，2008.中国近代钢铁工业化进程中的首批本土工程师：1894～1925年[J].中国科技史杂志(2)：117-133.

房正，2011.中国工程师学会研究：1912～1950[D].上海：复旦大学.

福民，1952.苏联高等教育的改革[J].人民教育(9)：11

郭建荣，1990.中国科学技术纪事：1949～1989[M].北京：人民出版社.

郭世杰，2004.从科学到工业的开路先锋：对侯德榜和孙学悟的科学观、工业观以及"永久黄"团体中人才群体的考察[J].工程研究：跨学科视野中的工程，1(00)：178.

韩晋芳，2012.科技工作者：科技社团成员研究[J].学会(4)：12-15.

韩晋芳，2013.20世纪50年代中国高等工程教育改

革特点[J]. 内蒙古师范大学学报(教育科学版), 26
　(3): 24-27.

韩晋芳, 2015. 中国高等技术教育的"苏化": 以北京
　地区为中心: 1949~1961[M]. 济南: 山东教育出
　版社.

郝维谦, 龙正中, 2000. 高等教育史[M]. 海口: 海南
　出版社: 112.

何东昌, 1998. 中华人民共和国重要教育文献[M]. 海
　口: 海南出版社: 266.

何放勋, 2008. 工程师伦理责任教育研究[D]. 武汉:
　华中科技大学: 11.

何志平, 1990. 中国科学技术团体[M]. 上海: 上海科
　学普及出版社.

胡建华, 2001. 现代中国大学制度的原点: 50年代初
　期的大学改革[M]. 南京: 南京师范大学出版
　社: 195

胡绳, 1991. 中国共产党的十七年[M]. 北京: 中共党
　史出版社: 364.

胡维佳, 2006. 中国科技政策资料选辑: 1949~1995
　上[M]. 济南: 山东教育出版社.

华北电力大学校史编写组, 2008. 华北电力大学校
　史: 1958~2008[M]. 北京: 中国电力出版社.

黄梅, 蔡学军, 2016. 世界主要国家(地区)工程师制
　度[M]. 北京: 党建读物出版社.

黄中庸，2004. 论工程师职业[D]. 沈阳：东北大学.

贾春增，1996. 中国知识分子与中国社会变革[M]. 北京：华文出版社：230-231.

姜嘉乐，2006. 工程教育永远要面向工程实践：万钢校长访谈录[J]. 高等工程教育研究(4)：1.

姜振寰，2008. 当代中国技术观研究[M]. 济南：山东教育出版社.

蒋石梅，2009. 工程师形成的质量规制研究[D]. 杭州：浙江大学.

金淑兰，2017. 中华化学工业会研究：1922～1949：兼论民国时期专门科学社团的社会角色[D]. 呼和浩特：内蒙古师范大学.

金铁宽，1995. 中华人民共和国教育大事记：上册[M]. 济南：山东教育出版社.

康全礼，2012. 我国大学本科教育理念与教学改革研究[M]. 青岛：中国海洋大学出版社：139.

科学技术部，中共中央文献研究室，2004. 邓小平科技思想年谱：1975～1994[M]. 北京：中央文献出版社.

孔寒冰，2011. 工程学科：框架、本体与属性[M]. 杭州：浙江大学出版社：14-15.

李伯聪，2006. 关于工程师的几个问题："工程共同体"研究之二[J]. 自然辩证法通讯(2)：45-51.

李伯聪，2013. 中国近现代工程史研究的若干问题

[J]. 科学技术哲学研究, 30(6): 61-67.

李伯聪, 王大洲, 2014. 主持人语[J]. 工程研究: 跨学科视野中的工程, 6(2): 111-114.

李殿君, 1993. 专业技术人员管理工作实用手册[M]. 北京: 中国金融出版社: 2.

李健, 黄开亮, 2001. 中国机械工业技术发展史[M]. 北京: 机械工业出版社: 601.

李进, 2013. 新中国高等职业教育发展纪实[M]. 上海: 上海教育出版社: 2.

李均, 2005. 中国高等专科教育发展史[M]. 上海: 学林出版社: 165.

李鹏, 2008. 建国初期留苏运动的历史考察[D]. 上海: 华东师范大学.

李鹏, 2016. 留学与建设新中国初期留苏教育研究[M]. 上海: 上海交通大学出版社.

林浣芬, 1995. 我国计划经济体制的基本形成及其历史特点[J]. 党的文献(2): 38-43.

刘戟锋, 2004. 两弹一星工程与大科学[M]. 济南: 山东教育出版社.

刘巨钦, 1996. 企业组织设计原理与实务[M]. 北京: 企业管理出版社: 198.

刘英杰, 1993. 中国教育大事典[M]. 杭州: 浙江教育出版社: 1579.

路甬祥, 1995. 中国工程教育面临的挑战与对策[J].

中国青年科技杂志年(3):53-59.

马洪舒,2000.哈尔滨工业大学校史:1920~2000[M].哈尔滨:哈尔滨工业大学出版社:106-107.

茅以升,1995.茅以升科技文选[M].北京:中国铁道出版社:174-176.

毛泽东,1960.论联合政府[M]//毛泽东选集:第4卷.北京:人民出版社:1008.

梅思涅尔,1972.沈阳变压器厂:一个侧面的剖析[J].中国季刊(52):605-619.

米切姆,1999.技术哲学概论[M].天津:天津科学技术出版社:89.

聂荣臻,1999.聂荣臻科技文选[M].北京:国防工业出版社:25.

农业部科技教育司,1999.中国农业科学技术50年[M].北京:中国农业出版社:70.

欧阳莹之,2017.工程学:无尽的前沿[M].上海:上海科技教育出版社:2-3.

潘懋元,2003.中国高等教育百年[M].广州:广东高等教育出版社:359.

裴毅然,2004.中国知识分子的选择与探索[M].郑州:河南人民出版社.

钱斌,2010.新中国科技体制的建立和初步发展:1949~1966[D].合肥:中国科学技术大学.

钱伟长,2012.钱伟长文选:第1卷:1949~1979[M].

上海：上海大学出版社．

全国政协文史和学习委员会，2007．宝钢建设纪实
　　[M]．北京：中国文史出版社．

上海师范大学教育革命组，1974．把无产阶级教育革
　　命进行到底：上海市大学教育革命经验选[M]．上
　　海：上海人民出版社：244-246．

上海市高等教育局研究室，1979．中华人民共和国建
　　国以来高等教育主要文献选编：上[Z]．上海：上海
　　市高等教育教育局研究室华东师范大学：80．

沈志华，2015．苏联专家在中国：1948~1960[M]．北
　　京：社会科学文献出版社：208．

史贵全，2004．中国近代高等工程教育研究[M]．上
　　海：上海交通大学出版社．

史璐霞，2014．中国工程师学会的体制化建设研究：
　　1912~1950[D]．太原：山西大学．

孙烈．2006．20世纪五六十年代中国重型机械技术发
　　展初探[J]．哈尔滨工业大学学报(社会科学版)．5：
　　7-14．

唐建光，2011．毕业生[M]．北京：五洲传播出版社．

陶葆楷，1957．我们是这样研究与修订"工业与民用
　　建筑"专业教学计划的[J]．高等教育(1)：3．

童世骏，2006．意识形态新论[M]．上海：上海人民出
　　版社：243．

汪海波，俞恒，马泉山，等，1986．新中国工业经济

史[M].北京：经济管理出版社．

王成廉，1997.詹天佑研究文集[M].北京：中国铁道
出版社．

王大珩，师昌绪，刘翔声，1989.中国科学院技术科
学四十年[J].中国科学院院刊(1-4)：199-208.

王前，2003.现代技术的哲学反思[M].沈阳：辽宁人
民出版社：58-59.

王忠俊，1995.中国科学院史事汇要：1955年[M].北
京：中国科学院院史文物资料征集委员会办公室．

吴俊清，2010.社会需求与课程设置：基于工科院校
的考察[M].北京：中国社会科学出版社．

吴启迪，2017.中国工程师史[M].上海：同济大学出
版社．

吴咏诗，1999.吴咏诗高等教育文集[M].天津：天津
大学出版社：1-2.

吴祖光，1948.风雪夜归人[M].广州：新世纪出版
社：94.

武衡，杨浚，1991.当代中国的科学技术事业[M].北
京：当代中国出版社．

武力，2010.中华人民共和国经济史：上[M].北京：
中国时代经济出版社：652.

伍贻兆，张辉，樊泽恒，2006.南京航空航天大学：
治校治教治学[M].南京：南京航空航天大学本科
教育教学系列丛书编委会：84.

徐辰，2017. 宪制道路与中国命运中国近代宪法文献
　　选编：1840~1949：下[M]. 北京：中央编译出版
　　社：453-461.

薛攀皋，1997. 自然科学研究盲目听命政治的教训：
　　荒唐的科研课题"粮食多了怎么办"[J]. 炎黄春秋：
　　24-26.

薛攀皋，2008. 薛攀皋文集[M]. 北京：中国科学院自
　　然科学史研究所院史研究室.

严搏非，1993. 中国当代科学思潮：1949~1991[M].
　　上海：生活·读书·新知三联书店上海分店.

杨东平，1989. 通才教育论[M]. 沈阳：辽宁教育出
　　版社.

杨起，1957. 关于修订矿产地质勘探专业教学计划的
　　几点意见[J]. 高等教育(1)：7.

叶连松，董云鹏，罗勇，2005. 中国特色工业化[M].
　　石家庄：河北人民出版社.

叶青，2006. "永久"团体的《海王》旬刊及其科技文章
　　[J]. 中国科技史杂志(4)：162.

殷瑞钰，2008. 哲学视野中的工程[J]. 中国工程科学，
　　3：4-8.

殷瑞钰，李伯聪，汪应洛，等，2011. 工程演化论
　　[M]. 北京：高等教育出版社.

永吉县地方志编纂委员会，1991. 永吉县志[M]. 长
　　春：长春出版社：619.

余英时,1987. 士与中国文化[M]. 上海:上海人民出版社:3.

袁方,宋静存,1999. 中国改革发展文库:下[M]. 北京:团结出版社.

曾文经,1957. 中国的社会主义工业化[M]. 北京:人民出版社:237.

张安民,1998. 偃师市水利志[M]. 郑州:黄河水利出版社:10.

张柏春,李成智,2006. 技术史研究十二讲[M]. 北京:北京理工大学出版社:199.

张光斗,王冀生,1995. 中国高等工程教育[M]. 北京:清华大学出版社:125.

张久春,2009. 20世纪50年代工业建设"156项工程"研究[J]. 工程研究:跨学科视野中的工程,1(3):213-222.

张瑜,2008. 钱学森与中国科学技术大学力学系火箭小组[M]. 合肥:中国科学技术大学出版社:36.

张志辉,2009. 科技"大跃进"资料选:1958~1961:上[M]. 济南:山东教育出版社:302.

张志坚,1994. 当代中国的人事管理[M]. 北京:当代中国出版社.

赵小平,2012. 共和国科技法制与科技文化建设史考察[D]. 山西大学.

中共中央党史研究室,中央档案馆,2000. 中共党史资料：第73辑[M]. 北京：中共党史出版社：31-32.

中共中央文献研究室，2011. 建国以来重要文献选
　　编：第3册[M]. 北京：中国文献出版社：263.

中共中央文献研究室刘少奇研究组，中央教育科学
　　研究所，1998. 刘少奇论教育[M]. 北京：教育科学
　　出版社：253.

中国工程师学会，1948. 三十年来之中国工程[M]. 南
　　京：京华印书馆.

中国科学技术协会，1996. 中国科学技术专家传略：
　　工程技术编[M]. 北京：中国纺织出版社：502-503.

中国科学院办公厅，1956. 中国科学院年报1956[M].
　　中国科学院办公厅：237.

中国人民解放军国防大学党史党建政工教研室，
　　1988. 中共党史教学参考资料："文化大革命"研究
　　资料[M]. 北京：党史出版社：149.

中国人民政治协商会议偃师县委员会学习文史委员
　　会，1992. 偃师文史资料建国后史料专辑：总第6
　　辑[A]. 洛阳：[出版者不详].

中国社会科学院，中央档案馆，1990. 中华人民共和
　　国经济档案资料选编：1949~1952综合卷[M]. 北
　　京：中国城市出版社：46.

中国土木工程学会，2008. 中国土木工程学会史[M].
　　上海：上海交通大学出版社.

中华人民共和国国家经济贸易委员会，2000. 中国工

业五十年新中国工业通鉴：第6部：1976.11～
1984[M]. 北京：中国经济出版社：596-597.

中华人民共和国教育部计划财务司，1984. 中国教育
成就统计资料：1949～1983[M]. 北京：人民教育出
版社.

中华人民共和国科学技术部发展计划司编写组，2008.
中华人民共和国科学技术发展规划和计划：1949～
2005年[M]. [出版地不详]：[出版者不详]：55-57.

中央高等教育部综合大学教育司，1954. 全国综合大
学1953年教学改革的基本情况及对今后工作的意
见[J]. 高教通讯：19.

钟卓安，1993. 从《上李鸿章书》到《实业计划》：孙中山
追求中国近代化的努力[J]. 广东社会科学(3)：74.

周方良，1989. 知识分子经济政策研究：困境与出路
[M]. 北京：春秋出版社.

周全华，1999. "文化大革命"中的"教育革命"[M].
广州：广东教育出版社：103.

周予同，1934. 中国现代教育史[M]. 上海：良友图书
印刷公司：228-422.

竺可桢，2004. 竺可桢全集：第3卷[M]. 上海：上海
科技教育出版社.

庄前鼎，1936. 国内工程人才统计[J]. 工程，11(1).

邹乐华，2014. 近代化进程中的中国工程师学会研究
[D]. 上海：上海交通大学.

后 记

/

EPILOGUE

我从攻读博士学位以来一直从事中国工程师群体的相关研究。在我确定这个方向时，国内外对中国工程师群体的研究并不多，特别是对这一群体在中华人民共和国成立后40年时间的研究还未见于著作。这个方向的确定得到了导师科尼希教授的支持。当时他编著了一本《工程师史》，但每每谈起此书，他总会觉得有一缺憾，就是未能把中国工程师这一经历了漫长发展历程又独具特征的群体纳入世界工程师史之中。我在开展此方向的研究后，多次调整结构，反复修改，经过6年域外艰辛漫长的写作，最终得以展现的博士论文也仅仅是此方向上的一个阶段性成果。

回国后，我一直想在博士论文的基础上，进一步延续、拓展此前的工作，在中国近现代科技史这一宏观背景下，继续深化研究。感谢国家教育部人文社科基金和中国科学技术大学青年创新基金的支持，使我有可能继续这一方向的研究。通过对中国和德国科技史的比较研究，我也感受到中西学界在研究方法和视角上的差异。多年后再审视我的博士论文，甚至觉得有些言之泛泛，意犹未尽。于是，便有了对博士论文进行大幅度修改、完善、扩充的想法。

目前呈现在读者面前的这本《中国工程师群体研究(1949~1986)》就是初步的成果。本书的思路有了全新的拓展。在保留博士论文(英文)的部分结构和框架的基础上，更突出了工程师作为一个群体在社会中的自我发展和与社会的互动关系，增加了工程师群体研究的理论、方法，重要的人物与案例，对近40年发展中工程师群体的状况做了量化分析，同时也对工程师群体发展的分析和时间节点做出了修改。这样的考虑主要是基于对史料的进一步理解以及对作为一个群体发展的工程师自身特点的分析，目前的分期更加符合群体研究的特点。

一路走来，我得到了众多老师的帮助，在此一并感谢。

由于时间仓促和自身学识有限,书中难免仍有个别疏漏和错误。在此,我真切地希望得到业内外专家和读者的批评指正。

王安轶

2020年冬日于中国科大